全国一级建造师执业资格考试辅导用书

建设工程项目管理
应试指导

全国一级建造师执业资格考试辅导用书编写委员会　编写

中国建筑工业出版社

图书在版编目（CIP）数据

建设工程项目管理应试指导 / 全国一级建造师执业资格考试辅导用书编写委员会编写. -- 北京 : 中国建筑工业出版社, 2024. 6. -- (全国一级建造师执业资格考试辅导用书). -- ISBN 978-7-112-30050-1

Ⅰ. F284

中国国家版本馆 CIP 数据核字第 2024U9Q708 号

责任编辑：田立平
责任校对：赵　力

全国一级建造师执业资格考试辅导用书
建设工程项目管理应试指导
全国一级建造师执业资格考试辅导用书编写委员会　编写
*
中国建筑工业出版社出版、发行（北京海淀三里河路 9 号）
各地新华书店、建筑书店经销
国排高科（北京）信息技术有限公司制版
天津画中画印刷有限公司印刷
*
开本：787 毫米 × 1092 毫米　1/16　印张：23　字数：554 千字
2024 年 8 月第一版　　2024 年 8 月第一次印刷
定价：**60.00** 元
ISBN 978-7-112-30050-1
（42969）

前　　言

全国一级建造师执业资格考试辅导用书系列图书由教学名师编写，是在多年教学和培训的基础上开发出的新体系，能有效帮助考生快速掌握考试内容，特别适合那些没有时间和精力深入系统学习考试用书的考生。

本系列图书秉承“极简极不同”的理念，将理论化、系统化和学科化的考试用书进行再加工，去粗（低频考点）取精（高频考点），删繁就简。全书创新运用图示和表格的形式精心编排，内容全面而又重点突出，节省了考生进行自我总结和查找各方面资料的时间和精力，真正实现了考生自学也能快速通过考试的目的。考生只要能系统掌握本辅导用书的知识点，决胜考场将成为易如反掌之事。

本系列图书以真题为基石，重在应考能力的提升。辅导用书的编写体系遵循如下思路：图表结合讲解，考点简明总结。全书通过数百幅图表简单明了地分析了考试涉及的知识。考点一目了然，省却了考生进行总结的过程，达到事半功倍的复习效果。

本系列图书作为建造师执业资格考试的辅导用书，既源于考试用书，同时又有自身鲜明特色，是对考试用书的整理和总结，是考生考前复习的必备用书。相比较传统意义上的辅导图书，本系列图书更加符合考生的学习规律和考前心理，能帮助考生从模拟试卷的题海中脱离出来，摒弃盲目押题和无凭据的猜题做法，以回归书本的认真态度，严谨细致的编排工作，实现与考生的共同成长。

本系列图书的作者都是一线教学和科研人员，有着丰富的教育教学经验，同时与实务界保持着密切的联系，熟知考生的知识背景和基础水平，编排的辅导用书在日常培训中取得了较好的效果。

本系列图书在编写过程中，参考了大量的资料，尤其是考试用书和历年真题，限于篇幅恕不一一列示致谢。在编写的过程中，立意较高，颇具创新，但由于时间仓促、水平有限，虽经仔细推敲和多次校核，书中难免出现纰漏和瑕疵，敬请广大考生、读者批评和指正。

目　　录

第1章　建设工程项目组织、规划与控制

1.1　工程项目投资管理与实施

考点1　工程项目投资管理制度

项目资本金制度

序号	项目	内容
1	含义	（1）项目资本金，是指在项目总投资中由投资者认缴的出资额。这里的总投资，是指投资项目的固定资产投资与铺底流动资金之和。项目资本金属于非债务性资金，项目法人不承担这部分资金的任何利息和债务。投资者可按其出资比例依法享有所有者权益，也可转让其出资，但不得以任何方式抽回。对于银行等金融机构或资本市场的投资者而言，项目资本金可视为项目法人进行债务融资的信用基础。 （2）各种经营性固定资产投资项目，包括国有单位的基本建设、技术改造、房地产开发项目和集体投资项目，试行资本金制度，投资项目必须首先落实资本金才能进行建设。个体和私营企业的经营性投资项目参照规定执行。公益性投资项目不实行资本金制度
2	项目资本金来源	（1）项目资本金可以用货币出资，也可以用实物、工业产权、非专利技术、土地使用权作价出资。对作为资本金的实物、工业产权、非专利技术、土地使用权，必须经过有资格的资产评估机构依照法律、法规评估作价，不得高估或低估。除国家对采用高新技术成果有特别规定外，以工业产权、非专利技术作价出资的比例不得超过投资项目资本金总额的20%。 （2）投资者以货币方式认缴的资本金，其资金来源有： ①各级人民政府的财政预算内资金、国家批准的各种专项建设基金、经营性基本建设基金回收的本息、土地批租收入、国有企业产权转让收入、地方人民政府按国家有关规定收取的各种规费及其他预算外资金。 ②国家授权的投资机构及企业法人的所有者权益（包括资本金、资本公积金、盈余公积金和未分配利润、股票上市收益资金等）、企业折旧资金以及投资者按照国家规定从资本市场上筹措的资金。 ③社会个人合法所有的资金。 ④国家规定的其他可以用作投资项目资本金的资金

续表

序号	项目	内容
3	项目资本金比例	公路（含政府收费公路）、铁路、城建、物流、生态环保、社会民生等领域的补短板基础设施项目，在投资回报机制明确、收益可靠、风险可控的前提下，可以适当降低项目最低资本金比例，但下调不得超过5个百分点。其他要求见后述表格内容
4	项目资本金筹措和管理要求	（1）国家鼓励依法依规筹措重大投资项目资本金。 （2）对基础设施领域和国家鼓励发展的行业，鼓励项目法人和项目投资方通过发行权益型、股权类金融工具，多渠道规范筹措投资项目资本金。 （3）通过发行金融工具等方式筹措的各类资金，按照国家统一的会计制度应当分类为权益工具的，可以认定为投资项目资本金，但不得超过资本金总额的50%。 （4）存在下列情形之一的，不得认定为投资项目资本金： ①存在本息回购承诺、兜底保障等收益附加条件。 ②当期债务性资金偿还前，可以分红或取得收益。 ③在清算时受偿顺序优先于其他债务性资金。 （5）地方各级政府及其有关部门可统筹使用本级预算资金、上级补助资金等各类财政资金筹集项目资本金，可按有关规定将政府专项债券作为符合条件的重大项目资本金

投资项目最低资本金比例

序号	投资项目		最低资本金比例
1	城市和交通基础设施项目	城市轨道交通项目	20%
		港口、沿海及内河航运项目	
		铁路、公路项目	
		机场项目	25%
2	房地产开发项目	保障性住房和普通商品住房项目	20%
		其他项目	25%
3	产能过剩行业项目	钢铁、电解铝项目	40%
		水泥项目	35%
		煤炭、电石、铁合金、烧碱、焦炭、黄磷、多晶硅项目	30%
4	其他工业项目	玉米深加工项目	20%
		化肥（钾肥除外）项目	25%
		电力等其他项目	20%

项目投资审批、核准或备案管理

序号	项目	内容
1	一般原则	按照“谁投资、谁决策、谁收益、谁承担风险”的原则，政府投资项目实行审批制，对于企业不使用政府投资建设的项目，一律不再实行审批制，区别不同情况实行核准制或登记备案制
2	政府投资项目的审批制	（1）政府投资项目是指在中国境内使用各级政府预算资金进行的固定资产投资项目，包括新建、扩建、改建、技术改造等项目。这类项目主要是社会公益服务、公共基础设施、农业农村、生态环境保护、重大科技进步、社会管理、国家安全等领域的非经营性项目。 （2）政府投资资金按项目安排，以直接投资方式为主。对确需支持的经营性项目，政府投资资金主要采取资本金注入方式投入，也可适当采取投资补助、贷款贴息等方式进行引导。 （3）对于采用直接投资和资本金注入方式的政府投资项目，政府投资主管部门需从投资决策角度审批项目建议书和可行性研究报告。除特殊情况外，不再审批开工报告，但应严格审核政府投资项目的初步设计、概算工作。 （4）对于采用投资补助、转贷和贷款贴息方式的政府投资项目，政府投资主管部门只审批资金申请报告。 （5）对经济社会发展、社会公众利益有重大影响或者投资规模较大的政府投资项目，政府投资主管部门或其他有关部门应在中介服务机构评估、公众参与、专家评议、风险评估的基础上作出是否批准的决定
3	企业投资项目的核准制或备案制	（1）企业投资项目是指企业在中国境内投资建设的固定资产投资项目。事业单位、社会团体等非企业组织在中国境内投资建设的固定资产投资项目，也适用于企业投资项目的相关规定，但通过政府预算安排的固定资产投资项目除外。对于企业不使用政府投资建设的项目，一律不再实行审批制，区别不同情况实行核准制或登记备案制。 （2）企业投资项目核准制。对关系国家安全、涉及全国重大生产力布局、战略性资源开发和重大公共利益等的企业投资项目，实行核准管理。企业办理投资项目核准手续时，仅需向核准机关提交项目申请书，不再经过批准项目建议书、可行性研究报告和开工报告等程序。由国务院核准的项目，应向国务院投资主管部门提交项目申请书。由国务院有关部门核准的项目，企业可通过项目所在地省、自治区、直辖市和计划单列市人民政府有关部门转送项目申请书。 （3）企业投资项目备案制。对《政府核准的投资项目目录》外的企业投资项目，实行备案管理。企业应根据属地原则，在开工建设前通过项目在线监管平台将有关信息告知备案机关。企业应对备案项目信息的真实性负责

考点 2　工程建设实施程序

一般投资项目建设实施程序

序号	阶段	内容
1	工程勘察设计	（1）工程勘察：包括工程测量、岩土地质勘察、水文地质勘察。 （2）工程设计：一般分为初步设计和施工图设计两个阶段，对于重大工程和技术复杂工程，可根据需要增加技术设计阶段。 ①初步设计。对于政府投资项目，初步设计提出的投资概算超过经批准的可行性研究报告提出的投资估算 10%的，项目单位应当向投资主管部门或者其他有关部门报告，投资主管部门或者其他有关部门可以要求项目单位重新报送可行性研究报告。 ②技术设计。技术设计是指为解决初步设计未解决的重大技术问题而进行的活动，包括工艺流程、建筑结构、设备选型等问题的解决。技术设计文件中需要包含修正概算。 ③施工图设计。施工图设计还应编制施工图预算，作为工程施工依据。施工图设计文件需经审查批准后方可实施。施工图设计文件未经审查批准的，不得使用
2	建设准备	（1）征地、拆迁和场地平整。 （2）完成施工用水、电、通信网络、交通道路等接通工作。 （3）准备必要的施工图纸。 （4）组织工程监理、施工及材料设备采购招标工作。 （5）办理施工许可证、工程质量监督等手续
3	工程施工	（1）建设工程经批准开工建设获取施工许可证后，即可进入施工阶段。 （2）工程开工时间是指该工程设计文件中规定的任何一项永久性工程第一次正式破土开槽开始施工的时间。不需开槽的工程，正式开始打桩的时间就是开工时间。铁路、公路、水库等需要进行大量土石方工程的，以正式开始进行土方、石方工程的时间作为正式开工时间。工程地质勘察、平整场地、既有建筑物拆除、临时建筑、施工用临时道路和水、电等工程开始施工不能算作正式开工。分期建设的工程分别以各期工程开工的时间作为开工时间，如二期工程应根据工程设计文件规定的永久性工程开工时间作为开工时间
4	生产准备	（1）对于直接用于物质生产或为物质生产服务的项目（即生产性项目）而言，生产准备是工程项目交付投产前由建设单位进行的一项重要工作。生产准备是衔接建设与生产的桥梁，是工程建设转入生产经营的必要条件。建设单位需要适时组成专门机构进行生产准备工作，确保工程建成后能及时投产。

续表

序号	阶段	内容
		（2）根据工程项目种类不同，生产准备工作内容会存在差异。但一般应包括以下内容：①组建生产管理机构，制定生产管理制度；②招聘和培训生产人员，组织生产人员参加设备安装、调试和工程验收工作；③落实原材料、协作产品、燃料、水、电、气等来源和其他需协作配合的条件，并组织工装、器具、备品、备件等制造或订货等
5	竣工验收	（1）建设工程按设计文件规定内容和工程承包合同约定全部建完后，达到工程竣工验收条件时，便可组织工程竣工验收。 （2）工程勘察、设计、施工、监理等单位应参加工程竣工验收。不同专业类别的工程竣工验收有着不同的验收标准和程序。工程竣工验收合格后方可投入使用。 （3）建设工程自竣工验收合格之日起即进入缺陷责任期。施工承包单位应在缺陷责任期内对已交付使用的工程质量缺陷承担责任。缺陷责任期最长不超过 2 年。在缺陷责任期内发现有质量缺陷的，应及时修复，修复和查验费用由责任方承担。缺陷责任期届满时，建设单位应向工程承包单位返还工程施工过程中扣留的工程质量保证金。缺陷责任期届满时，工程承包单位未履行缺陷责任的，建设单位有权扣留与未履行责任部分所需金额相应的工程质量保证金，并有权根据合同约定要求延长缺陷责任期，直至履行缺陷责任为止

政府和社会资本合作（PPP）项目运作流程

序号	项目	内容
1	概念	政府和社会资本合作（PPP，Public-Private-Partnership）是指政府通过特许经营权、合理定价、财政补贴等事先公开的收益约定规则，引入社会资本参与基础设施和公共服务项目投资和运营，以利益共享和风险共担为特征，发挥政府和社会资本优势，提高公共产品或服务的质量和供给效率的项目实施方式
2	PPP 项目运作流程	可分为项目识别、项目准备、项目采购、项目执行和项目移交五个阶段
3	PPP 项目的“两评一案”	（1）PPP 项目运作中的“两评一案”是指物有所值评价、财政承受能力评估和实施方案。 （2）物有所值（VFM，Value for Money）评价是判断是否采用 PPP 模式代替政府传统的投资运营方式。物有所值评价包括定性评价和定量评价。

续表

序号	项目	内容
		（3）财政承受能力评估是指识别、测算 PPP 项目的各项财政支出责任，科学评估 PPP 项目实施对当前及今后年度财政支出的影响，为 PPP 项目财政管理提供依据。PPP 项目全寿命期的财政支出责任主要包括股权投资、运营补贴、风险承担、配套投入等。财政部门需综合考虑各类支出责任的特点、情景和发生概率等因素，对项目全寿命期财政支出责任进行测算。 （4）实施方案。由于 PPP 项目涉及的政府部门较多，专业性较强，实施周期长，为保证 PPP 项目的顺利实施，政府或其授权主体有必要针对 PPP 项目拟定实施方案，按照实施方案内容逐步推进 PPP 项目的实施

PPP 项目的“两评一案”的具体要求

序号	项目	内容
1	物有所值评价	（1）定性评价。定性评价主要包括全寿命期整合程度、风险识别与分配、绩效导向与鼓励创新、潜在竞争程度、政府机构能力、可融资性六个方面，以及根据具体情况设置的补充评价指标。补充评价指标主要包括项目规模大小、预期使用寿命长短、主要固定资产种类、全寿命期成本测算准确性、运营收入增长潜力、行业示范性等。 （2）定量评价。国家鼓励开展定量评价。定量评价是指在假定采用 PPP 方式与政府传统投资方式产出绩效相同的前提下，通过对 PPP 项目全寿命期政府方净成本的现值（PPP 值）与公共部门比较值（PSC 值）进行比较，判断 PPP 模式能否降低项目全寿命期成本。PPP 值可等同于 PPP 项目全寿命期内股权投资、运营补贴、风险承担和配套投入等各项财政支出责任的现值。PSC 值则是以下三项全寿命期成本的现值之和：①参照项目的建设和运营维护净成本；②竞争性中立调整值；③项目全部风险成本。 （3）评价报告。物有所值评价结论分为“通过”和“未通过”。“通过”的项目，可进行财政承受能力论证；“未通过”的项目，可在调整实施方案后重新评价，仍未通过的不宜采用 PPP 模式。物有所值评价结论形成后，需完成物有所值评价报告，并报省级财政部门备案。物有所值评价报告通常包括以下内容：①项目基础信息；②评价方法；③评价结论，分为“通过”和“未通过”；④附件
2	财政承受能力评估	（1）财政承受能力评估结论分为“通过论证”和“未通过论证”。 （2）对于“通过论证”且经同级人民政府审核同意实施的 PPP 项目，各级财政部门应在编制年度预算和中期财政规划时，将项目财政支出责任纳入预算统筹安排。

续表

序号	项目	内容
		（3）对于“未通过论证”的项目，则不宜采用 PPP 模式。要确保政府每年付费或政府补贴等 PPP 项目财政支出不得超过当年财政一般公共预算的 10%。 （4）省级财政部门应压实辖内市县财政部门财政承受能力论证责任，指导市县财政部门规范开展财政承受能力论证工作，严守每一年度本级全部 PPP 项目从一般公共预算列支的财政支出责任不超过当年本级一般公共预算支出 10%的红线。合理分担跨地区、跨层级项目财政支出责任，严禁通过“借用”未受益地区财政承受能力空间等方式，规避财政承受能力 10%红线约束。审慎合理预测一般公共预算支出规模和增长率，严禁脱离项目实际通过“报小建大”等方式调整项目财政支出责任，规避财政承受能力 10%红线约束。PPP 项目财政支出责任超过 10%红线的地区，不得新上 PPP 项目；PPP 项目财政支出责任超过 5%的地区，不得新上政府付费 PPP 项目
3	实施方案	PPP 项目实施方案的主要内容有： （1）项目概况。 （2）风险分配基本框架设计。 （3）PPP 运作模式选择。 （4）交易结构设计。 （5）合同体系。 （6）监管架构。 （7）采购方式选择

考点 3　工程承包模式

基于不同承包范围的承包模式

序号	项目	设计–招标–建造（DBB）模式	工程总承包模式
1	概念	（1）DBB（Design-Bid-Build）是一种较传统的工程承包模式，即建设单位分别与工程勘察设计单位、施工单位签订合同，工程勘察设计、施工任务分别由勘察设计单位、施工单位完成。	（1）工程总承包有着丰富内涵和不同模式，DB（Design & Build）和 EPC（Engineering-Procurement-Construction）是其中常见的两种代表性模式。 （2）DB（设计–建造）模式是指从事工程总承包的单位受建设单位委托，按照合同约定，承担工程勘察设计和施工任务。

续表

序号	项目	设计–招标–建造（DBB）模式	工程总承包模式
		（2）DBB模式主要体现的是专业化分工，我国大部分工程项目都采用这种模式	（3）EPC（设计–采购–施工）模式中，工程总承包单位还要负责材料设备的采购工作，且其中的设计(Engineering)也不是一般意义上的工程设计，含有工艺流程设计、策划和管理等。 （4）DB/EPC模式能够为建设单位提供工程勘察设计和施工全过程服务，在国际上较为流行。 （5）对于建设内容明确、技术方案成熟的项目，适宜采用工程总承包方式
2	合同结构	（1）在传统DBB模式下，工程勘察设计单位、施工单位分别根据勘察设计合同、施工合同向建设单位负责，工程勘察设计单位与施工单位之间没有合同关系，只是协作关系。经建设单位同意，工程勘察设计单位、施工单位可将其部分任务分包给专业勘察设计单位、施工单位。 （2）施工总承包单位可以是一家施工单位，也可以是由几家施工单位组成的联合体。建设单位可将工程施工任务发包给一家施工总承包单位(或联合体)，也可以划分为若干标段分别平行分包给若干施工承包单位(或联合体)	（1）工程总承包单位（或联合体）负责整个工程建设实施，可以发挥其自身优势完成工程设计、采购及施工的全部或一部分，也可以选择合格的分包单位来完成相关工作。 （2）采用工程总承包模式，对工程总承包单位的综合实力有较高要求。 （3）国际上，还可采用工程总承包管理模式。即：业主将工程设计与施工的主要部分发包给专门从事设计与施工组织管理的工程管理公司，该公司自己既没有设计力量，也没有施工队伍，而是将其所承接的设计和施工任务全部分包给其他设计单位和施工单位，工程管理公司则专心致力于工程项目管理工作
3	优点	（1）建设单位、勘察设计单位、施工总承包单位及分包单位在合同约束下，各自行使其职责和履行义务，责权利分配明确。 （2）建设单位直接管理工程勘察设计和施工，指令易贯彻执行。	（1）有利于缩短建设工期。工程设计与施工之间的沟通问题得到极大改善，工程总承包单位能够在全部设计完成之前便可开始其他工作，可在很大程度上缩短建设工期。

续表

序号	项目	设计-招标-建造（DBB）模式	工程总承包模式
		（3）各平行承包单位前后工作衔接，构成质量制约，有助于发现工程质量问题。 （4）该模式应用广泛、历史长，相关管理方法较成熟，工程参建各方对有关程序都比较熟悉	（2）便于建设单位提前确定工程造价。建设单位与工程总承包单位之间通常签订总价合同，这样使建设单位在工程实施初期就确定工程总造价，便于控制工程总造价。工程总承包单位负责工程总体控制，有利于减少工程变更，将工程造价控制在预算范围内。 （3）使工程项目责任主体单一化。由工程总承包单位负责工程设计和施工，减少了工程实施过程中争议和索赔的发生。同时，工程设计与施工责任主体的一体化，能够激励工程总承包单位更加注意整个工程项目质量。 （4）可减轻建设单位合同管理的负担。与建设单位直接签订合同的工程参建方减少，建设单位的协调工作量减少，合同管理工作量也大大减少
4	不足	（1）工程设计、招标、施工按顺序依次进行，建设周期长。 （2）设计与施工协调困难，容易产生设计变更，可能使建设单位利益受损。 （3）工程的责任主体较多，容易出现互相推诿，协调工作量大	（1）道德风险高。 （2）建设单位前期工作量大。 （3）工程总承包单位报价高

基于不同承包关系的承包模式

序号	模式	含义	特点
1	平行承包模式	（1）平行承包是指建设单位将工程项目划分为若干标段，分别发包给多家承包单位承担。	（1）有利于建设单位择优选择承包单位。由于合同内容比较单一、合同价值小、风险小，有利于不具备总承包能力的中小承包商参与竞争。建设单位可在更大范围内选择承包单位。

续表

序号	模式	含义	特点
		（2）建设单位需要与多家承包单位分别签订合同，各承包单位之间的关系是平行的，相互间无合同关系	（2）有利于控制工程质量。整个工程经分解后分别发包给各承包单位，合同约束与相互制约使每一部分都能较好地实现其质量要求。如主体工程与装修工程分别由两个施工单位承包，当主体工程不合格时，装修单位不会同意在不合格的主体工程上进行装修，这种他控机制比自控更有约束力。 （3）有利于缩短建设工期。由于工程项目任务经分解后平行发包，在工艺技术及场地允许的条件下，多个标段任务并行实施，可缩短整个工程项目工期。 （4）组织管理和协调工作量大。由于合同数量多，使工程项目系统中合同界面（结合部）数量增加，要求建设单位具有较强的组织协调能力。 （5）工程造价控制难度大。由于招标任务量大，需控制多项合同价格，从而使工程造价控制难度增加。 （6）与总承包模式相比，平行承包模式不利于发挥那些技术水平高、综合管理能力强的承包商综合优势
2	联合体承包模式	联合体通常由一家或几家单位发起，经过协商确定各自承担的义务和责任，签署联合体协议，建立联合体组织机构，产生联合体牵头单位（代表），联合体各成员单位共同与建设单位签订工程承包合同	（1）建设单位合同结构简单，组织协调工作量小，而且有利于工程造价和建设工期控制。 （2）可以集中联合体各成员单位在资金、技术和管理等方面优势，克服一家单位力不能及的困难，不仅有利于增强竞争能力，同时有利于增强抗风险能力

续表

序号	模式	含义	特点
3	合作体承包模式	（1）当工程项目包含专业工程类别多、数量大，或专业配套需要时，一家单位无力实行总承包，而建设单位又希望承包方有一个统一的协调组织时，就可能产生几家单位自愿成立一个合作体，然后以合作体名义与建设单位签订工程承包意向合同（也称基本合同）。 （2）达成协议后，各单位再分别与建设单位签订工程承包合同，并在合作体统一计划、指挥和协调下完成承包任务	（1）建设单位组织协调工作量小，但风险较大。由于承包单位是一个合作体，各承包单位之间能相互协调，可减少建设单位组织协调工作量。但当合作体内某一家单位倒闭破产时，其他成员单位及合作体机构不承担其承包合同的经济责任，这一风险将由建设单位承担。 （2）各承包单位之间既有合作愿望，又不愿意组成联合体。参加合作体的各成员单位都不具备与整体任务相适应的力量，都想利用合作体增强总体实力。他们之间有合作愿望，但又出于自主性要求，或彼此之间信任度不够，未采取联合体捆绑式经营方式

国际承包模式——CM 模式

序号	项目	内容
1	CM 模式概念	CM（Construction Management）模式是指由建设单位委托一家 CM 单位承担项目管理工作，该 CM 单位以承包单位的身份进行施工管理，并在一定程度上影响工程设计活动，组织快速路径（Fast-Track）的生产方式，使工程项目实现有条件的“边设计、边施工”
2	CM 模式的特点	（1）采用快速路径法施工，即在工程设计尚未结束之前，当工程某些部分的施工图设计已经完成时，就开始进行该部分工程的施工招标，从而使这部分工程的施工提前到工程项目的设计阶段。 （2）CM 单位有代理型（Agency）和非代理型（Non-Agency）两种。代理型的 CM 单位不负责工程分包的发包，与分包单位的合同由建设单位直接签订。而非代理型的 CM 单位直接与分包单位签订分包合同。 （3）CM 合同采用成本加酬金方式。代理型和非代理型的 CM 合同是有区别的。由于代理型合同是建设单位与分包单位直接签订，因此，采用简单的成本加酬金合同形式。而非代理型合同则采用保证最大工程费用（GMP）加酬金的合同形式。这是因为 CM 合同总价是在 CM 合同签订之后，随着 CM 单位与各分包单位签约而逐步形成的。只有采用保证最大工程费用，建设单位才能控制工程总费用

续表

序号	项目	内容
3	CM 模式在工程造价控制方面的价值	CM 模式特别适用于那些实施周期长、工期要求紧迫的大型复杂工程。在工程造价控制方面的价值体现在以下几方面： （1）与施工总承包模式相比，采用 CM 模式时的合同价更具合理性。采用 CM 模式时，施工任务要进行多次分包，施工合同总价不是一次确定，而是有一部分完整施工图纸，就分包一部分，将施工合同总价化整为零。而且每次分包都通过招标展开竞争，每个分包合同价格都通过谈判进行详细讨论，从而使各个分包合同价格汇总后形成的合同总价更具合理性。 （2）CM 单位不赚取总包与分包之间的差价。与总分包模式相比，CM 单位与分包单位或供货单位之间的合同价是公开的，建设单位可以参与所有分包工程或设备材料采购招标及分包合同或供货合同的谈判。CM 单位在进行分包谈判时，会努力降低分包合同价。经谈判而降低合同价的节约部分全部归建设单位所有，CM 单位可获得部分奖励，这样，有利于降低工程费用。 （3）应用价值工程方法挖掘节约投资的潜力。CM 承包模式不同于普通承包模式的“按图施工”，CM 单位早在工程设计阶段就可凭借其在施工成本控制方面的实践经验，应用价值工程方法对工程设计提出合理化建议，以进一步挖掘节省工程投资的可能性。此外，由于工程设计与施工的早期结合，使得设计变更在很大程度上得到减少，从而减少分包单位因设计变更而提出的索赔。 （4）GMP 可大大减少建设单位在工程造价控制方面的风险。当采用非代理型 CM 模式时，CM 单位将对工程费用的控制承担更直接的经济责任，他必须承担 GMP 的风险。如果实际工程费用超过 GMP，超出部分将由 CM 单位承担。由此可见，建设单位在工程造价控制方面的风险将大大减少

国际承包模式——Partnering 模式

序号	项目	内容
1	Partnering 模式含义	Partnering 一词看似简单，但要准确地译成中文却比较困难，有时将其译为伙伴关系
2	Partnering 模式的主要特征	（1）出于自愿。Partnering 协议并不仅是建设单位与承包单位之间的协议，而需要工程建设参与各方共同签署，包括建设单位、总承包单位、主要的分包单位、设计单位、咨询单位、主要的材料设备供应单位等。参与 Partnering 模式的有关各方必须是完全自愿，而非出于任何原因的强迫。

续表

序号	项目	内容
		（2）高层管理者参与。由于 Partnering 模式需要参与各方共同组成工作小组，要分担风险、共享资源，因此，高层管理者的认同、支持和决策是关键因素。 （3）Partnering 协议不是法律意义上的合同。Partnering 协议与工程合同是两个完全不同的文件。在工程合同签订后，工程建设参与各方经过讨论协商后才会签署 Partnering 协议。该协议并不改变参与各方在有关合同中规定的权利和义务，主要用来确定参与各方在工程建设过程中的共同目标、任务分工和行为规范。 （4）信息开放性。Partnering 模式强调资源共享，信息作为一种重要的资源，对于参与各方必须公开。同时，参与各方要保持及时、经常和开诚布公的沟通，在相互信任的基础上，要保证工程造价、进度、质量等方面的信息能为参与各方及时、便利地获取
3	其他说明	Partnering 模式不是一种独立存在的模式，它通常需要与工程项目其他组织模式中的某一种结合使用，如总分包模式、平行承包模式、CM 承包模式等

考点 4 工程监理

强制实行监理的工程范围

序号	范围	说明
1	国家重点建设工程	（1）基础设施、基础产业和支柱产业中的大型项目。 （2）高科技并能带动行业技术进步的项目。 （3）跨地区并对全国经济发展或者区域经济发展有重大影响的项目。 （4）对社会发展有重大影响的项目。 （5）其他骨干项目
2	大中型公用事业工程	大中型公用事业工程是指项目总投资额在 3000 万元以上的下列工程项目： （1）供水、供电、供气、供热等市政工程项目。 （2）科技、教育、文化等项目。 （3）体育、旅游、商业等项目。 （4）卫生、社会福利等项目。 （5）其他公用事业项目
3	成片开发建设的住宅小区工程	（1）建筑面积在 5 万 m^2 以上的住宅建设工程必须实行监理；5 万 m^2 以下的住宅建设工程，可以实行监理，具体范围和规模标准，由省、自治区、直辖市人民政府建设行政主管部门规定。 （2）高层住宅及地基、结构复杂的多层住宅应当实行监理

续表

序号	范围	说明
4	利用外国政府或者国际组织贷款、援助资金的工程	利用外国政府或者国际组织贷款、援助资金的工程包括： （1）使用世界银行、亚洲开发银行等国际组织贷款资金的项目。 （2）使用国外政府及其机构贷款资金的项目。 （3）使用国际组织或者国外政府援助资金的项目
5	国家规定必须实行监理的其他工程	（1）项目总投资额在3000万元以上关系社会公共利益、公众安全的下列基础设施项目： ①煤炭、石油、化工、天然气、电力、新能源等项目。 ②铁路、公路、管道、水运、民航以及其他交通运输业等项目。 ③邮政、电信枢纽、通信、信息网络等项目。 ④防洪、灌溉、排涝、发电、引（供）水、滩涂治理、水资源保护、水土保持等水利建设项目。 ⑤道路、桥梁、地铁和轻轨交通、污水排放及处理、垃圾处理、地下管道、公共停车场等城市基础设施项目。 ⑥生态环境保护项目。 ⑦其他基础设施项目。 （2）学校、影剧院、体育场馆项目

项目监理机构人员职责

序号	项目	地位	职责（内容）
1	总监理工程师职责	总监理工程师是由工程监理单位法定代表人书面任命，负责履行建设工程监理合同、主持项目监理机构工作的注册监理工程师	（1）确定项目监理机构人员及其岗位职责。 （2）组织编制监理规划，审批监理实施细则。 （3）根据工程进展及监理工作情况调配监理人员，检查监理人员工作。 （4）组织召开监理例会。 （5）组织审核分包单位资格。 （6）组织审查施工组织设计、（专项）施工方案。 （7）审查开复工报审表，签发工程开工令、暂停令和复工令。 （8）组织检查施工单位现场质量、安全生产管理体系的建立及运行情况。 （9）组织审核施工单位的付款申请，签发工程款支付证书，组织审核竣工结算。 （10）组织审查和处理工程变更。 （11）调解建设单位与施工单位的合同争议，处理工程索赔。

续表

序号	项目	地位	职责（内容）
			（12）组织验收分部工程，组织审查单位工程质量检验资料。 （13）审查施工单位的竣工申请，组织工程竣工预验收，组织编写工程质量评估报告，参与工程竣工验收。 （14）参与或配合工程质量安全事故的调查和处理。 （15）组织编写监理月报、监理工作总结，组织整理监理文件资料
2	总监理工程师代表职责	总监理工程师代表是经工程监理单位法定代表人同意，由总监理工程师书面授权，代表总监理工程师行使其部分职责和权力的人员	总监理工程师不得将下列工作委托给总监理工程师代表： （1）组织编制监理规划，审批监理实施细则。 （2）根据工程进展及监理工作情况调配监理人员。 （3）组织审查施工组织设计、（专项）施工方案。 （4）签发工程开工令、暂停令和复工令。 （5）签发工程款支付证书，组织审核竣工结算。 （6）调解建设单位与施工单位的合同争议，处理工程索赔。 （7）审查施工单位的竣工申请，组织工程竣工预验收，组织编写工程质量评估报告，参与工程竣工验收。 （8）参与或配合工程质量安全事故的调查和处理
3	专业监理工程师职责	专业监理工程师是由总监理工程师授权，负责实施某一专业或某一岗位的监理工作，有相应监理文件签发权的人员	（1）参与编制监理规划，负责编制监理实施细则。 （2）审查施工单位提交的涉及本专业的报审文件，并向总监理工程师报告。 （3）参与审核分包单位资格。 （4）指导、检查监理员工作，定期向总监理工程师报告本专业监理工作实施情况。 （5）检查进场的工程材料、构配件、设备的质量。 （6）验收检验批、隐蔽工程、分项工程，参与验收分部工程。 （7）处置发现的质量问题和安全事故隐患。 （8）进行工程计量。 （9）参与工程变更的审查和处理。 （10）组织编写监理日志，参与编写监理月报。 （11）收集、汇总、参与整理监理文件资料。 （12）参与工程竣工预验收和竣工验收

续表

序号	项目	地位	职责（内容）
4	监理员职责	监理员是在专业监理工程师领导下从事工程检查、材料的见证取样、有关数据复核等具体监理工作的人员	（1）检查施工单位投入工程的人力、主要设备的使用及运行状况。 （2）进行见证取样。 （3）复核工程计量有关数据。 （4）检查工序施工结果。 （5）发现施工作业中的问题，及时指出并向专业监理工程师报告

施工单位与项目监理机构相关的工作

序号	项目	内容
1	施工准备及开工报审	（1）参加图纸会审和设计交底会议。施工单位参加建设单位主持召开的图纸会审和设计交底会议。图纸会审和设计交底会议纪要应由项目监理机构负责整理，建设单位、设计单位、施工单位代表及总监理工程师共同签认。 （2）报审施工组织设计。施工单位在工程开工前，应将经内部审查通过的施工组织设计报送项目监理机构审查。经项目监理机构审查符合要求的施工组织设计，由总监理工程师签认后将会报送建设单位。 （3）施工现场质量安全管理组织机构、制度及人员受检。项目监理机构将会检查施工单位现场的施工质量、安全生产管理组织机构和规章制度建立情况，以及专职管理人员配备和特种作业人员的资格，还要核查施工机械和设施的安全许可验收手续。 （4）报送工程开工报审表及相关资料。施工单位做好施工准备后，应向项目监理机构报送工程开工报审表及相关资料申请开工。申请开工的工程具备条件的，总监理工程师方可在工程开工报审表签署同意开工的意见并报建设单位批准：①设计交底和图纸会审已完成；②施工组织设计已由总监理工程师签认；③施工单位现场质量、安全生产管理体系已建立，管理及施工人员已到位，施工机械具备使用条件，主要工程材料已落实；④进场道路及水、电、通信等已满足开工要求。建设单位在工程开工报审表中签署同意开工的意见后，项目监理机构才能发出工程开工令。 （5）报审分包单位资格。工程有分包单位的，施工总包单位应将分包单位资格报审表及相关资料报送项目监理机构。 （6）参加第一次工地会议。施工单位应参加由建设单位主持召开的第一次工地会议。会议纪要由项目监理机构负责整理，与会各方代表会签

续表

序号	项目	内容
2	施工过程中的报审报验	（1）施工进度计划报审。施工单位应将其编制的施工总进度计划和阶段性施工进度计划报送项目监理机构审查。 （2）施工方案或专项施工方案报审。施工单位应将相应分部分项工程开工前编制的施工方案或专项施工方案报送项目监理机构审查。 （3）“四新”质量报审。施工单位采用新材料、新工艺、新技术、新设备时，应将相应质量认证材料和相关验收标准报送项目监理机构审查。必要时，施工单位还需要组织专题论证，并将专题论证材料一并报送项目监理机构审查。 （4）施工控制测量成果及保护措施报审。施工单位应将施工控制测量成果及保护措施报送项目监理机构检查、复核。 （5）试验室报审。施工单位应将为所施工工程提供服务的试验室相关资料报送项目监理机构检查。 （6）材料、构配件、设备质量报验。项目监理机构还将会按照有关规定、工程监理合同约定，对用于工程的材料进行平行检验。 （7）工程报验。施工单位应向项目监理机构报验隐蔽工程、检验批、分项工程和分部工程质量。项目监理机构验收其质量，并对质量合格的签署验收意见。 （8）提出工程计量及付款申请。施工单位应向项目监理机构提交工程款支付报审表及相应的支持性材料，申请复核实际完成工程量和应支付金额。项目监理机构审查复核后报送建设单位审批。 （9）提出工程变更或索赔。施工单位认为有必要进行工程变更的，可向项目监理机构提出工程变更申请。待建设单位同意工程变更后，施工单位应按建设单位和施工单位共同协商会签的工程变更单实施工程变更。施工单位向建设单位索赔费用或要求工程延期，均应通过项目监理机构提出
3	工程暂停情形	工程施工有下列情形之一的，总监理工程师将会及时签发工程暂停令： （1）建设单位要求暂停施工且工程需要暂停施工的。 （2）施工单位未经批准擅自施工或拒绝项目监理机构管理的。 （3）施工单位未按审查通过的工程设计文件施工的。 （4）施工单位未按批准的施工组织设计、（专项）施工方案施工或违反工程建设强制性标准的。 （5）施工存在重大质量、安全事故隐患或发生质量、安全事故的
4	竣工报验及结算申请	（1）竣工报验。单位工程完工并经自检合格后，施工单位应向项目监理机构提交单位工程竣工验收报审表及竣工资料。项目监理机构组织工程竣工预验收合格后，编写工程质量评估报告并报送建设单位。施工单位代表应参加由建设单位组织的竣工验收，并在工程竣工验收报告中签署意见。

续表

序号	项目	内容
		（2）竣工结算申请。工程竣工验收合格后，施工单位应向项目监理机构提交竣工结算款支付申请。项目监理机构审核后报送建设单位审批。竣工结算款支付申请经建设单位审批同意后，项目监理机构将向施工单位签发竣工结算款支付证书

考点 5　工程质量监督

工程质量监督内容

序号	项目	内容
1	工程质量责任主体行为监督	（1）建设单位、勘察单位、设计单位、施工单位、工程监理单位的质量行为是否符合有关法律法规及工程建设标准规定。 （2）建设单位、勘察单位、设计单位、施工单位、工程监理单位的质量管理体系是否健全，质量责任是否得到落实。 （3）建设单位、勘察单位、设计单位、施工单位、工程监理单位的主要质量管理人员是否按规定进行了培训并考核合格。 （4）工程质量监督手续是否依法办理；工程竣工验收报告等是否按规定备案，竣工验收过程和程序是否符合规定。 （5）工程质量事故、投诉举报的调查处理是否符合有关规定，相关质量问题是否按要求整改落实
2	工程实体质量监督	（1）工程实体质量抽查。工程实体质量监督以抽查方式为主，重点检查涉及结构安全和使用功能的实体质量。对工程质量有质疑的部位，责成有关单位出具工程质量证明文件，或直接委托有资质的检测机构进行检测。 （2）工程质量保证资料核验。核验工程质量保证资料时，一方面应检查工程质量保证资料是否及时、准确、完整；另一方面应将工程质量保证资料与工程实体质量进行对照，核查两者是否相符，以此来判断工程质量保证体系的运转是否正常有效，验证工程实体质量是否真实可靠

工程质量监督程序

序号	项目	内容
1	审核办理工程质量监督手续	（1）工程开工前，建设单位需要到规定的工程质量监督机构办理工程质量监督手续，未按规定办理工程质量监督手续的，一律不得开工。 （2）工程质量监督机构收到工程质量监督申报资料后，对于经审核符合要求的，应办理工程质量监督登记手续，并向建设单位签发工程质量监督文件。不符合条件的，应及时告知建设单位进行补报

续表

序号	项目	内容
2	组织安排工程质量监督准备工作	（1）成立工程质量监督组，确定质量监督负责人。 （2）编制工程质量监督计划，并转发各参建单位。 （3）召开首次监督会议，明确相关职责。 （4）检查各方主体行为，确认具备开工条件
3	组织实施工程施工质量监督	（1）制定年度、季度检查计划。 （2）实施监督检查。监督检查内容主要包括： ①工程参建各方主体质量行为。 ②工程实体质量。 ③工程质量保证资料。 （3）工程质量事故隐患及问题查处。 （4）投诉举报问题受理及调查
4	组织实施工程竣工验收质量监督	（1）工程质量监督机构应参加建设单位组织的工程竣工验收，并对现场验收的组织形式、验收程序、执行标准规定等进行重点监督，发现有违反验收规定的行为，应责令改正。 （2）工程竣工验收工作结束后，工程质量监督机构应出具工程质量监督报告。 （3）工程质量监督报告应包括以下主要内容：①工程概况；②监督工作概况；③工程质量责任主体行为监督检查情况；④工程实体质量抽查情况；⑤投诉举报受理及调查处理情况；⑥相关问题处理整改和事故调查处理情况；⑦行政处罚情况；⑧工程竣工验收情况；⑨工程质量监督意见和建议等。 （4）工程质量监督报告必须由工程质量监督负责人签认，经工程质量监督机构负责人审核同意并加盖单位公章后出具

工程质量监督工作方式

序号	项目	内容
1	一般规定	工程质量监督机构的监督检查以抽查为主，实行专项检查与综合检查相结合、工程实体质量检查与工程参建各方主体质量行为检查相结合的方式
2	工程实体质量检查	（1）随机抽查。按照工程质量监督计划，工程质量监督人员随机抽查关键工点和工序、影响结构安全和使用功能的部位，采用目测、实测、仪器检测等方式检查工程实体质量。 （2）委托检测。对于一些影响结构安全和使用功能的关键部位，工程质量监督机构可委托具有相应资质的检测单位进行质量检测

续表

序号	项目	内容
3	工程质量文件资料核查	工程质量监督人员通过核查工程参建各方主体的工程质量文件资料，来分析判断工程质量行为及工程实体质量状况
4	听取现场人员汇报	听取施工现场相关人员关于工程质量控制措施、存在问题及处理意见，以及对分包工程管理等方面的汇报
5	进行相关数据分析	工程质量监督机构应通过相关数据分析，判断工程质量责任主体行为和工程实体质量

1.2 工程项目管理组织与项目经理

考点1 工程参建各方主体管理目标和任务

工程参建各方主体管理目标和任务

序号	项目	内容
1	业主方项目管理	（1）业主方项目管理是指站在业主角度，通过有效控制工程建设进度、质量和投资目标，最终实现工程项目的价值。其中，进度目标是指工程项目交付使用的时间目标；质量目标是指工程特性要满足相关标准规定及业主需求；投资目标是指工程建设总投资。绿色目标也将成为业主方项目管理的目标。这些目标相互影响、相互依存、相互制约，是一个不可分割的整体。业主方项目管理就是要统筹考虑这些目标，实现整体目标系统最优，避免盲目追求单一目标而冲击或干扰其他目标。 （2）业主方项目管理是全过程的，包括工程项目投资决策和建设实施阶段各个环节。全过程工程咨询或国际上采用的项目管理承包（PMC）模式在我国发展成为可能。 （3）工程监理单位接受建设单位（或项目法人）委托，为其提供专业化服务也属于业主方项目管理
2	工程总承包方项目管理	（1）工程总承包方项目管理应服务于项目整体利益和工程总承包方自身利益。 （2）工程总承包方依靠自身的技术和管理优势或实力，在工程设计、采购、施工、试运行等各个环节，有效管理其承包工程的进度、质量、成本、安全及绿色目标，全面履行工程总承包合同，为业主交付合格且富有价值的工程项目。 （3）工程设计、采购、施工、试运行等环节的管理要求：

续表

序号	项目	内容
		①设计管理。设计管理应由设计经理负责，并适时组建项目设计组。设计经理或项目经理应负责组织编制设计执行计划。设计经理应组织检查设计执行计划的执行情况，分析进度偏差，制定有效措施。 ②采购管理。采购管理应由采购经理负责，并适时组建项目采购组。采购经理应负责组织编制采购执行计划。采购组应按采购执行计划开展工作。采购经理应对采购执行计划的实施进行管理和监控。 ③施工管理。施工管理应由施工经理负责，并适时组建施工组。施工经理应负责组织编制施工执行计划。施工组应对施工执行计划实行目标跟踪和监督管理，对施工过程中发生的工程设计和施工方案重大变更，应履行审批程序。 ④试运行管理。试运行管理应由试运行经理负责，并适时组建试运行组。试运行经理应负责组织编制试运行执行计划。试运行经理应依据合同约定，负责组织或协助项目发包人编制试运行方案，并应按试运行执行计划和方案的要求落实相关的技术、人员和物资
3	工程设计方项目管理	（1）工程设计方项目管理应服务于项目整体利益和工程设计方自身利益。 （2）工程设计方项目管理不仅仅局限于工程设计阶段，而是会延伸到施工阶段和竣工验收阶段
4	工程施工方项目管理	（1）工程施工方项目管理不能仅仅理解为施工承包单位的项目管理，工程咨询单位为施工承包单位提供的咨询服务也属于工程施工方项目管理范畴。 （2）工程施工方项目管理目标包括施工进度、质量、成本、安全、绿色

考点 2 工程项目管理组织

工程项目管理组织结构形式

序号	项目	内容
1	直线式组织结构	（1）直线式组织结构是一种最简单的组织结构形式。在这种组织结构中，各种职位均按直线垂直排列，项目经理直接进行单线垂直领导。 （2）直线式组织结构的主要优点是结构简单、权力集中、易于统一指挥、隶属关系明确、职责分明、决策迅速。但由于未设置职能部门，项目经理没有参谋和助手，需要其通晓各种业务，成为“全能式”人才。无法实现管理工作专业化，不利于提高项目管理水平

续表

序号	项目	内容
2	职能式组织结构	（1）职能式组织结构是在各管理层设置职能部门，各职能部门分别从其业务职能角度对下级执行者进行业务管理。在职能式组织结构中，各级领导不直接指挥下级，而是指挥职能部门。各职能部门可以在上级领导授权范围内，就其所管辖业务范围向下级执行者发布命令和指示。 （2）职能式组织结构的主要优点是强调管理业务专门化，注意发挥各类专家在项目管理中的作用。由于管理人员业务工作专业化，易于提高工作质量，同时可以减轻领导者负担。但是，由于这种组织结构存在多头领导，使下级执行者接受多方指令，容易造成职责不清
3	直线职能式组织结构	（1）直线职能式组织结构综合直线式组织结构和职能式组织结构的优点而形成。与职能式组织结构相同的是，在各管理层设置职能部门，但职能部门只作为相应层级领导的参谋，在其所管辖业务范围内实施管理，不直接指挥下级，与下一层级职能部门构成业务指导关系。职能部门的指令，必须经过同层级领导的批准才能下达。各管理层级之间按直线式组织结构原理构成直接上下级关系。 （2）直线职能式组织结构既保持了直线式组织结构统一指挥的特点，又满足了职能式组织结构对管理工作专业化分工的要求。其主要优点是集中领导、职责清楚，有利于提高管理效率。但这种组织结构中各职能部门之间的横向联系差，信息传递路线长，职能部门与指挥者之间容易产生矛盾
4	矩阵式组织结构	（1）矩阵式组织结构是依照矩阵方式，将按职能划分的部门与按工程项目设立的管理机构有机结合起来的一种组织结构形式。这种组织结构以工程项目为对象设置，各项目管理机构的管理人员从各职能部门临时抽调，归项目经理统一管理，待工程完工交付使用后又回到原职能部门或到其他工程项目管理组织工作。 （2）矩阵式组织结构的优点是能够根据工程任务的实际情况灵活组建与之相适应的项目管理机构，实现集权与分权的最优结合，有利于调动各类人员的工作积极性，使项目管理工作顺利进行。但矩阵式组织结构的稳定性较差，尤其是业务人员的工作岗位调动频繁。此外，矩阵中每一位成员同时受项目经理和职能部门经理的双重领导，如果处理不当，会造成矛盾，产生扯皮现象

矩阵式组织结构形式

序号	项目	内容
1	强矩阵式组织	（1）强矩阵式组织中，项目经理由企业最高领导任命，并全权负责项目。项目经理直接向企业最高领导负责，项目组成员绩效完全由项目经理进行考核，项目组成员只对项目经理负责。

续表

序号	项目	内容
		（2）强矩阵式组织结构的特点是拥有专职的、具有较大权限的项目经理及专职项目管理人员。强矩阵式组织结构适用于技术复杂且时间紧迫的工程项目。对于技术复杂的工程项目，各职能部门之间的技术界面比较繁杂，采用强矩阵式组织结构有利于加强各职能部门之间的协调配合
2	中矩阵式组织	（1）中矩阵式组织也称平衡矩阵式组织。在平衡矩阵式组织结构中，项目经理被授予一定权力，对项目整体及项目目标负责。项目组成员是从各职能部门抽调而来，并在成员中指定一人担任专案主持人。一旦专案结束，专案主持人的头衔随之消失。 （2）平衡矩阵式组织结构的特点是需要精心建立管理程序和配备训练有素的协调人员。平衡矩阵制组织结构适用于中等技术复杂程度且建设周期较长的工程项目
3	弱矩阵式组织	（1）弱矩阵式组织中，并未明确对项目目标负责的项目经理。即使有项目负责人，其角色也只是一个项目协调者或监督者，而不是一个管理者。同时，员工绩效由职能部门经理进行考核。 （2）弱矩阵式组织结构的特点是项目管理者的权限很小。弱矩阵式组织结构适用于技术简单的工程项目。因为这样的工程项目技术界面明晰或简单，跨职能部门的协调工作比较容易

责任矩阵

序号	项目	内容
1	含义	（1）责任矩阵（Responsibility Matrix）作为项目管理的重要工具，强调每一项工作需要由谁负责，并表明每个人在整个项目中的角色地位。 （2）通过编制责任矩阵，可以清楚地表示每一个成员在项目实施过程中所承担的责任
2	责任矩阵的编制程序	工程项目部编制责任矩阵，可按下列程序进行： （1）列出需要完成的项目管理任务。 （2）列出参与项目管理及负责执行项目任务的个人或职能部门名称。 （3）以项目管理任务为行，以执行任务的个人或部门为列，画出纵横交叉的责任矩阵图。 （4）在责任矩阵图的行与列交叉窗口中，用不同字母或符号表示项目管理任务与执行者的责任关系，从而建立“人”与“事”的关联。任务执行者在项目管理中通常有三种角色：①负责人 P（Principal）；②支持者或参与者 S（Support）；③审核者 R（Review）。 （5）检查各职能部门或人员的项目管理任务分配是否均衡适当。有过度分配或者分配不当的，则需要进行调整和优化

续表

序号	项目	内容
3	责任矩阵的作用	（1）责任矩阵可以非常方便地进行责任检查：横向检查可以确保每项工作有人负责；纵向检查可以确保每个人至少负责一件“事”。 （2）基于管理活动的工作量估算，还可从横向统计每个活动的总工作量，从纵向统计每个角色投入的总工作量
4	施工项目管理中运用责任矩阵的主要作用	（1）将工程项目管理的具体任务分配、落实到相关职能部门或人员，使工程项目部人员分工一目了然。 （2）清楚地显示出工程项目部各部门或个人的角色、职责和相互关系，避免职责不清而出现推诿、扯皮现象。 （3）有利于项目经理从总体上分析管理任务的分配是否平衡适当，以便进行必要的调整和优化，确保最适合的人员去做最适当的事情，从而提高项目管理工作效率

考点 3　项目经理

项目经理含义和分类

（1）项目经理是指具备相应任职条件和能力，由企业法定代表人授权对工程项目进行全面管理的责任人。

（2）对承包单位而言，根据其承包工程范围不同，项目经理可分为工程总承包项目经理和施工项目经理。

工程总承包项目经理和施工项目经理的职责和权限等

序号	项目	工程总承包项目经理	施工项目经理
1	角色	工程总承包项目经理是工程总承包项目的负责人，经授权代表工程总承包企业负责履行项目合同，负责项目的计划、组织、领导和控制，对项目的质量、安全、费用、进度等负责	施工项目经理是指具备相应任职条件，由企业法定代表人授权对施工项目进行全面管理的责任人
2	任职条件	（1）取得工程建设类注册执业资格或高级专业技术职称。 （2）具备决策、组织、领导和沟通能力，能正确处理和协调与项目发包人、项目相关方之间及企业内部各专业、各部门之间的关系。	（1）具有工程建设类相应职业资格，并应取得安全生产考核合格证书。 （2）具有良好的身体素质，恪守职业道德，诚实守信，不得有不良行为记录。

续表

序号	项目	工程总承包项目经理	施工项目经理
		（3）具有工程总承包项目管理及相关的经济、法律法规和标准化知识。 （4）具有类似项目的管理经验。 （5）具有良好的信誉	（3）具有建设工程施工现场管理经验和项目管理业绩，并应具备下列专业知识和能力：①施工项目管理范围内的工程技术、管理、经济、法律法规及信息化知识；②施工项目实施策划和分析解决问题的能力；③施工项目目标管理及过程控制的能力；④组织、指挥、协调与沟通能力
3	职责	（1）执行工程总承包企业管理制度，维护企业合法权益。 （2）代表企业组织实施工程总承包项目管理，对实现合同约定的项目目标负责。 （3）完成项目管理目标责任书规定的任务。 （4）在授权范围内负责与项目利益相关者协调，解决项目实施中出现的问题。 （5）对项目实施全过程进行策划、组织、协调和控制。	（1）依据企业规定组建项目经理部，组织制定项目管理岗位职责，明确项目团队成员职责分工。 （2）执行企业各项规章制度，组织制定和执行施工现场项目管理制度。 （3）组织项目团队成员进行施工合同交底和项目管理目标责任分解。 （4）在授权范围内组织编制和落实施工组织设计、项目管理实施规划、施工进度计划、绿色施工及环境保护措施、质量安全技术措施、施工方案和专项施工方案。 （5）在授权范围内进行项目管理指标分解，优化项目资源配置，协调施工现场人力资源安排，并对工程材料、构配件、施工机具设备等资源的质量和安全使用进行全程监控。 （6）组织项目团队成员进行经济活动分析，进行施工成本目标分解和成本计划编制，制定和实施施工成本控制措施。 （7）建立健全协调工作机制，主持工地例会，协调解决工程施工问题。 （8）依据施工合同配合企业或受企业委托选择分包单位，组织审核分包工程款支付申请。 （9）组织与建设单位、分包单位、供应单位之间的结算工作，在授权范围内签署结算文件。

续表

序号	项目	工程总承包项目经理	施工项目经理
		（6）负责组织项目的管理收尾和合同收尾工作	（10）建立和完善工程档案文件管理制度，规范工程资料管理及存档程序，及时组织汇总工程结算和竣工资料，参与工程竣工验收。 （11）组织进行缺陷责任期工程保修工作，组织项目管理工作总结
4	权限	（1）经授权组建项目部，提出项目部组织机构，选用项目部成员，确定岗位人员职责。 （2）在授权范围内，行使相应管理权，履行相应职责。 （3）在合同范围内按规定程序使用工程总承包企业的相关资源。 （4）批准发布项目管理程序。 （5）协调和处理与项目有关的内外部事项	（1）参与项目投标及施工合同签订。 （2）参与组建项目经理部，提名项目副经理、项目技术负责人，选用项目团队成员。 （3）主持项目经理部工作，组织制定项目经理部管理制度。 （4）决定企业授权范围内的资源投入和使用。 （5）参与分包合同和供货合同签订。 （6）在授权范围内直接与项目相关方进行沟通。 （7）根据企业考核评价办法组织项目团队成员绩效考核评价，按企业薪酬制度拟定项目团队成员绩效工资分配方案，提出不称职管理人员解聘建议

1.3 工程项目管理规划与动态控制

考点 1 工程项目管理规划

工程项目管理规划——项目管理规划大纲和项目管理实施规划比较

序号	项目	项目管理规划大纲	项目管理实施规划
1	含义	项目管理规划大纲是指导项目管理的纲领性文件，对于项目管理工作具有战略性、全局性和宏观指导作用	（1）项目管理实施规划是对项目管理规划大纲的进一步深化和细化，项目管理规划大纲是项目管理实施规划的重要依据。 （2）对施工单位而言，施工组织设计等同于项目管理实施规划

续表

序号	项目	项目管理规划大纲	项目管理实施规划
2	编制程序	（1）明确项目需求和项目管理范围。 （2）确定项目管理目标。 （3）分析项目实施条件，进行项目工作结构分解。 （4）确定项目管理组织模式、组织结构和职责分工。 （5）规定项目管理措施。 （6）编制项目资源计划。 （7）报送审批	（1）了解相关方要求。 （2）分析项目具体特点和环境条件。 （3）熟悉相关法规和政策文件。 （4）实施编制活动。 （5）履行报批手续
3	内容	（1）项目概况。 （2）项目范围管理。 （3）项目管理目标。 （4）项目管理组织。 （5）项目采购与投标管理。 （6）项目进度管理。 （7）项目质量管理。 （8）项目成本管理。 （9）项目安全生产管理。 （10）绿色建造与环境管理。 （11）项目资源管理。 （12）项目信息管理。 （13）项目沟通与相关方管理。 （14）项目风险管理。 （15）项目收尾管理。 注：具体规划内容可由企业根据需要从中选定	（1）项目概况。 （2）项目总体工作安排。 （3）组织方案。 （4）设计与技术措施。 （5）进度计划。 （6）质量计划。 （7）成本计划。 （8）安全生产计划。 （9）绿色建造与环境管理计划。 （10）资源需求与采购计划。 （11）信息管理计划。 （12）沟通管理计划。 （13）风险管理计划。 （14）项目收尾计划。 （15）项目现场平面布置图。 （16）项目目标控制计划。 （17）技术经济指标
4	文件内容	项目管理规划大纲文件应包含的内容： （1）项目管理目标和职责规定。 （2）项目管理程序和方法要求。 （3）项目管理资源的提供和安排	项目管理实施规划文件应满足下列要求： （1）规划大纲内容应得到全面深化和具体化。 （2）实施规划范围应满足实现项目目标的实际需要。 （3）实施项目管理规划的风险应处于可以接受的水平

考点 2　施工组织设计

施工组织设计类型

（1）按编制对象不同，施工组织设计可分为三个层次：施工组织总设计、单位工程施工组织设计和施工方案。

（2）施工组织总设计是指以若干单位工程组成的群体工程或特大型工程项目为主要对象编制的施工组织设计。施工组织总设计对整个工程项目施工过程起着统筹规划、重点控制的作用。

（3）单位工程施工组织设计是指以单位（子单位）工程为主要对象编制的施工组织设计。单位工程施工组织设计是对施工组织总设计的进一步具体化，直接指导单位工程的施工管理和技术经济活动，对单位（子单位）工程的施工过程起着指导和制约作用。

（4）施工方案是指以分部（分项）或专项工程为主要对象编制的施工技术与组织方案，用以具体指导分部（分项）或专项工程的施工过程。施工方案是施工组织设计的进一步细化，是施工组织设计的补充。

施工组织总设计内容构成

序号	内容	说明
1	工程概况	（1）工程项目主要情况。 （2）工程项目主要施工条件
2	总体施工部署	（1）确定工程项目施工总目标，包括：施工进度、质量、成本、安全、绿色施工及环境管理目标。 （2）根据工程项目施工总目标要求，确定工程项目分阶段（期）交付使用计划。 （3）确定工程项目分阶段（期）施工的合理顺序和空间组织
3	施工总进度计划	（1）施工总进度计划是根据总体施工部署要求，用来确定各单位工程施工顺序、施工时间及相互衔接关系的计划。 （2）施工总进度计划可按以下程序编制： ①计算工程量。 ②确定各单位工程施工期限。 ③确定各单位工程的开竣工时间和相互搭接关系。 ④编制初步施工总进度计划。 ⑤形成正式的施工总进度计划
4	总体施工准备与主要资源配置计划	（1）总体施工准备。包括：技术准备、现场准备和资金准备等。 （2）主要资源配置计划。包括：劳动力配置计划和物资配置计划
5	主要施工方法	（1）对于工程量大、施工难度大、工期长，对整个工程项目的完成起关键作用的建（构）筑物及影响全局的分部分项工程，要在施工组织总设计中简要说明其施工方法。

续表

序号	内容	说明
		（2）对脚手架工程、起重吊装工程、临时用水用电工程、季节性施工等专项工程所采用的施工方法也应进行简要说明。 （3）对施工方法的确定，要兼顾工艺技术的先进性、可操作性及经济合理性
6	施工总平面布置	（1）施工总平面布置是指在施工用地范围内，对各项生产、生活设施及其他辅助设施等进行总体规划和布置。 （2）施工总平面布置应按照工程项目分期（分批）施工计划进行，并绘制施工总平面布置图。 （3）施工总平面布置图应有比例关系，各种临时设施应标注外围尺寸，并有文字说明。 （4）施工总平面布置原则：①平面布置科学合理，施工场地占用面积少；②合理组织运输，减少二次搬运；③施工区域划分和场地临时占用应符合总体施工部署和施工流程要求，减少相互干扰；④充分利用既有建（构）筑物和既有设施为工程施工服务，降低临时设施建造费用；⑤临时设施应方便生产、生活，办公区、生活区和生产区宜分离设置；⑥符合节能、环保、安全和消防等要求；⑦遵守工程所在地政府建设主管部门和建设单位关于施工现场安全文明施工的相关规定。 （5）施工总平面布置图内容：①施工用地范围内的地形状况；②全部拟建的建（构）筑物和其他基础设施位置；③施工用地范围内的加工设施、运输设施、存贮设施、供电设施、供水供热设施、排水排污设施、临时施工道路和办公、生活用房等；④施工现场必备的安全、消防、保卫和环境保护等设施；⑤相邻地上、地下既有建（构）筑物及相关环境

单位工程施工组织设计内容构成

序号	项目	内容
1	工程概况	（1）工程主要情况。 （2）各专业设计简介。 （3）工程施工条件
2	施工部署	（1）施工部署是指对工程施工过程进行的统筹规划和全面安排，包括工程项目施工目标、进度安排及空间安排、施工组织安排等。 （2）施工部署是施工组织设计的纲领性内容，施工进度计划、施工准备与资源配置计划、施工方法、施工现场平面布置和主要施工管理计划等均应围绕施工部署进行编制和确定

续表

序号	项目	内容
3	施工进度计划	（1）单位工程施工进度计划是指为实现预先设定的工期目标，对各项施工过程的施工顺序、起止时间和相互衔接关系进行的统筹策划和安排。 （2）单位工程施工进度计划应按照施工部署的安排进行编制
4	施工准备与资源配置计划	（1）施工准备。包括：技术准备、现场准备和资金准备等。 （2）资源配置计划。包括：劳动力配置计划和物资配置计划
5	主要施工方案	（1）应对主要分部、分项工程制定施工方案，并对脚手架工程、起重吊装工程、临时用水用电工程、季节性施工等专项工程所采用的施工方案进行必要的验算和说明。 （2）施工方案的确定要遵循先进性、可行性和经济性兼顾的原则
6	施工现场平面布置	（1）应结合施工组织总设计，按不同施工阶段分别绘制施工现场平面布置图。 （2）施工现场平面布置图应包括下列内容： ①工程施工场地状况。 ②拟建建（构）筑物的位置、轮廓尺寸和层数。 ③施工现场的加工设施、存贮设施、办公和生活用房等的位置和面积。 ④布置在施工现场的垂直运输设施、供电设施、供水供热设施、排水排污设施和临时施工道路等。 ⑤施工现场必备的安全、消防、保卫和环境保护等设施。 ⑥相邻地上、地下既有建（构）筑物及相关环境

施工方案内容构成

序号	项目	内容
1	工程概况	工程概况包括工程主要情况、设计简介和工程施工条件等
2	施工安排	（1）工程施工目标。 （2）工程施工顺序及施工流水段。 （3）工程施工的重点和难点分析，并简述主要的管理和技术措施。 （4）项目管理机构及其职责
3	施工进度计划	（1）分部（分项）或专项工程的施工进度计划应按照施工安排，并结合总承包单位的施工进度计划编制。 （2）施工进度计划应能反映各施工区段或各工序之间的搭接关系，施工期限和开始、结束时间。 （3）施工进度计划应能体现和落实施工总进度计划的目标控制要求，进而体现施工总进度计划的合理性

续表

序号	项目	内容
4	施工准备与资源配置计划	（1）施工准备。包括：技术准备、现场准备和资金准备等。 （2）资源配置计划。包括：劳动力配置计划和物资配置计划
5	施工方法及工艺要求	（1）明确分部（分项）或专项工程施工方法，并进行必要的技术核算；明确主要分项工程（工序）的施工工艺要求。 （2）重点说明易发生质量通病、易出现安全问题、施工难度大、技术要求高的分项工程（工序）。 （3）对开发和使用的新技术、新工艺及采用的新材料、新设备，应通过必要的试验或论证并编制计划。 （4）根据施工地点的气候条件，对季节性施工提出具体要求

施工组织设计的编制、审批及动态管理

序号	项目	内容
1	施工组织设计的编制和审批	（1）施工组织设计应由项目负责人主持编制，可根据需要分阶段编制和审批。 （2）施工组织总设计应由总承包单位技术负责人审批；单位工程施工组织设计应由施工单位技术负责人或技术负责人授权的技术人员审批；施工方案应由项目技术负责人审批；重点、难点分部（分项）工程施工方案和针对危险性较大的分部分项工程专项施工方案应由施工单位技术部门组织相关专家评审，施工单位技术负责人批准。 （3）由专业承包单位施工的分部（分项）工程施工方案，应由专业承包单位技术负责人或技术负责人授权的技术人员审批；有总承包单位时，应由总承包单位项目技术负责人核准备案。 （4）规模较大的分部（分项）工程施工方案应按单位工程施工组织设计进行编制和审批
2	施工组织设计的动态管理	（1）工程施工过程中发生下列情形时，应及时对施工组织设计进行修改或补充：①工程设计有重大修改；②有关法律、法规及标准实施、修订和废止；③主要施工方法有重大调整；④主要施工资源配置有重大调整；⑤施工环境有重大改变。 （2）经修改或补充的施工组织设计应重新审批后实施。 （3）工程施工前，应进行施工组织设计的逐级交底。工程施工过程中，应对施工组织设计的执行情况进行检查、分析并适时进行调整

考点 3　工程项目目标动态控制

工程项目目标体系构建

序号	项目	内容
1	含义	工程项目目标体系是有效控制工程项目目标的基本前提，也是工程项目管理是否成功的重要判据。需要在综合考虑工程进度、质量、成本、安全、绿色等目标之间相互关系的基础上，通过分析论证确定工程项目总目标；然后从不同角度将工程项目总目标分解成若干分目标、子目标及可执行目标，从而形成“自上而下层层展开、自下而上层层保证”的工程项目目标体系
2	工程项目总目标的分析论证基本原则	（1）工程项目目标是一个包含工程进度、质量、成本、安全、绿色等目标的多目标体系，具有优先性、层次性和动态性等特点。为有效控制工程项目目标，首先需要根据工程合同及利益相关者需求，结合工程项目特点及所处环境，分析论证工程项目总目标。 （2）具体原则包括： ①确保工程质量、施工安全、绿色施工及环境管理目标符合工程建设强制性标准。 ②定性分析与定量分析相结合。 ③不同工程项目的各个目标可具有不同的优先等级
3	工程项目总目标的分解	（1）按不同承包单位、项目组成、时间进展等划分的分目标、子目标及可执行目标，形成工程项目多级目标体系。 （2）在工程项目多级目标体系中，各级目标之间相互联系，上一级目标控制下一级目标，下一级目标保证上一级目标的实现，最终保证工程项目总目标的实现

工程项目目标控制措施

序号	项目	内容
1	组织措施	（1）建立健全组织机构和规章制度，配备相应管理人员并明确岗位职责分工。 （2）完善沟通机制和工作流程，促进各参建单位、各职能部门间协同工作。 （3）强化动态控制中的激励，调动和发挥员工实现项目目标的积极性和创造性。 （4）建立工程项目目标控制工作考评机制，通过绩效考核实现持续改进等

续表

序号	项目	内容
2	技术措施	（1）需要结合工程项目目标控制需求和工程特点，编制项目管理规划、施工组织设计、施工方案并对其技术可行性进行审查、论证改进施工方法和施工工艺，采用更先进的施工机具。 （2）采用新技术、新材料、新工艺、新设备等“四新”技术并组织专家论证其可靠性和适用性等。 （3）在整个项目实施过程中，采用工程网络计划技术、价值工程、挣值分析等方法和数字化、智能化技术等进行动态控制
3	经济措施	需要明确工程责任成本，落实加快工程进度所需资金，完善工程成本节约奖励措施，对工程变更方案进行技术经济分析，及时办理工程价款结算和支付手续等
4	合同措施	（1）在工程投标环节需要通过市场调查系统分析工程承包风险，并将其对工程承包风险的应对体现在投标报价中。 （2）在工程合同签订环节，要结合承包模式及合同计价方式，与建设单位协商确定完善的合同条款，争取有工期提前、合理化建议的奖励条款。 （3）在工程合同履行环节，要做好合同交底工作，动态跟踪合同执行情况，合理处置工程变更和利用好工程索赔

第 2 章　建设工程项目管理相关体系标准

2.1　质量、环境、职业健康安全管理体系

考点 1　质量管理体系

质量管理体系标准及关键要素

序号	项目	内容
1	质量管理体系核心标准	（1）《质量管理体系 基础和术语》GB/T 19000—2016。该标准旨在帮助使用者理解质量管理的基本概念、原则和术语，以便能够有效地实施质量管理体系，帮助组织实现其目标。该标准还为质量管理体系其他标准奠定了基础，并助力于实现质量管理体系其他标准的价值。 （2）《质量管理体系 要求》GB/T 19001—2016。该标准所规定的要求是通用的，适用于各类不同规模和提供不同产品和服务的组织。 （3）《质量管理 组织的质量 实现持续成功指南》GB/T 19004—2020。该标准为组织增强其实现持续成功的能力提供指南。该标准与《质量管理体系 基础和术语》GB/T 19000—2016 阐述的质量管理原则相一致，提供的自我评价方法，能够指导组织对其质量管理体系的成熟度进行评价
2	质量管理体系关键要素	（1）组织机构。组织机构是组织对人员职责、权限和相互关系的有序安排，其范围可包括与外部组织的有关接口。组织机构的正式表述通常在质量手册或项目质量计划中提供。组织最高管理者要肩负起管理职责，对外要将客户的满意标准作为组织生存的首要目标，对内要建立和实施质量管理体系，确保组织机构合理和岗位职责明确。 （2）过程。过程是指利用输入实现预期结果的相互关联或相互作用的一组活动。一个过程的输入通常是其他过程的输出，而一个过程的输出通常又是其他过程的输入。两个或两个以上相互关联和相互作用的连续过程也可作为一个过程。组织通常对过程进行策划，并使其在受控条件下运行，以实现增值目的。《质量管理体系 要求》GB/T 19001—2016 中的三大过程分别是顾客导向过程、支持过程和管理过程。

续表

序号	项目	内容
		（3）程序。程序是为进行某项活动或过程所规定的途径。程序可形成文件，也可不形成文件。当程序形成文件时，《质量管理体系 要求》GB/T 19001—2016 标准中分为要求保持的成文信息和要求保留的成文信息。 （4）资源。资源是指组织拥有的物力、财力、人力、智力（信息、知识）等各种物质要素的总称。《质量管理体系 要求》GB/T 19001—2016 中的资源包括人员、基础设施、过程运行环境、监视和测量资源、组织的知识等

质量管理基本原则和核心

序号	项目	内容
1	质量管理基本原则	（1）以顾客为关注焦点。 （2）领导作用。 （3）全员积极参与。 （4）过程方法。 （5）改进（包括纠正、纠正措施、持续改进、突破性变革、创新和重组等）。 （6）循证决策。 （7）关系管理
2	质量管理的核心	（1）过程控制。质量管理体系标准倡导在建立、实施质量管理体系及提高其有效性时采用过程方法，通过对各要素过程及其相互作用进行系统规定和管理，从而实现预期结果。 （2）全员参与。全员参与可开展的活动包括：与员工沟通，以增强他们对个人贡献的重要性认识；促进整个组织内部的协作；提倡公开讨论、分享知识和经验；让员工确定影响执行力的制约因素，并毫无顾虑地主动参与；赞赏和表彰员工的贡献、学识和进步；针对个人目标进行绩效的自我评价；进行调查以评估人员的满意程度，沟通结果并采取适当措施。 （3）持续改进。具体包括改进产品和服务，满足要求并应对未来的需求，纠正、预防或减少不利影响，改进质量管理体系的绩效和有效性。组织应持续改进质量管理体系的适宜性、充分性和有效性。改进可开展的活动包括：确定、测量和监视关键指标，以证实组织的绩效；使得相关人员能够获得所需的全部数据；确保数据和信息足够准确、可靠和安全；使用适宜的方法对数据和信息进行分析和评价；确保人员有能力分析和评价所需的数据；权衡经验和直觉，基于证据进行决策并采取措施

考点 2　环境管理体系

环境管理体系标准分类及核心标准

序号	项目	内容
1	环境管理体系标准分类	（1）按体系标准性质分类。环境管理体系标准可分为基础标准、管理标准和技术标准。 （2）按体系标准功能分类。环境管理体系标准可分为组织评价标准和产品评价标准
2	环境管理体系核心标准	（1）《环境管理体系　要求及使用指南》GB/T 24001—2016。该标准是环境管理体系系列标准中的龙头标准，也是认证使用的唯一标准。该标准规定了组织能够用于提升其环境绩效的环境管理体系要求，可供寻求以系统的方式管理其环境责任的组织使用，从而为“环境支柱”的可持续做出贡献。 （2）《环境管理体系　通用实施指南》GB/T 24004—2017。该标准作为实施《环境管理体系　要求及使用指南》GB/T 24001—2016 的指南，只用于组织内部管理，而不用于认证、注册或自我声明的目的。该标准为组织提供了指导和帮助其从事环境管理活动的一些实用方法，组织可根据自身情况和意愿有选择地采用其中认为有用的内容。 （3）《环境管理体系　分阶段实施的灵活方法指南》ISO 14005：2019。该标准为建立、实施、维护和改进环境管理体系的分阶段方法提供了指导方针，包括中小企业在内的组织可以采用该标准来提高其环境绩效。分阶段方法提供了灵活性，允许组织根据自身情况，按照自己的节奏、分多个阶段开发环境管理体系

环境管理体系的基本理念和核心内容

序号	项目	内容
1	环境管理体系的基本理念	（1）持续改进。 （2）法律合规。 （3）风险管理。 （4）绩效评估。 （5）沟通与参与。 （6）资源管理。 （7）培训和意识
2	环境管理体系的核心内容	（1）《环境管理体系　要求及使用指南》GB/T 24001—2016 包括以下 10 部分内容：①范围；②规范性引用文件；③术语和定义；④组织所处环境；⑤领导作用；⑥策划；⑦支持；⑧运行；⑨绩效评价；⑩改进。

续表

序号	项目	内容
		（2）环境管理体系的核心内容如下： ①组织所处环境。理解组织所处环境包括四方面内容：A. 理解组织及其所处的环境；B. 理解相关方的需求和期望；C. 确定环境管理体系的范围；D. 环境管理体系。 ②领导作用。领导作用与环境管理体系中的“策划”“支持和运行”“绩效评价”及“改进”四大部分均紧密联系，且处于核心地位。领导作用包括三方面内容：A. 领导作用和承诺；B. 环境方针；C. 组织的角色、职责和权限。 ③策划。策划是一个持续进行的过程，不但用于建立和实施环境管理体系，也用于保持和改进环境管理体系。策划包括两方面内容：A. 应对风险和机遇的措施；B. 环境目标及其实现的策划。 ④支持。支持是指对整个环境管理体系的策划、运行、检查和改进等起支持作用的条款。支持包括五方面内容：A. 资源；B. 能力；C. 意识；D. 信息交流；E. 文件化信息。 ⑤运行。运行会直接影响组织环境绩效和环境管理体系预期结果的实现。运行包括两方面内容：A. 运行策划和控制；B. 应急准备和响应。 ⑥绩效评价。绩效评价包括三方面内容：A. 监视、测量、分析和评价；B. 内部审核；C. 管理评审。 ⑦改进。改进包括三方面内容：A. 总则；B. 不符合和纠正措施；C. 持续改进

考点 3　职业健康安全管理体系

职业健康安全管理体系标准的特点

（1）系统化管理机制。

（2）法制化和规范化管理手段。

（3）广泛的适用性。

（4）遵循自愿原则。

（5）与其他管理体系兼容。

（6）应用的灵活性。

（7）强调预防为主和持续改进。

职业健康安全管理体系标准要素

序号	项目	内容
1	组织所处环境	（1）理解组织及其所处环境。 （2）理解工作人员和其他相关方的需求和期望。

续表

序号	项目	内容
2		（3）确定职业健康安全管理体系范围。 （4）职业健康安全管理体系
2	领导作用和工作人员参与	（1）领导作用与承诺。 （2）职业健康安全方针。 （3）组织的角色、职责和权限。 （4）工作人员的协商和参与
3	策划	（1）应对风险和机遇的措施。 （2）职业健康安全目标及其实现的策划
4	支持	（1）资源。 （2）能力。 （3）意识。 （4）沟通。 （5）文件化信息
5	运行	（1）运行策划和控制。 （2）应急准备和响应
6	绩效评价	（1）监视、测量、分析和评价绩效。 （2）内部审核。 （3）管理评审
7	改进	（1）事件、不符合和纠正措施。 （2）持续改进

职业健康安全管理体系应用要求

（1）依法依规。
（2）风险优先。
（3）员工参与。
（4）持续改进。

考点 4　卓越绩效管理

卓越绩效管理特点和基本理念

序号	项目	内容
1	一般规定	（1）《卓越绩效评价准则》GB/T 19580—2012 的核心是通过质量管理来实现企业经营的卓越管理。 （2）与质量管理体系标准（ISO 9000 族标准）同属于质量管理标准，都是帮助组织提高质量管理水平、增强竞争力，但二者存在较大差异。

续表

序号	项目	内容
		（3）质量管理体系标准属于“符合性评价”标准，重在发现与规定要求的“偏差”，进而达到持续改进的目的；而《卓越绩效评价准则》GB/T 19580—2012 属于“成熟度评价”标准，是从组织管理的“效率”与“效果”着手，旨在发现组织当前最迫切、最需要改进的地方，从而使组织不断追求卓越。 （4）《卓越绩效评价准则》GB/T 19580—2012 将所关注的质量管理上升为经营管理的“大质量”管理，强调组织的战略策划、经营结果和社会责任，体现了现代质量管理的最新理念和方法。 （5）《卓越绩效评价准则》GB/T 19580—2012 不仅为组织的经营质量提供了评价标准，而且为组织不断追求卓越绩效提供了动力和方法论
2	卓越绩效管理特点	（1）从追求产品和服务质量转为追求核心竞争力。 （2）聚焦组织经营结果。 （3）关注比较优势和竞争能力的提升
3	卓越绩效管理基本理念	（1）说明组织驱动力的基本理念。包括：远见卓识的领导、战略导向、顾客驱动。 （2）阐明组织经营行为的基本理念。包括：社会责任、以人为本、合作共赢。 （3）提供组织运行方法和技术的基本理念。包括：重视过程与关注结果；学习、改进与创新；系统管理。 （4）卓越绩效模式强调以系统的思维来管理整个企业，系统思维反映的是企业管理的整体性、一致性和协调性，也就是企业的整体、纵向和横向关系。过程方法（PDCA）是系统管理的基本方法

卓越绩效评价准则框架及评价要素

序号	项目	内容
1	卓越绩效评价准则框架	（1）《卓越绩效评价准则》GB/T 19580—2012 从“领导，战略，顾客与市场，资源，过程管理，测量、分析和改进，结果”七个方面详细规定了组织卓越绩效评价要求，为组织追求卓越提供了自我评价准则。 （2）《卓越绩效评价准则实施指南》GB/Z 19579—2012 提供了组织可持续发展的要素框架
2	卓越绩效评价准则框架各组成部分间逻辑关系	（1）组织概述。卓越绩效评价从组织概述开始。组织概述包括组织的环境、关系和面临的挑战，显示了组织运作的背景状况和关键因素。 （2）过程和结果。组织通过过程运行获取结果；组织基于结果的测量和分析，推动过程的改进和创新。最终通过卓越的过程获得卓越的结果，实现组织的持续发展和成功。

续表

序号	项目	内容
		（3）评价准则各条款间关系。卓越绩效评价准则中，“领导，战略，顾客与市场，资源，过程管理，测量、分析和改进，结果”条款之间的关系如下： ①“领导”掌控着组织的发展方向，并密切关注着“结果”，为组织寻找发展机会。 ②“领导”“战略”“顾客与市场”构成“领导作用”三角，强调高层领导在组织所处的特定环境中，通过制定以顾客与市场为中心的战略，为组织谋划长远未来。“领导作用”是驱动力，关注的是组织如何做正确的事。 ③“资源”“过程管理”“结果”构成“过程结果”三角，强调如何充分调动组织中人的积极性和能动性，通过组织中的人在各个业务流程中发挥作用和过程管理的规范，高效地实现组织所追求的经营结果。“过程结果”是从动的，关注的是组织如何正确地做事，解决的是效率和绩效问题。 ④“测量、分析与改进”是组织运作的基础，是连接两个三角的“链条”，转动着 PDCA 循环，推动组织的改进和创新
3	卓越绩效评价要素	《卓越绩效评价准则》GB/T 19580—2012 从领导，战略，顾客与市场，资源，过程管理，测量、分析与改进，结果共 7 个方面对卓越绩效评价提出了明确要求

建筑企业实施卓越绩效管理的措施

（1）发挥领导带头作用，强化卓越意识。

（2）坚持战略导向，统领管理活动。

（3）坚持顾客导向，提高顾客满意度。

（4）履行社会责任，成为卓越企业公民。

（5）重视过程管理，从多个维度关注结果。

考点 5　全面一体化管理

质量管理体系、环境管理体系、职业健康安全管理体系及卓越绩效管理相同点

序号	项目	内容
1	相关管理体系标准的基本逻辑思想相同	（1）质量管理体系、环境管理体系、职业健康安全管理体系及卓越绩效管理等标准的核心内容都建立在管理学原理的基础上，坚持与时俱进原则，结合先进的管理理念和思想，为组织建立起既能满足当前发展现状，又能使其高效适应市场未来发展趋势的动态性、灵活性管理框架，便于组织结合自身实际完善其管理目标。

续表

序号	项目	内容
		（2）这些管理体系标准都属于组织自愿采用的管理型标准，都需要通过管理体系的建立、实施与改进，秉承全员参与原则，采用过程方法，对组织的活动过程进行控制和优化，实现方针、承诺，并达到预期的目的
2	相关管理体系标准的运行模式大致相同	（1）质量管理体系、环境管理体系、职业健康安全管理体系及卓越绩效管理等标准均强调以领导作用为核心，将 PDCA 循环应用于所有过程，使整个管理体系按照 PDCA 模式运行。 （2）质量管理体系、环境管理体系、职业健康安全管理体系三大标准均要求采用策划、支持与运行、绩效评价、改进四个过程循环（PDCA 循环）进行系统管理，通过识别质量、环境、职业健康安全影响因素，有针对性地制定计划和管理方案，实施运行控制，并采取必要的监视和测量，发现问题，实施改进，从而实现管理体系的持续改进。卓越绩效管理所包含的“战略”“过程管理”“测量、分析与改进”等环节，也体现了 PDCA 运行模式
3	相关管理体系标准的框架结构较为相似	（1）质量、环境及职业健康安全管理体系标准的框架结构基本相同，只是部分章节略有不同。 （2）《卓越绩效评价准则》GB/T 19580—2012 前 3 章分别是范围、规范性引用文件、术语和定义，与质量、环境及职业健康安全管理体系标准前 3 章结构完全相同，尽管第 4 章评价要求的结构与质量、环境及职业健康安全管理体系标准的结构不同，但核心内容有许多共同之处

建立全面一体化管理体系的作用和前提条件

序号	项目	内容
1	建筑企业建立全面一体化管理体系的作用	（1）简化工作程序。 （2）避免交叉重叠。 （3）明确管理职责。 （4）精简程序文件。 （5）理顺管理接口。 （6）降低生产成本。 （7）提高工作效率。 （8）追求卓越绩效
2	建筑企业建立全面一体化管理体系的条件	（1）初步确定了方针目标。 （2）基本确定了管理体系的主要过程及其需要开展的主要活动。 （3）明确了组织机构设置或调整的方案。 （4）已完成组织职能的再分配

全面一体化管理体系文件的编制原则和程序

序号	项目	内容
1	全面一体化管理体系文件的编制原则	（1）系统协调原则。 （2）合理优化原则。 （3）操作可行原则。 （4）证实检查原则
2	全面一体化管理体系文件的编制程序	（1）企业新建立管理体系时的文件编制程序。 （2）企业整合既有管理体系时的文件编制程序

2.2 风险管理与社会责任管理体系

考点 1 风险管理体系

风险管理原则及框架

序号	项目	内容
1	《风险管理指南》GB/T 24353—2022	（1）《风险管理 指南》GB/T 24353—2022采用“三轮”形式概括了风险管理的原则、框架和过程，使风险管理标准内容描述更简洁，更易理解，更加注重与企业管理活动的融入和整合。 （2）风险管理“三轮”关系：①风险管理原则轮中，核心是“创造和保护价值”；②风险管理框架轮中，核心是“领导作用与承诺”；③风险管理过程轮中，反映了风险评估的经典过程：风险识别—风险分析—风险评价
2	风险管理目的	（1）风险管理的目的是创造和保护价值。 （2）风险管理能够改善绩效、鼓励创新、支持组织目标的实现。 （3）有效的风险管理应遵循整合、结构化和全面性、定制化、包容性、动态性、最佳可用信息、人和文化因素、持续改进等原则，这些原则有助于组织应对不确定性对目标的影响
3	风险管理原则	（1）整合。风险管理是组织所有管理活动的有机组成部分，将风险管理的原则、框架和过程融入组织其他管理活动及其制度办法，有助于推动风险管理的落实。 （2）结构化和全面性。采用结构化和全面性的方法开展风险管理，有助于获得一致和可比较的结果。 （3）定制化。组织根据自身目标所对应的内外部环境，定制设计风险管理框架和过程。

风险管理过程

序号	项目	内容
1	沟通和咨询	沟通是为了促进对风险的认识和理解，咨询则是为了获取反馈和信息，以支持决策制定，两者密切协调将促进信息交换的真实性、及时性、相关性、准确性和可理解性，并能兼顾到信息的保密性、完整性和个人隐私保护
2	范围、环境、准则	（1）确定范围、环境和准则的目的，在于有针对性地设计风险管理过程，以实现有效的风险评估和恰当的风险应对。 （2）范围、环境和准则包括界定过程范围、理解内外部环境和界定评定准则
3	风险评估	风险评估是风险识别、风险分析和风险评价的整个过程。风险评估应系统地、循环地、协作性地开展，并充分考虑利益相关者的观点。 （1）风险识别：风险识别的目的是发现、确认和描述可能有助于或妨碍组织实现目标的风险，采用相关、适当、最新的信息对于识别风险非常重要。不管风险源是否在组织控制范围内，都宜对风险进行识别。要考虑风险带来的多种结果，这些结果可能导致各种有形或无形的后果。 （2）风险分析：风险分析的目的是了解风险性质及其特征，必要时包括风险等级。风险分析包括对不确定性、风险源、后果、可能性、事件、情境、控制措施及其有效性进行详尽考虑，一个事件可能有多种原因和后果，可能影响多个目标。 （3）风险评价：风险评价的目的是支持决策。风险评价是将风险分析结果和既定风险准则相比较，以确定是否需要采取进一步行动，风险评价可促成以下决定：不采取进一步行动；考虑风险应对方案；开展进一步分析，以更全面地了解风险；维持现有的控制措施；重新考虑目标
4	风险应对	（1）风险应对的目的是选择和实施风险处理方案。 （2）选择最合适的风险应对方案，可在实现目标获得的潜在收益和付出的成本、耗费的精力或由此引发的不利后果之间进行权衡。 （3）风险应对方案之间不一定是相互排斥的，也不一定适用于所有情形。 （4）采取风险应对的理由不仅要考虑经济因素，还宜考虑所有的组织义务、自愿性承诺和利益相关者的观点。 （5）可依据组织目标、风险准则和可用资源选择风险应对方案。 （6）风险应对计划的目的是明确如何实施所选定的应对方案，以便相关人员了解应对计划，并监测计划实施进度。 （7）应对计划要明确指明实施风险应对的顺序

续表

序号	项目	内容
		（3）在企业内部通常会由同一或相关部门统筹落实，也会在同一专栏对外进行信息披露
2	差异	（1）侧重点不同，社会责任更加注重“性质”体现，多用来体现企业发展理念或价值导向；ESG 更加注重“量值”体现，多用来反映企业在 ESG 方面所取得的具体实效。 （2）对企业发展的作用及意义不同，社会责任传播属性更强，更注重口碑建立及品牌推广，而 ESG 与投融资等关系更为密切

注：ESG 是环境（Environmental）、社会（Social）、治理（Governance）的缩写，是从环境、社会和公司治理三个维度来衡量企业经营的可持续性与对社会价值观念的影响。

2.3 项目管理标准体系

考点 1 项目管理标准及价值交付

国际项目管理标准

序号	项目	内容
1	美国项目管理协会（PMI）的项目管理知识体系（PMBOK）	（1）2021 年发布的《项目管理知识体系指南（PMBOK® Guide）（第 7 版）》是美国项目管理协会（PMI）对项目管理所需知识、技能和工具进行的概括性描述，同时作为 PMI 考核认证项目管理专业人士（PMP，Project Management Professional）的基础依据。 （2）《项目管理知识体系指南（PMBOK® Guide）（第 7 版）》不再沿用过去的基本过程组和知识领域架构，而是提出了基于价值交付的 12 项原则和 8 个绩效域。 （3）项目管理 12 项原则：①成为勤勉、尊重和关心他人的管家；②营造协作的项目团队环境；③有效益相关者参与；④聚焦于价值；⑤识别、评估和响应系统交互；⑥展现领导力行为；⑦根据环境进行裁剪；⑧将质量融入过程和可交付成果中；⑨驾驭复杂性；⑩优化风险应对；⑪拥抱适应性和韧性；⑫为实现预期的未来状态而驱动变革。 （4）项目管理 8 个绩效域：①利益相关者；②团队；③开发方法和生命周期；④规划；⑤项目工作；⑥交付；⑦测量；⑧不确定性。这些是有效地交付项目成果至关重要的相关活动
2	国际项目管理协会（IPMA）的能力基准	（1）国际项目管理协会（IPMA）制定的个人能力基准（IPMA ICB）和组织能力基准（IPMA OCB）对于促进个人和组织的项目管理能力具有重要参考。同时，个人能力基准（IPMA ICB）也是 IPMA 考核认证国际项目管理专业人士（IPMP，International Project Management Professional）的主要标准。

续表

序号	项目	内容
		（2）个人能力。个人能力是指知识、素质、思维、技能，以及在某些方面取得成功的相关经验的集合。IPMA ICB 4.0 将个人能力分为如下 3 个维度：环境能力、行为能力和技术能力。 （3）组织能力。组织能力是指可以快速、经济地整合资源，按特定流程实施业务活动，高效地获得成果，并实现可持续发展的一种客观衡量基准。IPMA OCB 将组织的项目管理能力分为如下 5 项：PP&P 治理、PP&P 管理、PP&P 组织一致性、PP&P 资源、PP&P 人员能力
3	国际标准化组织（ISO）的项目管理系列标准	2020 年，ISO/TC 258 正式发布了最新的项目管理国际标准《项目管理指南：项目、项目群和项目组合管理》（Project，programme and portfolio management——Guidance on project management）ISO 21502：2020，全面改进了《项目管理指南》ISO 21500：2012，旨在为所有组织（包括公共、私人和慈善机构）的项目管理提供指南

我国工程项目管理标准

序号	项目	内容
1	《建设工程项目管理规范》GB/T 50326—2017 主要内容	（1）项目管理原理。 （2）项目管理流程。 （3）项目相关方管理。 （4）项目管理责任制度。 （5）项目管理机构。 （6）项目管理策划。 （7）采购与投标管理。 （8）合同管理。 （9）技术管理。 （10）项目目标管理。 （11）资源管理。 （12）信息与知识管理。 （13）沟通管理。 （14）风险管理。 （15）收尾管理。 （16）管理绩效评价

续表

序号	项目	内容
2	《建设工程施工项目经理岗位职业标准》T/CCIAT 0010—2019主要内容	（1）施工准备管理。 （2）施工过程管理。 （3）竣工验收与结算管理。 （4）工程项目管理总结评价

价值交付

序号	项目	内容
1	价值交付系统内容	（1）创造价值（Creating Value）。项目存在于更大的系统中，如政府机构、企业或合同安排中。 （2）组织治理体系（Organizational Governance Systems）。组织治理体系包括监督、控制、价值评估及决策能力等要素。组织治理体系还提供了一个整合结构，用于评估与环境和价值交付系统组件相关的变更、问题和风险。这些组件包括项目组合目标、项目群收益和项目生成的可交付物。组织治理体系与价值交付系统协同运作，可实现流畅的工作流程、问题管理并支持决策。 （3）与项目有关的职能（Functions Associated with Projects）。包括：提供监督和协调；提出目标和反馈；引导和支持；运用专业知识开展工作；提供资源、业务方向和洞察；维持治理等。 （4）项目环境（Project Environment）。组织的内外部环境可能会对项目特征、利益相关者或项目团队产生有利、不利或中性的影响。组织的内部环境因素可能来自组织自身、项目组合、项目群、其他项目或这些来源的组合。组织的外部环境因素可能会增强、限制项目成果或对项目成果产生中性影响。 （5）产品管理考虑因素（Product Management Considerations）。项目组合、项目群、项目与产品管理等领域的相互关联性正逐渐加强。产品管理可以表现为不同形式，包括：产品生命周期中的项目群管理、项目管理；项目群中的产品管理
2	价值驱动型项目管理	（1）项目管理新理念。 （2）商业价值因素

考点 2　项目群与项目组合管理

项目群管理

序号	项目	内容
1	一般规定	（1）国际标准化组织（ISO）于 2017 年发布了国际标准《项目、项目群和项目组合管理　项目群管理指南》ISO 21503：2017。 （2）我国使用翻译法等同采用此标准，于 2022 年 3 月发布了国家标准《项目、项目群和项目组合管理　项目群管理指南》GB/T 41246—2022
2	项目群含义	（1）项目群是指为实现组织的战略目标、经营目标和收益提供优势，而被协调管理的一组相关项目群组件所形成的临时结构。 （2）项目群组件是指组成项目群的项目、子项目群或其他相关工作。 （3）一个项目群应至少由两个项目群组件组成。 （4）设立项目群的目的是实现与组织战略目标和经营目标相一致的、通过分别管理项目群组件无法实现的收益，项目群还可提高效率、降低危险、抓住机会
3	项目群特征	（1）项目群可以是战略性的、变革性的或经营性的。 （2）项目群具有以下特征：①项目群由具有相互依存和相互关联的项目群组件构成；②项目群为利益相关方提供收益，并帮助实现战略目标或经营目标；③项目群具有复杂性和不确定性，需要加以管理来尽可能减少复杂性和不确定性
4	项目群管理的先决条件	（1）项目群管理必要性评估。当决定是否在组织内实行项目群管理时，宜考虑整合其他相关工作能力和适应变化的能力。在组织层面进行合理性分析，宜满足需求、风险、收益和所需资源，以及拟议实施项目群管理如何与一个或多个战略和运营目标保持一致，其实施的合理性宜被写进项目建议书或其他类似的分析文档中。 （2）项目群管理一致性要求。项目群管理的一致性宜考虑组织的治理，这种一致性宜具有战略依据和关系。在组织层级上，系统、程序与过程要达到一致。项目群管理宜与管理组织和项目组合保持一致性。组织内项目群及其组件的持续能力可通过平衡和优化社会、经济和环境特性达到一致。 （3）项目群角色和责任划分。高层管理人员宜分配和确定项目群管理角色、职责和权限。关键角色和责任者包括：项目群发起人、项目群经理及项目群管理团队。项目群发起人对整个项目群战略和项目群支持负责任；项目群经理负责项目群及相关项目群组件的整体绩效；项目群管理团队负责单个或多个项目群组件或职能的绩效和实施

续表

序号	项目	内容
5	项目群管理的收益	（1）项目群管理的收益是指项目群管理的可评估结果。 （2）通过项目群管理可得到两种类型的收益：①通过将项目群组件进行协调管理而得到内部项目群收益；②帮助实现战略或运营目标的外部项目群收益。 （3）在项目群生命周期或项目群收尾后都有可能实现有形或无形的收益

项目群管理实施要点

序号	项目	内容
1	项目群建立	建立项目群宜包括与管理背景相符的项目群管理框架、项目群设计和计划
2	项目群整合	项目群整合可包括战略、需求、组件及职能等方面的整合，也可包括项目群组件合并管理所产生的协同作用
3	项目群管理实践	在项目群整个生命周期中，可实施的管理实践活动包括风险和问题管理、变更管理、质量管理、资源管理、进度管理、预算和财务管理、利益相关方及沟通管理等
4	项目群控制	（1）管理跨项目群组件的项目群决策造成的影响。 （2）维护和调整项目群组件边界和接口，并利用项目群组件协同作用。 （3）按需更改项目群组件优先级。 （4）了解项目群基线和项目群组件基线之间的相互关系和潜在影响。 （5）确定项目群生命周期收益的实现。 （6）通过项目群组件监控整个项目群预算和变化
5	收益管理	包括：收益识别及分析、收益控制
6	项目群收尾	（1）已实现项目群收益。 （2）不再需要协调管理相关组件。 （3）不可能或不需要实现原定收益

项目组合管理

序号	项目	内容
1	一般规定	（1）国际标准化组织（ISO）于 2015 年发布了国际标准《项目、项目群和项目组合管理 项目组合管理指南》ISO 21504：2015。 （2）我国使用翻译法等同采用此标准，于 2019 年 5 月发布了国家标准《项目、项目群和项目组合管理 项目组合管理指南》GB/T 37490—2019

续表

序号	项目	内容
		（4）包容性。利益相关者的适当、及时参与，可使他们的知识、观点和认知得到充分考虑。这样有助于提高组织的风险意识，并促进风险管理信息的充分沟通。 （5）动态性。随着组织内外部环境的变化，组织面临的风险可能会出现、变化或消失。风险管理以适当、及时的方式预测、发现、确认和应对这些变化和事情。 （6）最佳可用信息。风险管理的信息输入是基于历史信息、当前信息和未来预期的。在风险管理过程中宜明确考虑与这些信息和预期相关的限制条件和不确定性。信息宜及时、清晰，并且是有关的利益相关者可获得的。 （7）人和文化因素。人的行为和文化在各个层级和阶段显著影响着风险管理的各个方面。 （8）持续改进。通过不断学习和实践，持续改进风险管理
4	风险管理框架	（1）领导作用和承诺。最高管理层和监督机构需确保将风险管理融入组织所有活动中。通过以下活动展现领导作用和承诺：①有针对性地设计和实施框架的所有要素；②发布风险管理声明或方针，内容包括制定风险管理方法、计划或行动方案；③确保为管理风险配置必要的资源；④在组织内相应层级分配权限、职责和责任。最高管理层负责管理风险，监督机构负责监督风险管理。 （2）整合。风险管理整合有赖于对组织结构及内外部环境的理解。风险管理与组织的整合是一个动态、循环提升的过程，宜结合组织需求和文化量身定制。风险管理不是孤立的，而是组织目的、治理、领导作用和承诺、战略、目标和运营的一部分。 （3）设计。在设计风险管理框架时，组织需审视并了解其内外部环境，并明确表达风险管理承诺，明确组织角色、权限、职责和责任，确保为风险管理分配适当的资源。 （4）实施。组织实施风险管理框架时，应制定适当的实施计划，包括时间和资源等要素；识别组织内各类决策制定的人员、时间、位置和方法。必要时，对当前的决策程序进行调整，确保组织开展风险管理的工作安排得到清晰的理解和执行。 （5）评价。根据组织设计和实施风险管理框架的目的、实施计划、绩效指标和预期表现效果，定期分析风险管理框架的实施效果，并确定风险管理框架是否仍适用于支持组织目标的实现。 （6）改进。持续监控和更新风险管理框架，以适应内外部环境的变化。组织宜持续改进风险管理框架的适用性、充分性、有效性，以及风险管理过程与其他管理活动的整合方式。当识别出相关差距或改进空间后，宜制定改进计划和任务，并分配给相关负责人实施

续表

序号	项目	内容
2	项目组合	项目组合是指为实现组织的整体或部分战略目标，便于进行有效管理而组合在一起的项目、项目群及其他相关工作。要注意以下几点： （1）项目组合结构。项目组合结构是对项目组合内组件的一个“快照”，可以反映其所遵循的组织战略目标。项目组合是一种层级结构，一些较低级别的项目组合组件又进一步构成了较高级别的项目组合组件。项目组合结构最少可以由两项项目组合组件构成。 （2）项目组合能力与限制。项目组合能力是指组织通过资源利用实现其战略目标的能力。决策者应对项目组合中的某项工作能否完成作出判断，而一个组织应具备在维持其运营现状的基础上进一步采取措施实现其战略目标的能力。项目组合限制或许会使项目组合无法实现预期的战略目标，或者需要对战略目标作出调整或重新优化排序。这些限制可能来自组织内部或外部，组织应直接对内部限制进行控制，而对外部限制，组织或许只能选择影响、遵守或采取相应的应对措施。限制可能是政府、资源、社会责任、文化、风险承受能力、可持续发展及法律法规方面的要求等。 （3）项目组合组件的筛选及优先级。项目组合组件的筛选及优先级设定标准应是明确可操作的，应体现出项目组合目标与组织战略之间的一致性。同时，还应能够反映组织的价值观、基本原则、内部政策及目标利益
3	项目组合管理实施要点	（1）明确项目组合的定位。组织应结合以往表现及未来设想确定项目管理的目标任务，一旦确定，就应确保目标可控。从长期到短期，任何不同的时间段都可以设立相应的目标，并应同时考虑可能存在的制约因素。 （2）识别潜在的项目组合组件。组织应通过通览所选的潜在项目组合组件、将所选的潜在项目组合组件反映到组织的战略目标中的方式，不断对所选的潜在项目组合组件进行识别和规划。 （3）制定项目组合计划。在制定项目组合的进展计划时应考虑的因素包括：现有和潜在的项目组合组及其在战略目标中的反映；项目组合组件的目标利益；所投入的时间和成本能带来哪些新的收益或技能；项目组合内各个组件之间的相互依赖关系。 （4）评估筛选项目组合的组件。应对项目组件进行筛选及调整，以维持整个项目组合的平衡并实现组织的战略目标，这将会进一步优化组织的投资回报，并将风险控制在组织的可承受范围内，筛选结果应与资源需求相匹配。在对潜在的项目组合组件进行分类、现状评估、筛选、调整、认定及优先级排序时，需要明确可及的标准及方法步骤。

续表

序号	项目	内容
		（5）确认项目组合与战略目标的一致性。组织应制定相应的目标实现策略以实现其愿景、使命及价值观，以上三者中的任何一个发生变化，都会使战略规划做出调整，进而带来项目组合架构及计划的更新。项目组合的组件应实现与战略目标相关的利益。 （6）项目组合与绩效评估及汇报。项目的绩效评价指标应与项目组合及其匹配的战略目标相挂钩。利益相关方需要及时有效的工作汇报。 （7）平衡和优化项目组合。在界定的岗位职责和权利范围内，项目组合经理应从维护投资组合通道、资源优化配置、项目组合风险及变更控制，以及项目组合内的协同优化等方面平衡并控制整个项目组合

第 3 章　建设工程招标投标与合同管理

3.1　工程招标与投标

考点 1　招标方式与程序

招标方式

序号	项目	内容	说明
1	公开招标	公开招标又称无限竞争性招标，是指招标人通过新闻媒体发布招标公告，邀请具备条件的法人或组织投标竞争，然后从中确定中标者并与之签订工程合同的过程	（1）优点：招标人可在较广范围内选择承包商，投标竞争激烈，有利于招标人将工程项目交予可靠的承包商实施，并获得有竞争性的报价。同时，也可在较大程度上避免招标过程中的贿标行为。 （2）缺点：准备招标、对投标申请者进行资格预审和评标的工作量大，招标时间长、费用高
2	邀请招标	（1）邀请招标也称有限竞争性招标，是指招标人以投标邀请书形式邀请预先确定的若干家符合条件的法人或组织投标竞争，然后从中确定中标者并与之签订工程合同的过程。 （2）采用邀请招标方式时，邀请对象以 5～10 家为宜，但不应少于 3 家，否则便失去竞争意义	（1）优点：不需要发布招标公告和设置资格预审程序，可节约招标费用、缩短招标时间。由于招标人比较了解投标人以往业绩和履约能力，可减少合同履行过程中承包商违约的风险。 （2）缺点：由于邀请对象的选择面窄、范围较小，有可能会排除某些在技术上或报价上有竞争力的潜在投标人，因而使投标竞争的激烈程度相对较差，进而会提高中标合同价

注：要约和承诺是订立合同的必经环节。建设单位招标属于要约邀请，建筑企业投标即属于要约。按照竞争开放程度不同，招标可分为公开招标和邀请招标两种方式。

招标程序

（1）公开招标与邀请招标均需要经过施工招标准备、招标过程和决标成交三个阶段。

（2）公开招标与邀请招标在程序上的差异主要体现在两方面：一是潜在投标人获得招标信息的方式不同；二是对投标人资格审查的方式不同。

（3）施工招标准备工作主要包括：组建招标组织、办理招标申请手续、进行招标策划、编制资格预审文件和招标文件等。

（4）正式的施工招标过程主要包括：发布招标公告或发出投标邀请书；进行资格预审；发售招标文件和组织现场踏勘；开标与评标等。

（5）施工决标成交主要包括：确定中标人、合同谈判、签订合同等。

施工招标准备工作

序号	项目	内容	说明
1	组建招标组织	建设单位具有与招标项目规模和复杂程度相适应的技术、经济等方面的专业人员，具有编制招标文件和组织评标的能力的，可自行组织招标	建设单位不具备自行组织招标的能力条件的，应委托能够编制招标文件和组织评标的相应专业力量办理招标事宜
2	办理招标申请手续	按照国家有关规定需要履行项目审批、核准手续的依法必须进行招标的项目，其招标范围、招标方式、招标组织形式应报项目审批、核准部门审批、核准	—
3	进行招标策划	（1）划分施工标段。对于工程规模大、专业复杂的工程，建设单位管理能力有限时，应考虑采用施工总承包方式。对于工艺成熟的一般性工程，涉及专业不多时，可考虑采用平行承包方式，分别选择各专业承包单位并签订施工合同。 （2）确定承包模式。施工承包模式有施工总承包、平行承包、联合体承包、合作体承包等。 （3）选择合同计价方式。施工合同计价方式可分为三种：总价方式、单价方式和成本加酬金方式。 （4）编制资格预审文件。公开招标应对投标人进行资格审查。 （5）编制招标文件。招标文件是投标人编制投标文件和投标报价的依据，其中应包括招标项目的所有实质性要求和条件	（1）划分施工标段时，应考虑的因素包括：工程特点、对工程造价的影响、承包单位专长的发挥、工地管理及建设资金、设计图纸供应等。 （2）资格预审文件包括下列内容：资格预审公告；申请人须知；资格审查办法；资格预审申请文件格式；项目建设概况等。 （3）施工招标文件包括下列内容：招标公告或投标邀请书；投标人须知；评标办法；合同条款及格式；工程量清单；图纸；技术标准和要求；投标文件格式；投标人须知前附表规定的其他材料。此外，招标人对招标文件所作的澄清、修改，也构成招标文件的组成部分。投标人须知包括前附表、正文和附表三部分

施工招标过程

序号	过程	内容	说明
1	发布招标公告或发出投标邀请书	发布招标公告或发出投标邀请书的目的是让潜在投标人获得招标信息，以便于其进行项目筛选，确定是否参与投标竞争	（1）招标公告适用于进行资格预审的公开招标。 （2）投标邀请书适用于进行资格后审的邀请招标
2	进行资格预审	对于采用公开招标方式的施工项目，应进行资格预审	预审程序为： （1）发布资格预审公告。 （2）发售资格预审文件。 （3）资格预审文件的澄清或修改。 （4)资格预审申请文件的递交。 （5）组建资格审查委员会。 （6）审查资格预审申请文件。 （7）资格预审申请文件的澄清或说明。 （8）提交审查报告。 （9）通知和确认
3	发售招标文件	招标人应按照招标公告（未进行资格预审）或投标邀请书（邀请招标）的时间、地点发售招标文件	—
4	组织现场踏勘	投标人须知前附表规定组织踏勘现场的，招标人应按投标人须知前附表规定的时间、地点组织投标人踏勘现场	投标人踏勘现场发生的费用自理。除招标人的原因外，投标人自行负责在踏勘现场中所发生的人员伤亡和财产损失
5	投标预备会	投标人须知前附表规定召开投标预备会的，招标人应按投标人须知前附表规定的时间和地点召开投标预备会。招标人组织召开投标预备会的目的是为了澄清投标人提出的问题	（1）投标人应在投标人须知前附表规定的时间前，以书面形式将提出的问题送达招标人，以便招标人在会议期间澄清。投标预备会后，招标人在投标人须知前附表规定的时间内，将对投标人所提问题的澄清，以书面方式通知所有购买招标文件的投标人。该澄清内容为招标文件的组成部分。

续表

序号	过程	内容	说明
			（2）招标人对招标文件进行澄清或者修改的内容可能影响投标文件编制的，招标人应在投标截止时间至少 15 日前，以书面形式通知所有获取招标文件的潜在投标人；不足 15 日的，招标人应顺延提交投标文件的截止时间
6	投标文件的递交和接收	投标人应严格按照招标文件要求的格式和内容，编制、装订、密封投标文件，并加写标记和加盖投标人单位公章，在投标截止时间前按照规定的地点、方式递交。未按要求密封和加写标记、逾期送达或者未送达指定地点的投标文件，招标人将不予受理	招标人收到投标文件后，应向投标人出具签收凭证，并记录投标文件递交的时间、地点及密封状况，并妥善保存投标文件。在招标文件规定的开标时间前不得开启投标文件
7	组建评标委员会	（1）招标人应负责组建评标委员会。评标委员会成员名单一般应在开标前确定，在中标结果确定前应当保密。 （2）评标委员会由招标人代表及有关技术、经济等方面的专家组成，成员人数为 5 人以上单数，其中技术、经济等方面的专家不得少于成员总数的 2/3	评标委员会的专家成员应从依法组建的专家库中，采取随机抽取或者直接确定的方式确定。对于一般项目，可以采取随机抽取的方式；对于技术复杂、专业性强或者国家有特殊要求的招标项目，采取随机抽取方式确定的专家难以保证胜任的，可以由招标人直接确定
8	开标	招标人应按招标文件规定的投标截止时间（开标时间）和投标人须知前附表规定的地点公开开标，并邀请所有投标人的法定代表人或其委托代理人准时参加	开标程序： （1）宣布开标纪律。 （2）公布在投标截止时间前递交投标文件的投标人名称，并点名确认投标人是否派人到场。 （3）宣布开标人、唱标人、记录人、监标人等有关人员姓名。 （4）按照投标人须知前附表规定检查投标文件的密封情况。 （5）按照投标人须知前附表的规定确定并宣布投标文件开标顺序。 （6）设有标底的，公布标底。

续表

序号	过程	内容	说明
			（7）按照宣布的开标顺序当众开标，公布投标人名称、标段名称、投标保证金的递交情况、投标报价、质量目标、工期及其他内容，并记录在案。 （8）投标人代表、招标人代表、监标人、记录人等有关人员在开标记录上签字确认。 （9）开标结束
9	评标	（1）施工评标分初步评审和详细评审两个环节。 （2）评标委员会应按照招标文件规定的方法、评审因素、标准和程序对投标文件进行评审	招标文件没有规定的方法、评审因素和标准，不得作为评标依据
10	出具评标报告	评标委员会完成评标后，应向招标人提交书面评标报告	—

资格预审程序

序号	项目	内容
1	发布资格预审公告	对于依法必须进行招标的项目的资格预审公告，应在国务院发展改革部门依法指定的媒介发布
2	发售资格预审文件	（1）招标人应按照资格预审公告规定的时间、地点发售资格预审文件。 （2）资格预审文件的发售期不得少于5日。 （3）潜在投标人或者其他利害关系人对资格预审文件有异议的，应在提交资格预审申请文件截止时间2日前向招标人提出。 （4）招标人应自收到异议之日起3日内做出答复。作出答复前，应暂停招标投标活动
3	资格预审文件的澄清或修改	（1）招标人可以对已发出的资格预审文件进行必要的澄清或者修改。 （2）澄清或者修改的内容可能影响资格预审申请文件编制的，招标人应在提交资格预审申请文件截止时间至少3日前，以书面形式通知所有获取资格预审文件的潜在投标人；不足3日的，招标人应顺延提交资格预审申请文件的截止时间
4	资格预审申请文件的递交	（1）潜在投标人应严格按照资格预审文件要求的格式和内容，编制、装订、密封资格预审申请文件，并加写标记和加盖申请人单位章，按照规定的时间、地点、方式递交。

续表

序号	项目	内容
		（2）未按要求密封和加写标记、逾期送达或者未送达指定地点的资格预审申请文件，招标人将不予受理
5	组建资格审查委员会	（1）国有资金占控股或者主导地位的依法必须进行招标的项目，招标人应组建资格审查委员会审查资格预审申请文件。 （2）资格审查委员会应由招标人代表和有关技术、经济等方面的专家组成，成员人数为 5 人以上单数，其中技术、经济等方面的专家不得少于成员总数的 2/3。 （3）其他项目由招标人自行组织资格审查
6	审查资格预审申请文件	（1）审查委员会应按照资格预审文件载明的审查标准和方法，对所有已受理的资格预审申请文件进行审查。 （2）没有规定的标准和方法不得作为审查依据
7	资格预审申请文件的澄清或说明	（1）在资格审查过程中，资格审查委员会可以书面形式，要求申请人对所提交的资格预审申请文件中不明确的内容进行必要的澄清或说明。 （2）申请人的澄清或说明应采用书面形式，并不得改变资格预审申请文件的实质性内容。 （3）申请人的澄清和说明内容属于资格预审申请文件的组成部分。 （4）招标人和审查委员会不接受申请人主动提出的澄清或说明
8	提交审查报告	（1）审查委员会按照规定的程序对资格预审申请文件完成审查后，确定通过资格预审的申请人名单，并向招标人提交书面审查报告。 （2）资格审查报告内容通常包括：基本情况和数据表；资格审查委员会名单；澄清、说明、补正等事项纪要；审查过程、未通过审查的情况说明及通过审查的申请人名单；其他需要说明的问题
9	通知和确认	（1）招标人应在申请人须知前附表规定的时间内以书面形式将资格预审结果通知申请人，并向通过资格预审的申请人发出投标邀请书。 （2）通过资格预审的申请人收到投标邀请书后，应在申请人须知前附表规定的时间内以书面形式明确表示是否参加投标。 （3）在申请人须知前附表规定时间内未表示是否参加投标或明确表示不参加投标的，不得再参加投标

资格预审环节与方法

序号	项目	内容	说明
1	资格预审环节	（1）初步审查标准通常包括：申请人名称是否与营业执照、资质证书及安全生产许可证一致；申请函是否有法定代表人或其委托代理人签字并加盖单位章；申请文件格式是否符合要求；联合体申请人是否提交联合体协议书并明确联合体牵头人；资格预审申请文件证明材料是否齐全有效等。申请人只要有一项因素不符合审查标准的，就不能通过资格预审。 （2）详细审查标准主要包括：是否具备有效的营业执照、安全生产许可证；申请人的资质等级、财务状况、类似项目业绩、信誉、项目经理资格及联合体申请人等是否符合申请人须知中要求的条件。申请人有一项因素不符合审查标准的，不能通过资格预审	投标人资格预审分初步审查和详细审查两个环节
2	资格预审方法	（1）合格制：是指凡符合初步审查标准和详细审查标准的申请人均通过资格预审，取得投标人资格。合格制会使投标竞争更加充分，但可能会出现投标人数多，增加招标成本。 （2）有限数量制：是指审查委员会依据资格预审文件中规定的资格审查标准和程序，对通过初步审查和详细审查的资格预审申请文件进行量化打分，按得分由高到低的顺序确定通过资格预审的申请人。通过资格预审的申请人不超过资格审查办法前附表规定的数量。有限数量制可以限制投标人数量，降低招标工作量和费用	（1）资格预审方法分合格制和有限数量制。两者在审查标准上无本质区别，都需要进行初步审查和详细审查。 （2）两者区别就在于有限数量制需要对通过审查的资格预审申请文件进行量化打分

初步评审与详细评审

序号	项目	子项目	内容	备注
1	初步评审	（1）投标文件形式评审	包括：投标人名称是否与营业执照、资质证书及安全生产许可证一致；投标函是否有法定代表人或其委托代理人签字并加盖单位章；投标文件格式是否符合招标文件要求；联合体投标人（如有）是否提交联合体协议书，并明确联合体牵头人；投标报价是否具有唯一性等	（1）初步评审属于对投标文件的合格性审查，评审内容包括形式评审、资格评审、响应性评审、施工组织设计和项目管理机构评审标准四个方面。

续表

序号	项目	子项目	内容	备注
		（2）投标人资格评审	①对于未进行资格预审的，需要进行资格后审，资格审查内容和方法与资格预审相同。 ②包括：投标人是否具备有效的营业执照和有效的安全生产许可证；投标人的资质等级、财务状况、类似项目业绩、信誉、项目经理、其他要求，以及联合体投标人等，是否符合投标人须知中的要求	
		（3）投标文件对招标文件的响应性评审	①包括：投标内容、工期、工程质量、投标有效期、投标保证金、权利义务、已标价工程量清单、技术标准和要求等是否符合评标办法前附表中要求。 ②已标价工程量清单有计算错误的，总价金额与依据单价计算出的结果不一致时，以单价金额为准修正总价，单价金额小数点有明显错误的除外；书写有错误的，投标文件中的大写金额与小写金额不一致时，以大写金额为准。评标委员会对投标报价的错误予以修正后，需请投标人书面确认，作为投标报价的金额。投标人不接受修正价格的，其投标作废标处理	（2）评标委员会依据招标文件规定的标准对投标文件进行初步评审。有一项不符合评审标准的，作废标处理。对于已进行资格预审的，当投标人资格预审申请文件的内容发生重大变化时，评标委员会需依据招标文件规定的标准对其更新资料进行评审
		（4）施工组织设计和项目管理机构设置的合理性评审	①施工组织设计评审将会从内容完整性和编制水平、施工方案与技术措施、质量管理体系与措施、安全管理体系与措施、环境保护管理体系与措施、工程进度计划与措施、资源配备计划等方面进行评审。 ②项目管理机构评审将会从项目经理任职资格与业绩、技术负责人任职资格与业绩、其他主要人员等方面进行评审	

续表

序号	项目	子项目	内容	备注
2	详细评审	（1）经评审的最低投标价法	①指评标委员会对满足招标文件实质要求的投标文件，根据招标文件规定的量化因素及量化标准进行价格折算，形成“标价比较表”，载明投标人的投标报价及经评审的最终投标价，然后按照经评审的投标价由低到高的顺序推荐中标候选人，或根据招标人授权直接确定中标人。 ②经评审的投标价相等时，投标报价低的优先；投标报价也相等的，由招标人自行确定	（1）经初步评审合格的投标文件，评标委员会应根据招标文件确定的评标标准和方法进行详细评审。 （2）评标方法通常有两种：经评审的最低投标价法和综合评估法。由于评标方法不同，详细评审标准也有所区别。 （3）采用经评审的最低投标价法评标时，详细评审主要考虑单价遗漏、付款条件等评审因素。 （4）采用综合评估法评标时，需要按评标办法前附表列明的评分标准对施工组织设计、项目管理机构、投标报价、其他因素等进行评分并汇总
		（2）综合评估法	①指评标委员会对满足招标文件实质性要求的投标文件，按照招标文件规定的评分标准进行打分，形成“综合评估比较表”，载明投标人的投标报价、对各评审因素的评分及对最终评分结果，然后按得分由高到低顺序推荐中标候选人，或根据招标人授权直接确定中标人。 ②综合评分相等时，以投标报价低的优先；投标报价也相等的，由招标人自行确定	

施工决标成交

序号	项目	内容	说明
1	确定中标人	招标人应依据评标委员会推荐的中标候选人确定中标人	中标人确定后，招标人应在招标文件规定的投标有效期内以书面形式向中标人发出中标通知书，同时将中标结果通知未中标的投标人

续表

序号	项目	内容	说明
2	合同谈判	（1）谈判准备工作	包括：收集发包人资信情况、履约能力及施工项目其他背景资料；分析发包人技术、经济实力及发包人谈判人员的身份、地位、性格、喜好、权限等；研判合同双方地位和优劣势；拟订合同谈判方案等
		（2）谈判内容	合同谈判应重点关注以下内容：工程内容和范围、合同价款支付、价格调整及工程量变化、不可预见的自然条件和人为障碍、合同条件完善、工程保修、争端解决及其他
		（3）谈判策略和技巧	要掌握谈判进程，合理分配各项议题的谈判顺序和时间。要发挥专家作用，合理分配谈判角色。要善于分析谈判形势，利用拖延或休会策略打破僵局
3	签订合同	招标人和中标人应在中标通知书发出之日起30日内，根据招标文件和中标人的投标文件订立书面合同。合同的标的、价款、质量、履行期限等主要条款应当与招标文件和中标人的投标文件的内容一致。招标人和中标人不得再行订立背离合同实质性内容的其他协议	（1）招标人最迟应在书面合同签订后5日内向中标人和未中标的投标人退还投标保证金及银行同期存款利息。中标人无正当理由拒签合同的，其投标保证金不予退还。 （2）招标文件要求中标人提交履约保证金的，中标人应按照招标文件的要求提交。履约保证金不得超过中标合同金额的10%

考点2　合同计价方式

总价合同

序号	项目	内容	说明
1	固定总价合同	（1）固定总价合同是指承包单位按其投标时建设单位接受的投标报价一笔包死工程任务的计价方式。在合同履行过程中，建设单位没有要求变更原定承包内容的，承包单位在完成承包任务后，不论其实际成本如何，均应按签约合同价获得工程款支付。	固定总价合同一般适用于下列情形： （1）招标时已有施工图设计文件，施工任务和发包范围明确，合同履行中不会出现较大设计变更。

续表

序号	项目	内容	说明
		（2）采用固定总价合同形式，承包单位要考虑承担合同履行中的主要风险，因此在投标时会报较高价格	（2）工程规模较小、技术不太复杂的中小型工程或承包工作内容较为简单的工程部位，承包单位可在投标报价时合理地预见工程实施过程中可能遇到的各种风险。 （3）工程量小、工期较短（一般为1年之内），合同双方可不必考虑市场价格浮动对承包价格的影响
2	可调总价合同	（1）可调总价合同是指在固定总价合同的基础上，因合同履行过程中市场价格变动、工程变更及其他工程条件变化而使工程成本增加时，可按合同约定对合同总价进行调整的计价方式。 （2）对于工期较长（1年以上）的工程，承包单位应在合同中明确约定合同价款的调整原则、方法和依据	常用的调价方法有： （1）文件证明法。文件证明法是指在合同履行过程中，当合同约定的有关部门发布价格调整文件时，按文件规定调整合同价格。 （2）票据价格调整法。票据价格调整法是指在合同履行过程中，承包单位依据实际采购票据和用量，向建设单位实报实销与报价单中所报基价的差额部分。为此，需要在合同条款中明确约定允许调整价格的内容和基价。 （3）公式调价法

注：总价合同是指建设单位与承包单位按照一个总价签订合同，承包单位按此价格完成合同规定的全部工程任务。根据合同总价是否可调，总价合同又可分为固定总价合同和可调总价合同。

调价公式

$$C = C_0(a_0 + a_1 \cdot M/M_0 + a_2 \cdot L/L_0 + \cdots + a_n \cdot T/T_0 - 1)$$

式中 C——合同价格调整后应予增加或扣减的金额；

C_0——结算工程价款时，承包单位按合同约定计算的应得工程款；

M、L、T——分别代表合同约定允许调整价格项目的实际价格（如分别代表材料费、人工费、运输费等）；分母带下脚标“0”的，为签订合同时该项费用的基价；分子项为支付结算价款时的基价；

a_0——非调价因子的加权系数，即合同价格中不受市场价格变动影响或不允许调价部分在合同价格中所占比例；

a_1、a_2、…、a_n——对应于各有关调价项的加权系数。各项加权系数之和应等于1，即：$a_0 + a_1 + a_2 + \cdots + a_n = 1$。

单价合同

序号	项目	内容	说明
1	概念	单价合同是指承包单位在投标时按工程量清单中的分项工作内容填报单价，然后以实际完成工程量乘以所报单价计算工程价款的合同	投标单位填报的单价应为计及各种摊销费用后的综合单价，而非直接费单价。合同履行过程中无特殊情况的，一般不得变更单价
2	适用范围	单价合同大多用于工期长、技术复杂、实施过程中发生各种不可预见因素较多的大型工程，以及建设单位为缩短工程建设周期，初步设计完成后就进行招标的工程	在单价合同中，工程量清单所列工程量为估算工程量，而非实际工程量
3	类型	（1）固定单价合同。采用固定单价合同时，无论发生哪些影响价格的因素，都不对合同约定的单价进行调整。 （2）可调单价合同。采用可调单价合同时，合同双方可以估算工程量为基准，约定实际工程量的变化超过一定比例时合同单价的调整方式。合同双方也可约定，当市场价格变化达到一定程度或国家政策发生变化时，可以对哪些工程内容的单价进行调整，以及如何进行调整	（1）固定单价合同对承包单位而言，存在着一定风险。 （2）可调单价合同时对承包单位的风险相对较小

成本加酬金合同

序号	项目	内容	说明
1	概念	成本加酬金合同是指将工程合同价款划分为工程直接成本和承包单位完成工作后应得酬金两部分，合同履行过程中发生的直接成本由建设单位实报实销，另按合同约定的方式支付给承包单位相应报酬的合同	
2	适用范围	大多适用于边设计、边施工的紧急工程或灾后修复工程	
3	类型	（1）成本加固定百分比酬金合同	①合同双方在签订合同时约定，酬金按实际发生的直接成本乘以某一百分比来计算。 ②这种合同虽在签订时简单易行，但不能激励承包单位缩短工期和降低成本

续表

序号	项目	内容	说明
		（2）成本加固定酬金合同	①合同双方在签订合同时约定酬金为某一固定值。 ②这种合同虽不能鼓励承包单位关心降低直接成本，但从尽快获得全部酬金、减少管理投入出发，承包单位会关心缩短工期
		（3）成本加浮动酬金合同	①合同双方在签订合同时约定工程预期成本和固定酬金，以及实际发生的直接成本与预期成本有差异后的奖罚计算办法。 ②这种合同通常会规定，当实际成本超支而减少酬金时，以原定的基本酬金额为减少的最高限额。从理论上讲，这种合同形式对双方都没有太大风险，且又能促使承包单位关心成本降低和缩短工期。但在工程实践中，如何准确地估算作为奖罚标准的预期成本较为困难，这也往往是合同双方谈判的焦点
		（4）目标成本加奖罚合同	①在签订合同时，以当时估算的目标成本作为依据，并以百分比形式约定基本酬金和奖罚酬金。进行工程结算时，如果实际直接成本超过合同约定的目标成本界限（如5%），则应按约定百分比扣减成本超支的罚金；反之，如果实际直接成本有节约时（也应有一个幅度界限），则应按约定百分比增加酬金。此外，还可另行约定工期奖罚计算办法。 ②这种合同有利于鼓励承包单位降低成本和缩短工期，建设单位和承包单位都不会承担太大风险

不同合同计价方式比较

序号	合同类型	总价合同	单价合同	成本加酬金合同			
				固定百分比酬金	固定酬金	浮动酬金	目标成本加奖罚
1	应用范围	广泛	广泛	有局限性			酌情
2	建设单位造价控制	易	较易	最难	难	不易	有可能
3	承包单位风险	大	小	基本没有		不大	有

合同计价方式选择因素

序号	因素	内容
1	工程复杂程度	（1）建设规模大且技术复杂的工程，承包风险较大，各项费用不易准确估算，因而不宜采用固定总价合同。 （2）对有把握的部分采用固定总价合同，估算不准的部分采用单价合同或成本加酬金合同
2	工程设计深度	（1）对于已完成施工图设计的工程，施工图纸和工程量清单详细而明确，可选择总价合同。 （2）对于实际工程量与预计工程量可能有较大出入的工程，应优先选择单价合同。 （3）对于只完成初步设计，工程量清单不够明确的工程，可选择单价合同或成本加酬金合同
3	技术先进程度	对于施工中有较大部分采用新技术、新工艺的工程，建设单位和承包单位缺乏经验，又无国家标准的，不宜采用固定总价合同，而应选用成本加酬金合同
4	工期紧迫程度	对于一些紧急工程（如灾后恢复工程等），要求尽快开工且工期较紧的，可能仅有实施方案，尚无施工图纸，承包单位在投标时不可能报出合理价格，选择成本加酬金合同较为合适

考点3　施工投标

投标报价的基本策略

序号	项目	内容
1	可选择报高价的情形	（1）施工条件差的工程（如条件艰苦、场地狭小或地处交通要道等）。 （2）专业要求高的技术密集型工程且施工单位在这方面有专长，声望也较高。 （3）总价低的小工程，以及施工单位不愿做而被邀请投标，又不便不投标的工程。 （4）特殊工程，如港口码头、地下开挖工程等。 （5）投标对手少的工程。 （6）工期要求紧的工程。 （7）支付条件不理想的工程
2	可选择报低价的情形	（1）施工条件好的工程，工作简单、工程量大而其他施工单位都可以做的工程（如大量土方工程、一般房屋建筑工程等）。 （2）承包单位急于打入某一市场、某一地区，或虽已在某一地区经营多年，但即将面临没有工程的情况，机械设备无工地转移时。 （3）附近有工程而本项目可利用该工程的机械设备、劳务或有条件短期内突击完成的工程。

续表

序号	项目	内容
		（4）投标对手多，竞争激烈的工程。 （5）非急需工程。 （6）支付条件好的工程

常用报价技巧

序号	项目	内容	说明
1	不平衡报价法	指在不影响工程总报价的前提下，通过调整内部各个项目的报价，以达到既不提高总报价、不影响中标，又能在结算时得到更理想收益的报价方法	不平衡报价法适用于以下几种情况： （1）能够早日结算的项目（如前期措施费、基础工程、土石方工程等），可以适当提高报价。后期工程项目（如设备安装、装饰工程等）的报价可适当降低。 （2）经过工程量核算，预计今后工程量会增加的项目，适当提高单价；将来工程量有可能减少的项目，适当降低单价。 （3）设计图纸不明确、估计修改后工程量要增加的，可以提高单价；而工程内容说明不清楚的，则可降低一些单价，在工程实施阶段通过索赔再寻求提高单价的机会。 （4）对暂定项目要作具体分析。如果工程分标，该暂定项目也可能由其他承包单位施工时，则不宜报高价，以免抬高总报价。如果工程不分标，不会另由一家承包单位施工，则其中肯定要施工的单价可报高些，不一定要施工的则应报低些。 （5）单价与包干混合制合同中，招标人要求有些项目采用包干报价时，宜报高价。对于其余单价项目，则可适当降低报价。 （6）有时招标文件要求投标人对工程量大的项目报“综合单价分析表”，投标时可将单价分析表中的人工费及机械设备费报得高一些，而材料费报得低一些

续表

序号	项目	内容	说明
2	多方案报价法	指在投标文件中报两个价：一个是按招标文件的条件报一个价；另一个是加注解的报价，即如果某条款作某些改动，报价可降低多少。这样，可降低总报价，以此吸引招标人	多方案报价法适用于招标文件中的工程范围不明确，条款不清楚或不公正，或技术规范要求过于苛刻的工程。采用多方案报价法，可降低投标风险，但投标工作量较大
3	保本报价法	对于缺乏竞争优势的承包单位，在不得已时可采用根本不考虑利润的报价方法，以获得中标机会	保本报价法通常在下列情形时采用： （1）有可能在中标后，将大部分工程分包给索价较低的一些分包商。 （2）对于分期建设的工程项目，先以低价获得首期工程，而后赢得机会创造第二期工程中的竞争优势，并在以后的工程实施中获得盈利。 （3）较长时期内，施工单位没有在建工程项目，如果再不中标，就难以维持生存。因此，虽然本工程无利可图，但只要能有一定的管理费维持企业日常运转，就可设法渡过暂时困难，以图将来东山再起
4	突然降价法	指先按一般情况报价或表现出自己对该工程兴趣不大，等快到投标截止时，再突然降价	采用突然降价法，可以迷惑对手，提高中标概率。但对承包单位的分析判断和决策能力要求很高，要求承包单位能全面掌握和分析信息，作出正确判断

其他报价技巧

序号	项目	内容
1	计日工单价的报价	（1）如果是单纯报计日工单价，且不计入总报价中，则可报高些，以便在建设单位额外用工或使用施工机械时多盈利。 （2）如果计日工单价要计入总报价时，则需具体分析是否报高价，以免抬高总报价
2	暂定金额的报价	（1）招标人规定了暂定金额的分项内容和暂定总价款，并规定所有投标人都必须在总报价中加入这笔固定金额，但由于分项工程量不是很准确，允许将来按投标人所报单价和实际完成的工程量付款。投标时应适当提高暂定金额的单价。

续表

序号	项目	内容
		（2）招标人列出了暂定金额的项目和数量，但并未限制这些工程量的估算总价，要求投标人既列出单价，也应按暂定项目的数量计算总价。在未来结算付款时，可按实际完成的工程量和所报单价支付。一般来说，这类工程量可采用正常价格。如果投标人预计今后实际工程量肯定会增大，则可适当提高单价，以期在将来增加额外收益。 （3）只有暂定金额的一笔固定总金额，将来这笔金额做什么用，由建设单位确定。这种情况对投标竞争没有实际意义，按招标文件要求将规定的暂定金额列入总报价即可
3	可供选择项目的报价	（1）对于将来有可能被选择使用的规格，应适当提高其报价。 （2）对于技术难度大或因其他原因难以实现的规格，可将价格有意抬高得更多一些，以促使招标人弃用
4	增加建议方案	建议方案不要写得太具体，要保留方案的技术关键，防止招标人将此方案交由其他投标人实施。同时要强调的是，建议方案一定要比较成熟，具有较强的可操作性
5	采用分包商的报价	（1）总承包单位通常应在投标前先取得分包商的报价，并增加总承包商摊入的管理费，将其作为自己投标总价的一个组成部分一并列入报价单中。 （2）总承包单位应在投标前找几家分包商分别报价，然后选择其中一家信誉较好、实力较强和报价合理的分包商签订协议，同意该分包商作为分包工程的唯一合作者，并将该分包商列到投标文件中，同时要求该分包商提交投标保函
6	许诺优惠条件	投标时主动提出提前竣工、低息贷款、赠予施工设备、免费转让新技术或某种技术专利、免费技术协作、代为培训人员等，均是吸引招标人、利于中标的辅助手段

施工投标文件的组成内容与编制原则

序号	项目	内容
1	组成内容	（1）施工投标文件通常包括技术标书（主要是指施工组织设计）、商务标书（主要包括工程报价、优惠条件、对合同条款的确认等内容）、投标函及其他有关文件三部分。 （2）工程报价以工程量清单为主，包括已标价工程量清单、暂定金额汇总表、计日工明细表、单价分析、调价权值系数、投标函及其他有关文件（包括：投标函及投标函附录、投标担保、授权书、联合体协议书、资格预审更新资料或资格后审资料、投标人承揽的在建工程情况、分包人情况等）
2	编制原则	（1）突出专业性，而且要有针对性。 （2）保证可行性，而且要经济合理。 （3）注重规范性，而且要凸显重点

施工投标文件校对和密封

序号	项目	内容
1	施工投标文件校对	（1）施工投标文件编制完成后，在装订之前需要按招标文件要求进行全面校对。 （2）对于较为关键的内容，如工程总报价、优惠条件、合理化建议、工程总工期及质量目标、项目经理部及主要组成人员简介、特殊工程施工方法等，至少应由两人各自分别校对一遍。 （3）对于特殊重大工程项目，在校对完后再交由相关负责人审核
2	施工投标文件装订	（1）施工投标文件经校稿审核后，即可进行汇总，并核对是否有重要的漏页、页码错误等。 （2）核对完整投标文件内容并编制总目录后，还需要编制人员从头到尾浏览一遍，将可能出现的漏页或插图顺序错误等问题消灭在装订之前。 （3）准备齐全企业营业执照、资质证书、安全生产许可证、委托书、授权人身份证等基本证件，以及荣誉证书、类似工程业绩证明材料等。 （4）确认投标文件内容齐全、准确无误后，方可进行复印、装订
3	施工投标文件密封	（1）需要在投标文件密封前再次进行仔细核对检查，以防漏装或错装。 （2）在密封投标文件时，还应将报价单、投标文件电子版光盘、投标保函复印件等需要密封的放入密封袋。 （3）密封袋封口后，需要按招标文件要求加盖投标人公章，并由投标人法定代表人签名或盖章。 （4）密封的施工投标文件可在投标截止日前在招标文件载明的地点递交招标人

考点4　工程总承包投标

工程总承包招标要求

序号	项目	内容
1	招标文件的不同	（1）招标文件组成的不同。与施工招标文件组成不同的是，施工招标文件中的“工程量清单”“图纸”“技术标准和要求”在工程总承包招标文件中改变为“发包人要求”和“发包人提供的资料”。 （2）投标人须知的不同。与《标准施工招标文件》相比，《标准设计施工总承包招标文件》在投标人须知中提出了设计工作方面的要求：①质量标准，包括设计要求的质量标准。②投标人资格要求。项目经理应具备工程设计类或者工程施工类注册执业资格，设计负责人应具备工程设计类注册执业资格。③设计成果补偿。招标人对符合招标文件规定的未中标人的设计成果进行补偿的，按投标人须知前附表规定给予补偿，并有权免费使用未中标人设计成果等

续表

序号	项目	内容
2	价格清单的编制	（1）价格清单是指构成合同文件、由承包人按规定的格式和要求填写并标明价格的清单，包括勘察设计费清单、工程设备费清单、必备的备品备件费清单、建筑安装工程费清单、技术服务费清单、暂估价清单、其他费用清单和投标报价汇总表。 （2）工程总承包招标文件要求编制的价格清单所包含的内容与施工投标报价的内容有所不同，工程总承包招标文件要求编制的价格清单还包括勘察设计费等内容
3	资格审查	（1）与《标准施工招标文件》相比，《标准设计施工总承包招标文件》中对投标人资料审查的内容增加了"完成的类似设计施工总承包项目和近年完成的类似工程设计项目等"内容。 （2）包括："近年完成的类似设计施工总承包项目情况表"应附中标通知书和（或）合同协议书、工程接收证书（工程竣工验收证书）复印件；或"近年完成的类似工程设计项目情况表"应附中标通知书和（或）合同协议书、发包人出具的证明文件
4	开标与评标	（1）《标准设计施工总承包招标文件》和《标准施工招标文件》提出的评标办法均包含综合评估法和经评审的最低投标价法。 （2）与《标准施工招标文件》相比，《标准设计施工总承包招标文件》提出的评标办法中，在前附表增加了与工程设计有关的内容：①设计负责人的资格评审标准需符合投标人须知相应规定；②资信业绩评分标准新增设计负责人业绩；③增加了设计部分评审

工程总承包投标报价工作要点

序号	项目	内容
1	分析研读招标文件	（1）投标人需要熟读分析招标文件，重点分析工程总承包范围、报价形式、发承包责任划分、特殊要求，以及隐含的承包风险等。 （2）对于招标文件中未具体明确的内容，应以书面形式提请业主予以答疑或澄清
2	进行现场调查及踏勘	（1）投标人在投标报价文件前，应详细调查工程所在地的自然条件、施工条件、物资供应条件、交通条件，以及施工现场用水、用电和既有建筑物、构筑物等情况。特别是对于地材、钢筋、混凝土等大宗物资的来源、运距及市场价格等要进行详细调查。 （2）要参加招标人组织的现场踏勘与标前会议
3	选择联合体单位及分包单位	（1）为了满足招标文件对于投标人资质方面的要求，有时需要施工单位与有实力的设计单位组成联合体共同投标。 （2）工程总承包投标人还要考虑分包策略，将分包商优势和特点纳入工程总承包能力范围内

续表

序号	项目	内容
4	确定投标报价	工程总承包投标人可按下列程序确定投标报价： （1）研读评标办法。评标办法包括综合评估法和经评审的最低投标价法。评标办法是影响报价策略的主要因素，评标办法不同，投标人采取的投标策略应有所不同。投标人需结合项目特点及评标办法测定最优报价区间，在此基础上制定最优报价方案。 （2）测算工程成本。投标人应结合自身技术能力、施工方案、现场管理水平及当地人工、材料设备市场价，在不计取利润的前提下，确定完成投标工程所需的成本费用。考虑到材料设备的价格波动具有经常性和不确定性，在测算工程成本时需考虑材料设备价格变动风险，以及其他社会环境变化带来的风险等。 （3）确定最终报价。投标报价的决策应以工程成本测算为依据，综合考虑设计费用、工程总承包管理费、利润等。要结合工程项目特点、市场条件，在分析以往类似工程竞标情况和本工程潜在竞争对手情况的基础上，通过优化投标报价后确定最终报价。 （4）投标报价检查。按招标文件进行符合性检查，要确保投标文件对招标文件实质性要求作出响应、综合单价合理且没有算术性错误、相关费用标准满足招标文件要求等。工程总承包招标文件中设有暂列金额、暂估价的，则需要按规定填报

3.2 工程合同管理

考点1 施工合同管理

施工合同文件的组成及优先解释顺序

序号	项目	内容	说明
1	施工合同文件的组成	施工合同文件包括合同协议书、中标通知书、投标函及投标函附录、专用合同条款、通用合同条款、技术标准和要求、图纸、已标价工程量清单及组成施工合同的其他文件	合同协议书包括工程概况、合同工期、质量标准、签约合同价和合同价格形式、项目经理、合同文件构成、承诺及合同生效条件等重要内容，集中约定了合同当事人的基本合同权利和义务。施工发包人和承包人的法定代表人或其委托代理人在合同协议书上签字并盖单位章后，施工合同生效

续表

序号	项目	内容	说明
2	施工合同文件的优先解释顺序	除专用合同条款另有约定外，解释合同文件的优先顺序如下： （1）合同协议书。 （2）中标通知书。 （3）投标函及投标函附录。 （4）专用合同条款。 （5）通用合同条款。 （6）技术标准和要求。 （7）图纸。 （8）已标价工程量清单。 （9）其他合同文件	组成施工合同的各项文件应互相解释，互为说明

注：合同管理是指合同当事人依法订立、履行、变更、解除、转让、终止合同等一系列行为的总称。合同管理是建设工程项目管理的核心内容，因为建设工程项目目标的设置与控制均以合同为主要依据。

施工合同有关各方义务或职责

序号	项目	内容	说明
1	发包人主要义务	（1）发出开工通知	①发包人应委托监理人发出开工通知，监理人应在开工日期7天前向承包人发出开工通知。 ②监理人在发出开工通知前应获得发包人同意。 ③工期自监理人发出的开工通知中载明的开工日期起计算。 ④承包人应在开工日期后尽快施工
		（2）提供施工场地	发包人应按专用合同条款约定向承包人提供施工场地，以及施工场地内的地下管线和地下设施等有关资料，并保证资料的真实、准确、完整
		（3）协助承包人办理证件和批件	①发包人应协助承包人办理法律规定的有关施工证件和批件。 ②除专用合同条款另有约定外，发包人应根据合同工程的施工需要，负责办理取得出入施工场地的专用和临时道路的通行权，以及取得为工程建设所需修建场外设施的权利，并承担有关费用。

续表

序号	项目	内容	说明
			③由承包人负责运输的超大件或超重件，应由承包人负责向交通运输管理部门办理申请手续，发包人给予协助。 ④运输超大件或超重件所需的道路和桥梁临时加固改造费用和其他有关费用，由承包人承担
		（4）组织设计交底	发包人应根据合同进度计划，组织设计单位向承包人和监理人进行设计交底
		（5）支付合同价款	发包人应按合同约定的条件、时间和方式向承包人及时支付合同价款
		（6）组织竣工验收	发包人应按合同约定及时组织竣工验收
2	承包人主要义务	（1）查勘施工现场	①承包人虽在投标阶段曾踏勘过现场，但在签订合同协议书后，应对施工场地和周围环境进行查勘，核对发包人提供的有关资料，并进一步收集相关的地质、水文、气象条件，交通条件，风俗习惯及其他为完成合同工作相关的当地资料，以便编制施工组织设计、施工进度计划和（专项）施工方案。 ②在现场查勘中发现实际情况与发包人所提供的资料有重大差异的，应及时通知监理人，由其作出相应的指示或说明，以便明确合同责任
		（2）编制工程实施措施计划	①施工组织设计和施工进度计划。承包人应按合同约定的工作内容和施工进度要求，编制施工组织设计和施工进度计划，并对所有施工作业和施工方法的完备性、安全性、可靠性负责。施工组织设计和施工进度计划编制完成后，应报送监理人审批。 ②工程质量保证措施文件。承包人应在施工场地设置专门的质量检查机构，配备专职质量检查人员，建立完善的质量检查制度。在合同约定期限内，提交工程质量保证措施文件，包括质量检查机构的组织和岗位责任、质检人员的组成、质量检查程序和实施细则等，报送监理人审批。

续表

序号	项目	内容	说明
			③施工安全管理措施计划。承包人应在施工现场配备专职安全生产管理人员，针对危险性较大的分部分项工程应编制专项施工方案，经监理人审查批准后方可实施。 ④环境保护措施计划。承包人应按合同约定的环保工作内容，编制施工环境保护措施计划，报送监理人审批
		（3）负责施工现场内交通道路和临时工程	承包人应负责修建、维修、养护和管理施工所需的临时道路，以及为开始施工所需的临时工程和必要的设施，满足开工要求
		（4）测设施工控制网	①承包人依据监理人提供的测量基准点、基准线和水准点及其书面资料，根据国家测绘基准、测绘系统和工程测量技术规范及合同中对工程精度的要求，测设施工控制网，并将施工控制网点的资料报送监理人审批。 ②承包人在施工过程中负责管理施工控制网点，对丢失或损坏的施工控制网点应及时修复，并在工程竣工后将施工控制网点移交发包人
		（5）提出开工申请	①承包人的施工前期准备工作满足开工条件后，应向监理人提交工程开工报审表。 ②开工报审表应详细说明按合同进度计划正常施工所需的施工道路、临时设施、材料设备、施工人员等施工组织措施的落实情况及工程进度安排
		（6）完成各项承包工作	①承包人应按合同约定及监理人指示，实施、完成全部工程，并修补工程中的任何缺陷。 ②除专用合同条款另有约定外，承包人应提供为完成合同工作所需的劳务、材料、施工设备、工程设备和其他物品，并在工程完工后负责拆除临时设施
		（7）保证工程施工和人员的安全	承包人应按合同约定采取施工安全措施，确保工程及其人员、材料、设备和设施的安全，防止因工程施工造成的人身伤害和财产损失

续表

序号	项目	内容	说明
		（8）负责施工场地及其周边环境与生态的保护工作	—
		（9）避免施工对公众与他人的利益造成损害	①承包人在进行合同约定的各项工作时，不得侵害发包人与他人使用公用道路、水源、市政管网等公共设施的权利，避免对邻近的公共设施产生干扰。 ②承包人占用或使用他人的施工场地，影响他人作业或生活的，应承担相应责任。 ③承包人应按监理人的指示为他人在施工场地或附近实施与工程有关的其他各项工作提供可能的条件
		（10）工程的维护和照管	①工程接收证书颁发前，承包人应负责照管和维护工程。 ②工程接收证书颁发时尚有部分未竣工工程的，承包人还应负责未竣工工程的照管和维护工作，直至竣工后移交给发包人为止
3	监理人职责、权力	（1）职责	①监理人受发包人委托，享有合同约定的权力。监理人发出的任何指示应视为已得到发包人的批准，但监理人无权免除或变更合同约定的发包人和承包人的权利、义务和责任。合同约定应由承包人承担的义务和责任，不因监理人对承包人提交文件的审查或批准，对工程、材料和设备的检查和检验，以及为实施监理作出的指示等职务行为而减轻或解除。 ②监理人应按合同约定向承包人发出指示，监理人的指示应盖有监理人授权的施工场地机构章，并由总监理工程师或总监理工程师按合同约定授权的监理人员签字。 ③监理人员对承包人的任何工作、工程或其采用的材料和工程设备未在约定的或合理的期限内提出否定意见的，视为已获批准，但不影响监理人在以后拒绝该项工作、工程、材料或工程设备的权利

续表

序号	项目	内容	说明
		（2）权力	①审查承包人实施方案。监理人应审查承包人报送的施工组织设计、施工进度计划、（专项）施工方案、质量管理体系、安全生产管理体系、环境保护措施等，批准或要求承包人对不满足合同要求的部分进行修改。 ②发出开工通知。监理人征得发包人同意后，应在开工日期 7 天前向承包人发出开工通知，合同工期自开工通知中载明的开工日起计算。 ③监督管理施工过程。监理人应按合同约定履行监理职责，监督管理施工进度、施工质量安全、工程价款支付及环境保护，处理工程变更和施工索赔等事宜。 ④参与工程竣工验收。监理人应按合同约定组织工程竣工预验收，参与由发包人组织的工程竣工验收，并签署竣工验收意见

施工合同订立时需要明确的内容

序号	项目	内容
1	施工现场范围和施工临时占地	（1）发包人应明确说明施工现场永久工程的占地范围并提供征地图纸，以及属于发包人施工前期配合义务的有关事项，如从现场外部接至现场的施工用水、用电、用气的位置等，以便承包人进行合理的施工组织。 （2）工程施工需要临时用地的，也需明确占地范围和临时用地移交承包人的时间
2	发包人提供图纸的期限和数量	（1）标准施工合同适用于发包人提供设计图纸，承包人负责施工的项目。 （2）订立合同时必须明确约定发包人陆续提供施工图纸的期限和数量
3	发包人提供的材料和工程设备	对于包工部分包料的施工承包方式，设备和主要建筑材料往往由发包人负责提供，因而需明确约定发包人提供的材料和设备分批交货的种类、规格、数量、交货期限和地点等，以便明确合同责任
4	异常恶劣的气候条件范围	（1）气候条件对施工的影响是合同管理中一个比较复杂的问题，“异常恶劣的气候条件”属于发包人责任，“不利气候条件”对施工的影响则属于承包人应承担的风险。 （2）应根据工程所在地气候特点，在专用合同条款中明确界定异常恶劣的气候条件，以明确合同双方对气候变化影响施工的风险责任

续表

序号	项目	内容
5	因物价变化引起的合同价格调整	（1）合同履行期间市场价格浮动对施工成本造成的影响是否允许调整合同价格，要视合同工期的长短来决定。 （2）适用于工期在 12 个月以内的简明施工合同通用条款没有调价条款，承包人应在投标报价中合理考虑市场价格变化对施工成本的影响。 （3）工期 12 个月以上的施工合同，由于承包人在投标阶段不可能合理预测一年以后的市场价格变化，因此应设有调价条款，由发包人和承包人共同分担市场价格变化的风险。 （4）区分因政策法规变化或市场物价变化对合同价格影响的责任，通用合同条款中将投标截止日前第 28 天规定为基准日期。在基准日期后，因法律法规、规范标准等变化，导致承包人在合同履行中所需要的工程成本发生约定以外的增减时，相应调整合同价款。通用合同条款规定用公式法调价，但仅适用于工程量清单中按单价支付部分的工程款，总价支付部分不考虑物价变化对合同价格的调整。而且，调价公式中的各可调因子、定值和变值权重、基本价格指数及其来源等均应在合同调价条款中予以明确
6	办理保险的责任	（1）承包人办理保险 ①由承包人负责投保“建筑工程一切险”“安装工程一切险”和“第三者责任保险”，并承担办理保险的费用。具体投保内容、保险金额、保险费率、保险期限等有关内容在专用合同条款中约定。 ②承包人应在专用合同条款约定的期限内向发包人提交各项保险生效的证据和保险单副本，保险单必须与专用合同条款约定的条件一致。承包人需要变动保险合同条款时，应事先征得发包人同意，并通知监理人。保险人做出保险责任变动的，承包人应在收到保险人通知后立即通知发包人和监理人。承包人应与保险人保持联系，使保险人能够随时了解工程实施中的变动，并确保按保险合同条款要求持续保险。 （2）发包人办理保险 ①工程施工采用平行发包方式时，施工任务分别交由多个承包人施工。由几家承包人分别投保的话，有可能产生重复投保或漏保，此时由发包人投保为宜。为此，双方可在专用合同条款中约定，由发包人办理工程保险和第三者责任保险。 ②无论是由承包人还是发包人办理工程险和第三者责任保险，均必须以发包人和承包人的共同名义投保，以保障双方均有出现保险范围内的损失时，可从保险公司获得赔偿

施工进度管理

序号	项目	内容	说明
1	施工进度计划的审批	（1）承包人应按专用合同条款约定的内容和期限，编制详细的施工进度计划和施工方案说明报送监理人。 （2）监理人应在约定的期限内批复或提出修改意见，否则该进度计划视为已得到批准	经监理人批准的施工进度计划称为合同进度计划，是控制合同工程进度的依据。承包人还应根据合同进度计划，编制更为详细的分阶段或分项进度计划，报监理人审批
2	合同进度计划的修订	无论何种原因造成工程的实际进度与合同进度计划不符时，承包人可以在专用合同条款约定的期限内向监理人提交修订合同进度计划的申请报告，并附有关措施和相关资料，报监理人审批	监理人也可以直接向承包人作出修订合同进度计划的指示，承包人应按该指示修订合同进度计划，报监理人审批。监理人应在专用合同条款约定的期限内批复，并应在批复前获得发包人同意
3	工期延误	（1）发包人原因造成的工期延误	在履行合同过程中，由于发包人的下列原因造成工期延误的，承包人有权要求发包人延长工期和（或）增加费用，并支付合理利润： ①增加合同工作内容。 ②改变合同中任何一项工作的质量要求或其他特性。 ③发包人迟延提供材料、工程设备或变更交货地点。 ④因发包人原因导致的暂停施工。 ⑤提供图纸延误。 ⑥未按合同约定及时支付预付款、进度款
		（2）异常恶劣气候条件造成的工期延误	出现专用合同条款规定的异常恶劣气候的条件导致工期延误的，承包人有权要求发包人延长工期

续表

序号	项目	内容	说明
		（3）承包人原因造成的工期延误	①由于承包人原因，未能按合同进度计划完成工作，或监理人认为承包人施工进度不能满足合同工期要求的，承包人应采取措施加快进度，并承担加快进度所增加的费用。 ②由于承包人原因造成工期延误，承包人应支付逾期竣工违约金。逾期竣工违约金的计算方法应在专用合同条款中约定。承包人支付逾期竣工违约金，不免除承包人完成工程及修补缺陷的义务
4	提前竣工	发包人要求承包人提前竣工，或承包人提出提前竣工的建议能够给发包人带来效益的，应由监理人与承包人共同协商采取加快工程进度的措施和修订合同进度计划	①发包人应承担承包人由此增加的费用，并向承包人支付专用合同条款约定的相应奖金。 ②专用合同条款使用说明中建议，奖励金额可为发包人实际效益的 20%
5	暂停施工	（1）因承包人原因暂停施工	因下列暂停施工增加的费用和（或）工期延误由承包人承担：①承包人违约引起的暂停施工；②由于承包人原因为工程合理施工和安全保障所必需的暂停施工；③承包人擅自暂停施工；④承包人其他原因引起的暂停施工
		（2）因发包人原因暂停施工	由于发包人原因引起的暂停施工造成工期延误的，承包人有权要求发包人延长工期和（或）增加费用，并支付合理利润
		（3）监理人暂停施工指示	①监理人认为有必要时，可向承包人作出暂停施工的指示，承包人应按监理人指示暂停施工。 ②不论由于何种原因引起的暂停施工，暂停施工期间承包人应负责妥善保护工程并提供安全保障。 ③由于发包人原因发生暂停施工的紧急情况，且监理人未及时下达暂停施工指示的，承包人可先暂停施工，并及时向监理人提出暂停施工的书面请求。监理人应在接到书面请求后的 24h 内予以答复。逾期未答复的，视为同意承包人的暂停施工请求

续表

序号	项目	内容	说明
		（4）暂停施工后的复工	①暂停施工后，监理人应与发包人和承包人协商，采取有效措施积极消除暂停施工的影响。 ②当工程具备复工条件时，监理人应立即向承包人发出复工通知。承包人收到复工通知后，应在监理人指定的期限内复工。 ③承包人无故拖延和拒绝复工的，由此增加的费用和工期延误由承包人承担；因发包人原因无法按时复工的，承包人有权要求发包人延长工期和（或）增加费用，并支付合理利润。 ④监理人发出暂停施工指示后 56 天内未向承包人发出复工通知，除承包人责任引起暂停施工的情况外，承包人可向监理人提交书面通知，要求监理人在收到书面通知后 28 天内准许已暂停施工的工程或其中一部分工程继续施工。如监理人逾期不予批准，则承包人可以通知监理人，将工程受影响的部分视为按合同约定可取消的工作。如暂停施工影响到整个工程，可视为发包人违约。 ⑤由于承包人责任引起的暂停施工，如承包人在收到监理人暂停施工指示后 56 天内不认真采取有效的复工措施，造成工期延误，可视为承包人违约

施工质量管理

序号	项目	内容
1	承包人的质量管理	（1）承包人应在施工场地设置专门的质量检查机构，配备专职质量检查人员，建立完善的质量检查制度。 （2）承包人应在合同约定的期限内，提交工程质量保证措施文件，包括质量检查机构的组织和岗位责任、质检人员的组成、质量检查程序和实施细则等，报送监理人审批。 （3）承包人应加强对施工人员的质量教育和技术培训，定期考核施工人员的劳动技能，严格执行规范和操作规程

续表

序号	项目	内容
2	工程质量检查	（1）承包人的质量检查 承包人应按合同约定对材料、工程设备及工程的所有部位及其施工工艺进行全过程的质量检查和检验，并作详细记录，编制工程质量报表，报送监理人审查。 （2）监理人的质量检查 ①监理人有权对工程所有部位及其施工工艺、材料和工程设备进行检查和检验。承包人应为监理人的检查和检验提供方便，包括监理人到施工场地，或制造、加工地点，或合同约定的其他地方进行察看和查阅施工原始记录。 ②承包人还应按监理人指示，进行施工场地取样试验、工程复核测量和设备性能检测，提供试验样品、提交试验报告和测量成果及监理人要求进行的其他工作。监理人的检查和检验，不免除承包人按合同约定应负的责任
3	材料和工程设备质量要求	（1）承包人提供的材料和工程设备 ①除专用合同条款另有约定外，承包人提供的材料和工程设备均由承包人负责采购、运输和保管。承包人应对其采购的材料和工程设备负责。承包人应按专用合同条款约定，将各项材料和工程设备的供货人及品种、规格、数量和供货时间等报送监理人审批。 ②承包人应向监理人提交其负责提供的材料和工程设备的质量证明文件，并满足合同约定的质量标准。对承包人提供的材料和工程设备，承包人应会同监理人进行检验和交货验收，查验材料合格证明和产品合格证书，并按合同约定和监理人指示，进行材料的抽样检验和工程设备的检验测试，检验和测试结果应提交监理人，所需费用由承包人承担。 （2）发包人提供的材料和工程设备 ①发包人提供的材料和工程设备，应在专用合同条款中写明材料和工程设备的名称、规格、数量、价格、交货方式、交货地点和计划交货日期等。 ②承包人应根据合同进度计划安排，向监理人报送要求发包人交货的日期计划。发包人应按照监理人与合同双方当事人商定的交货日期，向承包人提交材料和工程设备。 ③发包人应在材料和工程设备到货 7 天前通知承包人，承包人应会同监理人在约定的时间内，赴交货地点共同进行验收。除专用合同条款另有约定外，发包人提供的材料和工程设备验收后，由承包人负责接收、运输和保管。 ④发包人提供的材料和工程设备的规格、数量或质量不符合合同要求，或由于发包人原因发生交货日期延误及交货地点变更等情况的，发包人应承担由此增加的费用和（或）工期延误，并向承包人支付合理利润。

续表

序号	项目	内容
		（3）不合格工程的清除 ①承包人使用不合格材料、工程设备，或采用不适当的施工工艺，或施工不当，造成工程不合格的，监理人可以随时发出指示，要求承包人立即采取措施进行补救，直至达到合同要求的质量标准，由此增加的费用和（或）工期延误由承包人承担。 ②由于发包人提供的材料或工程设备不合格造成的工程不合格，需要承包人采取措施补救的，发包人应承担由此增加的费用和（或）工期延误，并支付承包人合理利润
4	工程隐蔽部位覆盖前的检查	（1）通知监理人检查 ①经承包人自检确认的工程隐蔽部位具备覆盖条件后，承包人应通知监理人在约定的期限内检查。承包人的通知应附有自检记录和必要的检查资料。监理人应按时到场检查。 ②经监理人检查确认质量符合隐蔽要求，并在检查记录上签字后，承包人才能进行覆盖。 ③监理人检查确认质量不合格的，承包人应在监理人指示的时间内修整返工后，由监理人重新检查。 （2）监理人未到场检查 ①监理人未按合同约定的时间进行检查的，除监理人另有指示外，承包人可自行完成覆盖工作，并作相应记录报送监理人，监理人应签字确认。 ②监理人事后对检查记录有疑问的，可按合同约定重新检查。 （3）监理人重新检查 ①承包人按合同约定覆盖工程隐蔽部位后，监理人对质量有疑问的，可要求承包人对已覆盖的部位进行钻孔探测或揭开重新检验，承包人应遵照执行，并在检验后重新覆盖恢复原状。 ②经检验证明工程质量符合合同要求的，由发包人承担由此增加的费用和（或）工期延误，并支付承包人合理利润；经检验证明工程质量不符合合同要求的，由此增加的费用和（或）工期延误由承包人承担。 ③承包人未通知监理人到场检查，私自将工程隐蔽部位覆盖的，监理人有权指示承包人钻孔探测或揭开检查，由此增加的费用和（或）工期延误由承包人承担
5	试验和检验	（1）材料、工程设备和工程的试验和检验 ①承包人应按合同约定进行材料、工程设备和工程的试验和检验，并为监理人对上述材料、工程设备和工程的质量检查提供必要的试验资料和原始记录。

续表

序号	项目	内容
		②按合同约定应由监理人与承包人共同进行试验和检验的，由承包人负责提供必要的试验资料和原始记录。 ③监理人未按合同约定派员参加试验和检验的，除监理人另有指示外，承包人可自行试验和检验，并应立即将试验和检验结果报送监理人，监理人应签字确认。 ④监理人对承包人的试验和检验结果有疑问的，或为查清承包人试验和检验成果的可靠性要求承包人重新试验和检验的，可按合同约定由监理人与承包人共同进行。 ⑤重新试验和检验的结果证明该项材料、工程设备或工程的质量不符合合同要求的，由此增加的费用和（或）工期延误由承包人承担；重新试验和检验结果证明该项材料、工程设备和工程符合合同要求的，由发包人承担由此增加的费用和（或）工期延误，并支付承包人合理利润。 （2）现场材料试验 ①承包人根据合同约定或监理人指示进行的现场材料试验，应由承包人提供试验场所、试验人员、试验设备器材以及其他必要的试验条件。 ②监理人在必要时可以使用承包人的试验场所、试验设备器材以及其他试验条件，进行以工程质量检查为目的的复核性材料试验，承包人应予以协助

工程计量与支付管理

序号	项目	内容
1	工程计量	（1）单价子目计量 ①已标价工程量清单中的单价子目工程量为估算工程量。结算工程量是承包人实际完成的，并按合同约定的计量方法进行计量的工程量。 ②承包人对已完成的工程进行计量，向监理人提交进度付款申请单、已完成工程量报表和有关计量资料。 ③监理人对承包人提交的工程量报表进行复核，以确定实际完成的工程量。对数量有异议的，可要求承包人按合同约定进行共同复核和抽样复测。承包人应协助监理人进行复核并按监理人要求提供补充计量资料。承包人未按监理人要求参加复核，监理人复核或修正的工程量视为承包人实际完成的工程量。 ④监理人应在收到承包人提交的工程量报表后的 7 天内进行复核，监理人未在约定时间内复核的，承包人提交的工程量报表中的工程量视为承包人实际完成的工程量，据此计算工程价款。

续表

序号	项目	内容
		（2）总价子目计量 ①总价子目的计量和支付应以总价为基础，不因正常的物价波动而进行调整。承包人实际完成的工程量是进行工程目标管理和控制进度支付的依据。 ②承包人在合同约定的每个计量周期内，对已完成的工程进行计量，并向监理人提交进度付款申请单、专用合同条款约定的合同总价支付分解表所表示的阶段性或分项计量的支持性资料，以及所达到工程形象目标或分阶段需完成的工程量和有关计量资料。 ③监理人对承包人提交的上述资料进行复核，以确定分阶段实际完成的工程量和工程形象目标。除合同约定的变更外，总价子目的工程量是承包人用于结算的最终工程量
2	预付款	（1）预付款及其支付 ①预付款用于承包人为合同工程施工购置材料、工程设备、施工设备、修建临时设施及组织施工队伍进场等。预付款必须专用于合同工程。 ②包工包料工程的预付款支付比例不得低于签约合同价（扣除暂列金额）的10%，不宜高于签约合同价（扣除暂列金额）的30%。 ③发包人应在收到支付申请的7天内进行核实后向承包人发出预付款支付证书,并在签发支付证书后的7天内向承包人支付预付款。发包人没有按合同约定按时支付预付款的，承包人可催告发包人支付；发包人在付款期满后的7天内仍未支付的，承包人可在付款期满后的第8天起暂停施工。发包人应承担由此增加的费用和（或）延误的工期，并向承包人支付合理利润。 ④发包人应在工程开工后的 28 天内预付不低于当年施工进度计划的安全文明施工费总额的60%，其余部分按照提前安排的原则进行分解，与进度款同期支付。发包人没有按时支付安全文明施工费的，承包人可催告发包人支付；发包人在付款期满后的7天内仍未支付的，若发生安全事故，发包人应承担连带责任。承包人对安全文明施工费应专款专用，在财务账目中单独列项备查，不得挪作他用，否则发包人有权要求其限期改正；逾期未改正的，造成的损失和（或）延误的工期由承包人承担。 （2）预付款保函 除专用合同条款另有约定外，承包人应在收到预付款的同时向发包人提交预付款保函，预付款保函的担保金额应与预付款金额相同。保函的担保金额可根据预付款扣回的金额相应递减。

续表

序号	项目	内容
		（3）预付款的扣回与还清 ①预付款在进度付款中扣回，扣回办法在专用合同条款中约定。在颁发工程接收证书前，由于不可抗力或其他原因解除合同时，预付款尚未扣清的，尚未扣清的预付款余额应作为承包人的到期应付款。 ②预付款应从每一个支付期应支付给承包人的工程进度款中扣回，直到扣回的金额达到合同约定的预付款金额为止。发包人应在预付款扣完后的 14 天内将预付款保函退还给承包人
3	工程进度付款	（1）工程进度付款周期与工程计量周期相同。承包人应在每个付款周期末，按监理人批准的格式和约定的份数，向监理人提交进度付款申请单，并附相应的支持性证明文件。 （2）监理人在收到承包人进度付款申请单以及相应的支持性证明文件后的 14 天内完成核查，提出发包人到期应支付给承包人的金额及相应的支持性材料。经发包人审查同意后，由监理人向承包人出具经发包人签认的进度付款证书。监理人有权扣发承包人未能按照合同要求履行任何工作或义务的相应金额。 （3）发包人应在监理人收到进度付款申请单后的 28 天内，将进度应付款支付给承包人。发包人不按期支付的，按专用合同条款的约定支付逾期付款违约金。 （4）监理人出具进度付款证书，不应视为监理人已同意、批准或接受了承包人完成的该部分工作。 （5）计价规范强调应按照合同约定支付进度款。工程进度款的支付应按期中结算价款总额计，不低于 60%，不高于 90%。发包人提供的甲供材料金额，应按照发包人签约提供的单价和数量从进度款支付中扣出，列入本期应扣减的金额中。承包人现场签证和得到发包人确认的索赔金额列入本周期应增加的金额中。对于发包人未按照规范支付进度款的，承包人可催告发包人支付，并有权获得延迟支付的利息；发包人在付款期满后的 7 天内仍未支付的，承包人可在付款期满后的第 8 天起暂停施工。发包人应承担由此增加的费用和（或）延误的工期，向承包人支付合理利润，并承担违约责任。 （6）《财政部 住房城乡建设部关于完善建设工程价款结算有关办法的通知》（财建〔2022〕183 号）规定： ①自 2022 年 8 月 1 日起签订的工程合同，提高建设工程进度款支付比例。政府机关、事业单位、国有企业建设工程进度款支付应不低于已完成工程价款的 80%；同时，在确保不超出工程总概（预）算以及工程决（结）算工作顺利开展的前提下，除按合同约定保留不超过工程价款总额 3%的质量保证金外，进度款支付比例可由发承包双方根据项目实际情况自行确定。

续表

序号	项目	内容
		②在结算过程中，若发生进度款支付超出实际已完成工程价款的情况，承包单位应按规定在结算后 30 日内向发包单位返还多收到的工程进度款。 ③当年开工、当年不能竣工的新开工项目可以推行过程结算。发承包双方通过合同约定，将施工过程按时间或进度节点划分施工周期，对周期内已完成且无争议的工程量（含变更、签证、索赔等）进行价款计算、确认和支付，支付金额不得超出已完工部分对应的批复概（预）算。经双方确认的过程结算文件作为竣工结算文件的组成部分，竣工后原则上不再重复审核
4	工程质量保证金	（1）工程质量保证金（或称保留金）是指发包人与承包人在专用合同条款中约定，从应付工程款中预留，用以保证承包人在缺陷责任期内对工程施工质量缺陷进行维修的资金。 （2）监理人应从第一个付款周期开始，在发包人的进度付款中，按专用合同条款的约定扣留工程质量保证金，直至扣留的工程质量保证金总额达到专用合同条款约定的金额或比例为止。工程质量保证金的计算额度不包括预付款的支付、扣回及价格调整的金额。 （3）在合同约定的缺陷责任期满时，承包人向发包人申请到期应返还承包人剩余的工程质量保证金金额，发包人应在 14 天内会同承包人按照合同约定的内容核实承包人是否完成缺陷责任。若承包人没有完成缺陷责任，发包人有权扣留与未履行责任剩余工作所需金额相应的工程质量保证金余额，并有权根据合同约定要求延长缺陷责任期，直至完成剩余工作为止
5	竣工结算	（1）工程接收证书颁发后，承包人应按专用合同条款约定的份数和期限向监理人提交竣工付款申请单，并提供相关证明材料。除专用合同条款另有约定外，竣工付款申请单应包括下列内容：竣工结算合同总价、发包人已支付承包人的工程价款、应扣留的质量保证金、应支付的竣工付款金额。 （2）监理人对竣工付款申请单有异议的，有权要求承包人进行修正和提供补充资料。 （3）监理人在收到承包人提交的竣工付款申请单后的 14 天内完成核查，提出发包人到期应支付给承包人的价款送发包人审核并抄送承包人。 （4）发包人应在收到后 14 天内审核完毕，由监理人向承包人出具经发包人签认的竣工付款证书。

续表

序号	项目	内容
		（5）监理人未在约定时间内核查，又未提出具体意见的，视为承包人提交的竣工付款申请单已经监理人核查同意；发包人未在约定时间内审核又未提出具体意见的，监理人提出发包人到期应支付给承包人的价款视为已经发包人同意。 （6）发包人应在监理人出具竣工付款证书后的 14 天内，将应支付款支付给承包人。 （7）承包人对发包人签认的竣工付款证书有异议的，发包人可出具竣工付款申请单中承包人已同意部分的临时付款证书
6	最终结清	（1）缺陷责任期终止证书签发后，承包人可按专用合同条款约定的份数和期限向监理人提交最终结清申请单，并提供相关证明材料。 （2）监理人收到承包人提交的最终结清申请单后的 14 天内，提出发包人应支付给承包人的价款送发包人审核并抄送承包人。 （3）发包人应在收到后 14 天内审核完毕，由监理人向承包人出具经发包人签认的最终结清证书。 （4）发包人应在监理人出具最终结清证书后的 14 天内，将应支付款支付给承包人

注：除专用合同条款另有约定外，单价子目已完成工程量按月计量，总价子目的计量周期按批准的支付分解报告确定。

施工安全与环境保护

序号	项目	内容
1	发包人的施工安全责任	（1）发包人应对其现场机构雇佣的全部人员的工伤事故承担责任，但由于承包人原因造成发包人人员工伤的，应由承包人承担责任。 （2）发包人应负责赔偿以下两种情况造成的第三者人身伤亡和财产损失：一是工程或工程的任何部分对土地的占用所造成的第三者财产损失；二是由于发包人原因在施工场地及其毗邻地带造成的第三者人身伤亡和财产损失
2	承包人的施工安全责任	（1）承包人应按合同约定的安全工作内容编制施工安全措施计划，应按监理人的指示制定应对灾害的紧急预案。施工安全措施计划和应对灾害的紧急预案均应报送监理人审批。 （2）承包人应严格按照国家安全标准制定施工安全操作规程，配备必要的安全生产和劳动保护设施，加强对承包人人员的安全教育，并发放安全工作手册和劳动保护用具。 （3）承包人应对其履行合同所雇佣的全部人员，包括分包人人员的工伤事故承担责任，但由于发包人原因造成承包人人员工伤事故的，应由发包人承担责任。由于承包人原因在施工场地内及其毗邻地带造成的第三者人员伤亡和财产损失，由承包人负责赔偿

续表

序号	项目	内容
3	承包人的环境保护责任	（1）承包人应按合同约定的环保工作内容，编制施工环保措施计划，报送监理人审批。 （2）承包人应按照批准的施工环保措施计划有序地堆放和处理施工废弃物，避免对环境造成破坏。 （3）因承包人任意堆放或弃置施工废弃物造成妨碍公共交通、影响城镇居民生活、降低河流行洪能力、危及居民安全、破坏周边环境，或者影响其他承包人施工等后果的，承包人应承担责任。 （4）承包人应按国家饮用水管理标准定期对饮用水源进行监测，防止施工活动污染饮用水源。 （5）承包人还应加强对噪声、粉尘、废气、废水和废油的控制，努力降低噪声，控制粉尘和废气浓度，做好废水和废油的治理和排放
4	事故处理	（1）工程施工过程中发生事故的，承包人应立即通知监理人，监理人应立即通知发包人。 （2）发包人和承包人应立即组织人员和设备进行紧急抢救和抢修，减少人员伤亡和财产损失，防止事故扩大，并保护事故现场。 （3）需要移动现场物品时，应作出标记和书面记录，妥善保管有关证据。 （4）发包人和承包人应按国家有关规定，及时如实地向有关部门报告事故发生的情况，以及正在采取的紧急措施等

变更管理

序号	项目	内容
1	一般规定	（1）在合同履行过程中，经发包人同意，监理人可按合同约定的变更程序向承包人作出变更指示，承包人应遵照执行。 （2）没有监理人的变更指示，承包人不得擅自变更。 （3）变更指示只能由监理人发出
2	变更的范围和内容	除专用合同条款另有约定外，在履行合同中发生以下情形之一，应进行变更： （1）取消合同中任何一项工作，但被取消的工作不能转由发包人或其他人实施。 （2）改变合同中任何一项工作的质量或其他特性。 （3）改变合同工程的基线、标高、位置或尺寸。 （4）改变合同中任何一项工作的施工时间或改变已批准的施工工艺或顺序。 （5）为完成工程需要追加的额外工作

续表

<table>
<tr><th>序号</th><th>项目</th><th>内容</th></tr>
<tr><td>3</td><td>变更程序</td><td>（1）在合同履行过程中，出现上述约定情形的，监理人可向承包人发出变更意向书。变更意向书应说明变更的具体内容和发包人对变更的时间要求，并附必要的图纸和相关资料。变更意向书应要求承包人提交包括拟实施变更工作的计划、措施和竣工时间等内容的实施方案。发包人同意承包人根据变更意向书要求提交的变更实施方案的，由监理人发出变更指示。变更指示应说明变更的目的、范围、变更内容以及变更的工程量及其进度和技术要求，并附有关图纸和文件。承包人收到变更指示后，应按变更指示进行变更工作。
（2）承包人收到监理人按合同约定发出的图纸和文件，经检查认为其中存在合同约定变更情形的，可向监理人提出书面变更建议。变更建议应阐明要求变更的依据，并附必要的图纸和说明。监理人收到承包人书面建议后，应与发包人共同研究，确认存在变更的，应在收到承包人书面建议后的 14 天内作出变更指示。经研究后不同意作为变更的，应由监理人书面答复承包人。
（3）若承包人收到监理人的变更意向书后认为难以实施此项变更，应立即通知监理人，说明原因并附详细依据。监理人与承包人和发包人协商后确定撤销、改变或不改变原变更意向书</td></tr>
<tr><td>4</td><td>变更估价</td><td>（1）除专用合同条款对期限另有约定外，承包人应在收到变更指示或变更意向书后的 14 天内，向监理人提交变更报价书，报价内容应根据合同约定的估价原则，详细开列变更工作的价格组成及其依据，并附必要的施工方法说明和有关图纸。监理人收到承包人变更报价书后的 14 天内，按照合同约定的估价原则与合同当事人商定或确定变更价格。
（2）除专用合同条款另有约定外，因变更引起的价格调整按以下原则处理：
①已标价工程量清单中有适用于变更工作的子目的，采用该子目的单价。
②已标价工程量清单中无适用于变更工作的子目，但有类似子目的，可在合理范围内参照类似子目的单价，由监理人和合同当事人商定或确定变更工作的单价。
③已标价工程量清单中无适用或类似子目的单价，可按照成本加利润的原则，由监理人和合同当事人商定或确定变更工作的单价。
（3）计价规范针对上述情形①规定，当工程变更导致清单项目的工程量偏差超过 15%时，可调整综合单价，调整的原则为：当工程量增加 15%以上时，增加部分的工程量的综合单价应予调低；当工程量减少 15%以上时，减少后剩余部分的工程量综合单价应予调高。</td></tr>
</table>

续表

序号	项目	内容
		（4）计价规范针对上述情形③规定，由承包人根据变更工程资料、计量规则和计价办法、工程造价管理机构发布的信息价格和承包人报价浮动率提出变更工程项目的单价，报发包人确认后调整。承包人报价浮动率可按下列公式计算： ①招标工程：承包人报价浮动率L＝（1－中标价/招标控制价）×100% ②非招标工程：承包人报价浮动率L＝（1－报价值/施工图预算）×100% （5）计价规范提出，已标价工程量清单中没有适用也没有类似于变更工程项目，且工程造价管理机构发布的信息价格缺价的，由承包人根据变更工程资料、计量规则、计价办法和通过市场调查等取得有合法依据的市场价格提出变更工程项目的单价，报发包人确认后调整
5	承包人的合理化建议	（1）在履行合同过程中，承包人对发包人提供的图纸、技术要求及其他方面提出的合理化建议，均应以书面形式提交监理人。合理化建议书的内容应包括建议工作的详细说明、进度计划和效益以及与其他工作的协调等，并附必要的设计文件。监理人应与发包人协商是否采纳建议。建议被采纳并构成变更的，应按合同约定向承包人发出变更指示。 （2）承包人提出的合理化降低合同价格、缩短工期或者提高工程经济效益的，发包人可按国家有关规定在专用合同条款中约定给予奖励
6	暂列金额	（1）暂列金额只能按照监理人的指示使用，并对合同价格进行相应调整。 （2）暂列金额有剩余的，应归发包人所有
7	计日工	（1）发包人认为有必要时，由监理人通知承包人以计日工方式实施变更的零星工作。其价款按列入已标价工程量清单中的计日工计价子目及其单价进行计算。 （2）采用计日工计价的任何一项变更工作，应从暂列金额中支付，承包人应在该项变更的实施过程中，每天提交报表和有关凭证报送监理人审批。 （3）计日工由承包人汇总后，按合同约定列入进度付款申请单，由监理人复核并经发包人同意后列入进度付款
8	暂估价	（1）发包人在工程量清单中给定暂估价的材料、工程设备和专业工程属于依法必须招标的范围并达到规定的规模标准的，由发包人和承包人以招标的方式选择供应商或分包人。中标金额与工程量清单中所列的暂估价的金额差以及相应的税金等其他费用列入合同价格。

续表

序号	项目	内容
		（2）发包人在工程量清单中给定暂估价的材料和工程设备不属于依法必须招标的范围或未达到规定的规模标准的，应由承包人按合同约定提供。经监理人确认的材料、工程设备的价格与工程量清单中所列的暂估价的金额差以及相应的税金等其他费用列入合同价格。 （3）发包人在工程量清单中给定暂估价的专业工程不属于依法必须招标的范围或未达到规定的规模标准的，由监理人进行估价，但专用合同条款另有约定的除外。经估价的专业工程与工程量清单中所列的暂估价的金额差以及相应的税金等其他费用列入合同价格。 （4）计价规范规定，实际施工中承包人参加投标的专业工程发包招标的，应由发包人作为招标人，与组织招标工作有关的费用由发包人承担。同等条件下，应优先选择承包人中标

竣工验收

序号	项目	内容
1	一般规定	（1）竣工验收是指承包人完成全部合同工作后，发包人按合同要求进行的验收。 （2）国家验收是政府有关部门根据法律、规范、规程和政策要求，针对发包人全面组织实施的整个工程正式交付投运前的验收。要进行国家验收的，竣工验收是国家验收的一部分。竣工验收所采用的各项验收和评定标准应符合国家验收标准。发包人和承包人为竣工验收提供的各项竣工验收资料应符合国家验收的要求
2	竣工验收申请报告	当工程具备以下条件时，承包人即可向监理人报送竣工验收申请报告： （1）除监理人同意列入缺陷责任期内完成的尾工（甩项）工程和缺陷修补工作外，合同范围内的全部单位工程以及有关工作，包括合同要求的试验、试运行以及检验和验收均已完成，并符合合同要求。 （2）已按合同约定的内容和份数备齐了符合要求的竣工资料。 （3）已按监理人的要求编制了在缺陷责任期内完成的尾工（甩项）工程和缺陷修补工作清单以及相应施工计划。 （4）监理人要求在竣工验收前应完成的其他工作。 （5）监理人要求提交的竣工验收资料清单
3	验收	（1）监理人对承包人竣工验收申请报告的审查 监理人收到承包人提交的竣工验收申请报告后，应审查申请报告的各项内容，并按以下不同情况进行处理：

续表

序号	项目	内容
		①监理人审查后认为尚不具备竣工验收条件的，应在收到竣工验收申请报告后的 28 天内通知承包人，指出在颁发接收证书前承包人还需进行的工作内容。承包人完成监理人通知的全部工作内容后，应再次提交竣工验收申请报告，直至监理人同意为止。 ②监理人审查后认为已具备竣工验收条件的，应在收到竣工验收申请报告后的 28 天内提请发包人进行工程验收。 （2）发包人验收工程 发包人验收工程后有以下两种情形： ①发包人经过验收后同意接受工程的，应在监理人收到竣工验收申请报告后的 56 天内，由监理人向承包人出具经发包人签认的工程接收证书。发包人验收后同意接收工程但提出整修和完善要求的，限期修好，并缓发工程接收证书。整修和完善工作完成后，监理人复查达到要求的，经发包人同意后，再向承包人出具工程接收证书。 ②发包人验收后不同意接收工程的，监理人应按照发包人的验收意见发出指示，要求承包人对不合格工程认真返工重作或进行补救处理，并承担由此产生的费用。承包人在完成不合格工程的返工重作或补救工作后，应重新提交竣工验收申请报告。 （3）实际竣工日期 ①除专用合同条款另有约定外，经验收合格工程的实际竣工日期，以提交竣工验收申请报告的日期为准，并在工程接收证书中写明。 ②发包人在收到承包人竣工验收申请报告 56 天后未进行验收的，视为验收合格，实际竣工日期以提交竣工验收申请报告的日期为准，但发包人由于不可抗力不能进行验收的除外
4	单位工程验收	（1）发包人根据合同进度计划安排，在全部工程竣工前需要使用已经竣工的单位工程时，或承包人提出经发包人同意时，可进行单位工程验收。 （2）验收合格后，由监理人向承包人出具经发包人签认的单位工程验收证书。 （3）已签发单位工程接收证书的单位工程由发包人负责照管。 （4）单位工程的验收成果和结论作为全部工程竣工验收申请报告的附件。 （5）发包人在全部工程竣工前，使用已接收的单位工程导致承包人费用增加的，发包人应承担由此增加的费用和（或）工期延误，并支付承包人合理利润

续表

序号	项目	内容
5	试运行	（1）除专用合同条款另有约定外，承包人应按专用合同条款约定进行工程及工程设备试运行，负责提供试运行所需的人员、器材和必要的条件，并承担全部试运行费用。 （2）由于承包人的原因导致试运行失败的，承包人应采取措施保证试运行合格，并承担相应费用。 （3）由于发包人的原因导致试运行失败的，承包人应当采取措施保证试运行合格，发包人应承担由此产生的费用，并支付承包人合理利润
6	竣工清场	（1）除合同另有约定外，工程接收证书颁发后，承包人应按要求对施工场地进行清理，直至监理人检验合格为止。 （2）竣工清场费用由承包人承担。 （3）承包人未按监理人的要求恢复临时占地，或者场地清理未达到合同约定的，发包人有权委托其他人恢复或清理，所发生的金额从拟支付给承包人的款项中扣除
7	施工队伍及施工设备的撤离	（1）工程接收证书颁发后的 56 天内，除了经监理人同意需在缺陷责任期内继续工作和使用的人员、施工设备和临时工程外，其余的人员、施工设备和临时工程均应撤离施工场地或拆除。 （2）除合同另有约定外，缺陷责任期满时，承包人的人员和施工设备应全部撤离施工场地

不可抗力

序号	项目	内容
1	不可抗力的确认	不可抗力是指承包人和发包人在订立合同时不可预见，在工程施工过程中不可避免发生并不能克服的自然灾害和社会性突发事件，如地震、海啸、瘟疫、水灾、骚乱、暴动、战争和专用合同条款约定的其他情形
2	不可抗力的通知	（1）合同一方当事人遇到不可抗力事件，使其履行合同义务受到阻碍时，应立即通知合同另一方当事人和监理人，书面说明不可抗力和受阻碍的详细情况，并提供必要的证明。 （2）如不可抗力持续发生，合同一方当事人应及时向合同另一方当事人和监理人提交中间报告，说明不可抗力和履行合同受阻的情况，并于不可抗力事件结束后 28 天内提交最终报告及有关资料
3	不可抗力后果的分担原则	除专用合同条款另有约定外，不可抗力导致的人员伤亡、财产损失、费用增加和（或）工期延误等后果，由合同双方按以下原则承担： （1）永久工程，包括已运至施工场地的材料和工程设备的损害，以及因工程损害造成的第三者人员伤亡和财产损失由发包人承担。 （2）承包人设备的损坏由承包人承担。

续表

序号	项目	内容
		（3）发包人和承包人各自承担其人员伤亡和其他财产损失及其相关费用。 （4）承包人的停工损失由承包人承担，但停工期间应监理人要求照管工程和清理、修复工程的金额由发包人承担。 （5）不能按期竣工的，应合理延长工期，承包人不需支付逾期竣工违约金。发包人要求赶工的，承包人应采取赶工措施，赶工费用由发包人承担
4	合同延迟履行期间发生的不可抗力	合同一方当事人延迟履行，在延迟履行期间发生不可抗力的，不免除其责任
5	避免和减少不可抗力损失	不可抗力发生后，发包人和承包人均应采取措施尽量避免和减少损失的扩大，任何一方没有采取有效措施导致损失扩大的，应对扩大的损失承担责任
6	因不可抗力解除合同	（1）合同一方当事人因不可抗力不能履行合同的，应当及时通知对方解除合同。 （2）合同解除后，承包人应按合同约定撤离施工场地。 （3）已经订货的材料、设备由订货方负责退货或解除订货合同，不能退还的货款和因退货、解除订货合同发生的费用，由发包人承担，因未及时退货造成的损失由责任方承担

索赔管理

序号	项目	内容
1	承包人索赔	（1）承包人索赔程序 根据合同约定，承包人认为有权得到追加付款和（或）延长工期的，应按以下程序向发包人提出索赔： ①承包人应在知道或应当知道索赔事件发生后 28 天内，向监理人递交索赔意向通知书，并说明发生索赔事件的事由。承包人未在前述 28 天内发出索赔意向通知书的，丧失要求追加付款和（或）延长工期的权利。 ②承包人应在发出索赔意向通知书后 28 天内，向监理人正式递交索赔通知书。索赔通知书应详细说明索赔理由以及要求追加的付款金额和（或）延长的工期，并附必要的记录和证明材料。 ③索赔事件具有连续影响的，承包人应按合理时间间隔继续递交延续索赔通知，说明连续影响的实际情况和记录，列出累计的追加付款金额和（或）工期延长天数。 ④在索赔事件影响结束后的 28 天内，承包人应向监理人递交最终索赔通知书，说明最终要求索赔的追加付款金额和延长的工期，并附必要的记录和证明材料。

续表

序号	项目	内容
		（2）承包人索赔处理程序 ①监理人收到承包人提交的索赔通知书后，应及时审查索赔通知书的内容、查验承包人的记录和证明材料，必要时监理人可要求承包人提交全部原始记录副本。 ②监理人应与合同当事人商定或确定追加的付款和（或）延长的工期，并在收到上述索赔通知书或有关索赔的进一步证明材料后的42天内，将索赔处理结果答复承包人。 ③承包人接受索赔处理结果的，发包人应在作出索赔处理结果答复后28天内完成赔付。承包人不接受索赔处理结果的，按合同约定的争议解决办法办理。 （3）承包人提出索赔的期限 ①承包人按合同约定接受了竣工付款证书后，应被认为已无权再提出在合同工程接收证书颁发前所发生的任何索赔。 ②承包人按合同约定提交的最终结清申请单中，只限于提出工程接收证书颁发后发生的索赔。提出索赔的期限自接受最终结清证书时终止
2	发包人索赔	（1）发生索赔事件后，监理人应及时书面通知承包人，详细说明发包人有权得到的索赔金额和（或）延长缺陷责任期的细节和依据。发包人提出索赔的期限和要求与承包人提出索赔的期限和要求相同，延长缺陷责任期的通知应在缺陷责任期届满前发出。 （2）监理人通过与双方当事人协商确定发包人从承包人处得到赔付的金额和（或）缺陷责任期的延长期。承包人应付给发包人的金额可从拟支付给承包人的合同价款中扣除，或由承包人以其他方式支付给发包人

《标准施工招标文件》通用合同条款中涉及应给承包人补偿的条款及内容

序号	主要内容	可补偿内容		
		工期	费用	利润
1	发包人提供图纸延误	√	√	√
2	发包人延迟提供施工场地	√	√	√
3	发包人提供的材料和工程设备的规格数量不符合合同要求或由于发包人原因发生交货日期延误及交货地点变更等情况	√	√	√
4	发包人提供的测量基准点、基准线和水准点及其他基准资料错误	√	√	√
5	发包人增加合同工作内容	√	√	√
6	发包人原因改变合同中任何一项工作的质量要求或其他特性	√	√	√

续表

序号	主要内容	可补偿内容		
		工期	费用	利润
7	因发包人原因导致的暂停施工	√	√	√
8	发包人未按合同约定及时支付预付款、进度款	√	√	√
9	发包人造成工期延误的其他原因	√	√	√
10	因发包人原因引起的暂停施工造成工期延误	√	√	√
11	因发包人原因暂停施工后无法按时复工	√	√	√
12	因发包人原因造成工程质量达不到合同约定验收标准	√	√	√
13	承包人应监理人要求对已覆盖的部位进行钻孔探测或重新检验，且检验证明工程质量符合合同要求	√	√	√
14	由于发包人提供的材料或工程设备不合格造成的工程不合格，需要承包人采取措施补救	√	√	√
15	承包人应监理人要求对材料、工程设备和工程重新试验和检验，且重新试验和检验结果符合合同要求	√	√	√
16	发包人在全部工程竣工前，使用已接收的单位工程导致承包人费用增加	√	√	√
17	因发包人违约承包人暂停施工	√	√	√
18	施工场地发掘文物、古迹以及其他遗迹、化石、钱币或物品	√	√	
19	监理人未按合同约定发出指示、指示延误或指示错误	√	√	
20	承包人遇不利物质条件，监理人未发出指示	√	√	
21	发包人提供的材料或工程设备不符合合同要求	√	√	
22	由于发包人的原因导致试运行失败，且承包人采取措施保证试运行合格		√	√
23	因发包人原因造成的缺陷和损坏		√	√
24	因发包人原因进行进一步试验和试运行		√	√
25	由于出现专用合同条款规定的异常恶劣气候的条件导致工期延误	√		
26	发包人要求向承包人提前交货		√	
27	采取合同未约定的安全作业环境及安全施工措施		√	
28	发包人原因造成承包人人员工伤事故		√	
29	因物价波动引起的价格调整		√	
30	基准日后因法律变化引起的价格调整		√	
31	因不可抗力导致永久工程，包括已运至施工场地的材料和工程设备的损害，以及因工程损害造成的第三者人员伤亡和财产损失		√	
32	不可抗力期间承包人应监理要求照管工程和清理、修复工程		√	

违约责任

序号	项目	内容
1	承包人违约情形及处理	（1）承包人违约情形 在履行合同过程中发生的下列情况属承包人违约： ①承包人违反合同约定，私自将合同的全部或部分权利转让给其他人，或私自将合同的全部或部分义务转移给其他人。 ②承包人违反合同约定，未经监理人批准，私自将已按合同约定进入施工场地的施工设备、临时设施或材料撤离施工场地。 ③承包人违反合同约定使用了不合格材料或工程设备，工程质量达不到标准要求，又拒绝清除不合格工程。 ④承包人未能按合同进度计划及时完成合同约定的工作，已造成或预期造成工期延误。 ⑤承包人在缺陷责任期内，未能对工程接收证书所列的缺陷清单的内容或缺陷责任期内发生的缺陷进行修复，而又拒绝按监理人指示再进行修补。 ⑥承包人无法继续履行或明确表示不履行或实质上已停止履行合同。 （2）对承包人违约的处理 ①当承包人无法继续履行或明确表示不履行或实质上已停止履行合同时，发包人可通知承包人立即解除合同，并按有关法律处理；其他违约情况发生时，监理人可向承包人发出整改通知，要求其在指定的期限内改正。 ②承包人应承担其违约所引起的费用增加和（或）工期延误。 ③经检查证明承包人已采取了有效措施纠正违约行为，具备复工条件的，可由监理人签发复工通知复工。 （3）承包人违约解除合同 ①监理人发出整改通知 28 天后，承包人仍不纠正违约行为的，发包人可向承包人发出解除合同通知。 ②合同解除后，发包人可派人员进驻施工场地，另行组织人员或委托其他承包人施工。 ③发包人因继续完成该工程的需要，有权扣留使用承包人在现场的材料、设备和临时设施。但发包人的这一行动不免除承包人应承担的违约责任，也不影响发包人根据合同约定享有的索赔权利
2	发包人违约情形及处理	（1）发包人违约情形 在履行合同过程中发生的下列情形，属发包人违约：

续表

序号	项目	内容
		①发包人未能按合同约定支付预付款或合同价款，或拖延、拒绝批准付款申请和支付凭证，导致付款延误的。 ②发包人原因造成停工的。 ③监理人无正当理由没有在约定期限内发出复工指示，导致承包人无法复工的。 ④发包人无法继续履行或明确表示不履行或实质上已停止履行合同的。 （2）对发包人违约的处理 ①当发包人无法继续履行或明确表示不履行或实质上已停止履行合同时，承包人可书面通知发包人解除合同。其他违约情形发生时，承包人可向发包人发出通知，要求发包人采取有效措施纠正违约行为。 ②发包人收到承包人通知后的 28 天内仍不履行合同义务，承包人有权暂停施工，并通知监理人，发包人应承担由此增加的费用和（或）工期延误，并支付承包人合理利润。 ③承包人暂停施工 28 天后，发包人仍不纠正违约行为的，承包人可向发包人发出解除合同通知。但承包人的这一行动不免除发包人承担的违约责任，也不影响承包人根据合同约定享有的索赔权利

争议的解决

序号	项目	内容
1	争议的解决方式	（1）发包人和承包人在履行合同中发生争议的，应进行友好协商解决或者提请争议评审组评审。 （2）友好协商解决不成、不愿提请争议评审或者不接受争议评审组意见的，可在专用合同条款中约定争议解决方式：向约定的仲裁委员会申请仲裁或者向有管辖权的人民法院提起诉讼
2	争议评审	（1）合同约定采用争议评审的，发包人和承包人应在开工日后的 28 天内或在争议发生后，协商成立争议评审组。 （2）争议评审组由有合同管理和工程实践经验的专家组成。 （3）发包人和承包人接受评审意见的，由监理人根据评审意见拟定执行协议，经争议双方签字后作为合同的补充文件，并遵照执行。 （4）发包人或承包人不接受评审意见，并要求提交仲裁或提起诉讼的，应在收到评审意见后的 14 天内将仲裁或起诉意向书面通知另一方，并抄送监理人，但在仲裁或诉讼结束前应暂按总监理工程师的决定执行

工期争议的解决

序号	项目	内容
1	开工日期争议解决	当事人对建设工程开工日期有争议的，人民法院应当分别按照以下情形予以认定： （1）开工日期为发包人或者监理人发出的开工通知载明的开工日期。开工通知发出后，尚不具备开工条件的，以开工条件具备的时间为开工日期；因承包人原因导致开工时间推迟的，以开工通知载明的时间为开工日期。 （2）承包人经发包人同意已经实际进场施工的，以实际进场施工时间为开工日期。 （3）发包人或者监理人未发出开工通知，亦无相关证据证明实际开工日期的，应当综合考虑开工报告、合同、施工许可证、竣工验收报告或者竣工验收备案表等载明的时间，并结合是否具备开工条件的事实，认定开工日期
2	实际竣工日期争议解决	当事人对建设工程实际竣工日期有争议的，人民法院应当按照以下情形予以认定： （1）建设工程经竣工验收合格的，以竣工验收合格之日为竣工日期。 （2）承包人已经提交竣工验收报告，发包人拖延验收的，以承包人提交验收报告之日为竣工日期。 （3）建设工程未经竣工验收，发包人擅自使用的，以转移占有建设工程之日为竣工日期
3	顺延工期争议解决	（1）当事人约定顺延工期应当经发包人或者监理人签证等方式确认，承包人虽未取得工期顺延的确认，但能够证明在合同约定的期限内向发包人或者监理人申请过工期顺延且顺延事由符合合同约定，承包人以此为由主张工期顺延的，人民法院应予支持。 （2）当事人约定承包人未在约定期限内提出工期顺延申请视为工期不顺延的，按照约定处理，但发包人在约定期限后同意工期顺延或者承包人提出合理抗辩的除外。 （3）建设工程竣工前，当事人对工程质量发生争议，工程质量经鉴定合格的，鉴定期间为顺延工期期间

工程量及价款争议的解决

序号	项目	内容
1	工程量争议解决	（1）当事人对工程量有争议的，按照施工过程中形成的签证等书面文件确认。 （2）承包人能够证明发包人同意其施工，但未能提供签证文件证明工程量发生的，可以按照当事人提供的其他证据确认实际发生的工程量

续表

序号	项目	内容
2	工程计价标准及方法争议解决	（1）当事人对建设工程的计价标准或者计价方法有约定的，按照约定结算工程价款。 （2）因设计变更导致建设工程的工程量或者质量标准发生变化，当事人对该部分工程价款不能协商一致的，可以参照签订建设工程施工合同时当地建设行政主管部门发布的计价标准或者计价方法结算工程价款
3	工程价款利息争议解决	（1）当事人对欠付工程价款利息计付标准有约定的，按照约定处理。没有约定的，按照同期同类贷款利率或者同期贷款市场报价利率计息。 （2）当事人对垫资和垫资利息有约定，承包人请求按照约定返还垫资及其利息的，人民法院应予支持，但是约定的利息计算标准高于垫资时的同类贷款利率或者同期贷款市场报价利率的部分除外。当事人对垫资没有约定的，按照工程欠款处理。当事人对垫资利息没有约定，承包人请求支付利息的，人民法院不予支持。 （3）利息从应付工程价款之日开始计付。当事人对付款时间没有约定或者约定不明的，下列时间视为应付款时间：①建设工程已实际交付的，为交付之日；②建设工程没有交付的，为提交竣工结算文件之日；③建设工程未交付，工程价款也未结算的，为当事人起诉之日
4	工程价款结算争议解决	（1）当事人签订的建设工程施工合同与招标文件、投标文件、中标通知书载明的工程范围、建设工期、工程质量、工程价款不一致，一方当事人请求将招标文件、投标文件、中标通知书作为结算工程价款的依据的，人民法院应予支持。 （2）当事人约定，发包人收到竣工结算文件后，在约定期限内不予答复，视为认可竣工结算文件的，按照约定处理。承包人请求按照竣工结算文件结算工程价款的，人民法院应予支持。 （3）当事人约定按照固定价结算工程价款，一方当事人请求对建设工程造价进行鉴定的，人民法院不予支持
5	工程质量保证金争议解决	（1）有下列情形之一，承包人请求发包人返还工程质量保证金的，人民法院应予支持：①当事人约定的工程质量保证金返还期限届满；②当事人未约定工程质量保证金返还期限的，自建设工程通过竣工验收之日起满 2 年；③因发包人原因建设工程未按约定期限进行竣工验收的，自承包人提交工程竣工验收报告 90 日后当事人约定的工程质量保证金返还期限届满；当事人未约定工程质量保证金返还期限的，自承包人提交工程竣工验收报告 90 日后起满 2 年。 （2）发包人返还工程质量保证金后，不影响承包人根据合同约定或者法律规定履行工程保修义务

续表

序号	项目	内容
6	无效合同的价款结算争议解决	（1）当事人就同一建设工程订立的数份建设工程施工合同均无效，但建设工程质量合格，一方当事人请求参照实际履行的合同关于工程价款的约定折价补偿承包人的，人民法院应予支持。 （2）实际履行的合同难以确定，当事人请求参照最后签订的合同关于工程价款的约定折价补偿承包人的，人民法院应予支持

考点 2　工程总承包合同管理

设计施工总承包合同文件的组成及优先解释顺序

序号	项目	内容
1	设计施工总承包合同文件的组成	（1）设计施工总承包合同文件包括：合同协议书、中标通知书、投标函及投标函附录、专用合同条款、通用合同条款、发包人要求、承包人建议书、价格清单及组成设计施工总承包合同的其他文件。 （2）与施工合同不同的是，设计施工总承包合同增加了发包人要求和承包人建议书两项内容，并将已标价工程量清单调整为价格清单
2	设计施工总承包合同文件的优先解释顺序	（1）组成设计施工总承包合同的各项文件应互相解释，互为说明。 （2）除专用合同条款另有约定外，解释合同文件的优先顺序如下：①合同协议书；②中标通知书；③投标函及投标函附录；④专用合同条款；⑤通用合同条款；⑥发包人要求；⑦承包人建议书；⑧价格清单；⑨其他合同文件

工程总承包合同订立时需明确的内容

序号	项目	内容
1	承包人文件	（1）“承包人文件”是指由承包人根据合同提交的所有图纸、手册、模型、计算书、软件和其他文件。 （2）承包人文件中最主要的是设计文件，需在专用合同条款中约定承包人向监理人陆续提供文件的内容、数量和时间。 （3）专用合同条款还需约定监理人对承包人提交文件应批准的合理期限。 （4）工程实施过程中，监理人未在约定的期限内提出否定意见，视为已获批准，承包人可以继续进行后续工作
2	施工现场范围和施工临时占地	（1）发包人负责永久工程的征地，需要在专用合同条款中明确工程用地的范围、移交施工现场的时间，以便承包人进行工程设计和设计完成后尽快开始施工。明确从外部接入现场的施工用水、用电、用气等，以及如果发包人同意承包人施工需要临时用地应负责完成的工作内容。

续表

序号	项目	内容
		（2）通用合同条款对道路通行权和场外设施做出了两种可选用的约定形式：一种是发包人负责办理取得出入施工场地的专用和临时道路的通行权，以及取得为工程建设所需修建场外设施的权利，并承担有关费用；另一种是承包人负责办理并承担费用。为此，需在专用合同条款中予以明确
3	发包人提供的文件	（1）专用合同条款中应明确约定由发包人提供文件的内容、数量和期限。 （2）发包人提供的文件，可能包括项目投资决策工作相关文件、环境保护、气象水文、地质条件资料等
4	“发包人要求”中出现错误或违法情况的责任承担	（1）承包人应认真阅读、复核发包人要求，发现错误的，应及时书面通知发包人。 （2）发包人对“发包人要求”中错误的修改，按变更对待。对于发包人要求中的错误导致承包人受到损失的，通用合同条款给出两种供选择的条款： ①无条件补偿条款。承包人复核时未发现发包人要求的错误，实施过程中因该错误导致承包人增加费用和（或）工期延误，发包人应承担由此增加的费用和（或）工期延误，并向承包人支付合理利润。 ②有条件补偿条款： A. 承包人复核时对发现的错误通知发包人后，发包人坚持不做修改的，对确实存在错误造成的损失，应补偿承包人增加的费用和（或）顺延合同工期。 B. 承包人复核时未发现发包人要求中存在错误的，承包人自行承担由此导致增加的费用和（或）工期延误。 （3）无论承包人复核时发现与否，由于以下资料的错误，导致承包人增加费用和（或）延误工期的，均由发包人承担，并向承包人支付合理利润：①发包人要求中引用的原始数据和资料；②对工程或其任何部分的功能要求；③对工程的工艺安排或要求；④试验和检验标准；⑤除合同另有约定外，承包人无法核实的数据和资料。 注：由于两个条款承担责任的条件不同，需要在订立合同时明确具体采用哪一个条款。 （4）承包人阅读、复核发包人要求，如果发现其要求违反法律规定，承包人应书面通知发包人，并要求其改正。发包人收到通知后不予改正或不作答复，承包人有权拒绝履行合同义务，直至解除合同。发包人应承担由此引起的承包人全部损失

续表

序号	项目	内容
5	材料和工程设备	发包人是否负责提供工程材料和设备，在通用合同条款中也给出两种供选择的条款：一种是由承包人包工包料承包，发包人不提供工程材料和设备；另一种是发包人负责提供主材料和工程设备的包工部分包料承包方式。对于后一种情况，应在专用合同条款中写明材料和工程设备的名称、规格、数量、价格、交货方式、交货地点等
6	发包人提供的施工设备和临时工程	发包人是否负责提供施工设备和临时工程，在通用合同条款中也给出两种供选择的条款：一种是发包人不提供施工设备或临时设施；另一种是发包人提供部分施工设备或临时设施。对于后一种情况通常出现在设计施工承包范围仅是单位工程，还有其他承包人在现场共同施工，可以由其他承包人按监理人的指示给设计施工合同的承包人使用，如道路和临时设施；水、电、气的供应等。因此，在专用合同条款中应明确约定提供的内容，免费使用或是收费使用的取费标准
7	区段工程	（1）区段工程是指能单独接收并使用的永久工程。 （2）如果发包人希望在整体工程竣工前提前发挥部分区段工程的投资效益，应在专用合同条款中约定分部移交区段的名称、区段工程应达到的要求等
8	暂列金额	（1）承包人在投标阶段价格清单中给出的计日工和暂估价的报价均属于暂列金额。 （2）通用合同条款给出两种可选用的条款：一种是计日工和暂估价均已包括在合同价格内，实施过程中不再另行考虑；另一种是实际发生的费用另行补偿。订立合同时需明确采用哪一个条款
9	不可预见物质条件	不可预见物质条件涉及的范围与标准施工合同相同，但通用条款中对风险责任承担的规定有两个供选择的条款：一是此风险由承包人承担；二是此风险由发包人承担。订立合同时需明确采用哪一个条款
10	竣工后试验	（1）竣工后试验是指工程竣工移交后在缺陷责任期内投入运行期间，对工程的各项功能技术指标是否达到合同规定要求而进行的试验。由于发包人已接收工程并进入运行期，因此，试验所必需的电力、设备、燃料、仪器、劳动力、材料等由发包人提供。 （2）竣工后试验由谁来进行，通用合同条款给出两种可供选择的条款，订立合同时应予以明确采用哪一个条款： ①发包人负责竣工后试验。发包人应派遣具有适当资质和经验的工作人员在承包人的技术指导下，按照操作和维修手册进行竣工后试验。

续表

序号	项目	内容
		②承包人负责竣工后试验。承包人应提供竣工后试验所需要的所有其他设备、仪器，派遣有资格和经验的工作人员，在发包人在场的情况下进行竣工后试验

工程总承包合同履行要点

序号	项目	内容	说明
1	开始工作	（1）符合专用合同条款约定的开始工作条件时，监理人获得发包人同意后，应提前 7 天向承包人发出开始工作通知。合同工期自开始工作通知中载明的开始工作日期起计算。 （2）因发包人原因造成监理人未能在合同签订之日起 90 天内发出开始工作通知，承包人有权提出价格调整要求，或者解除合同。发包人应当承担由此增加的费用和（或）工期延误，并向承包人支付合理利润	
2	设计工作	（1）承包人设计义务	①承包人应按合同基准日适用的法律规定及国家、行业和地方的规范和标准完成设计工作，并符合发包人要求。 ②基准日之后，前述版本发生重大变化的，承包人应向发包人或监理人提出遵守新规定的建议。发包人或监理人应在收到建议后 7 天内发出是否遵守新规定的指示。发包人或监理人指示遵守新规定的，按照变更对待，采用商定或确定的方式调整合同价格
		（2）设计进度管理	①承包人应按照发包人要求，在合同进度计划中专门列出设计进度计划，报发包人批准后执行。承包人需按照经批准后的计划开展设计工作。 ②因承包人原因影响设计进度的，发包人或其委托的监理人有权要求承包人提交修正的进度计划、增加投入资源并加快设计进度，承包人应采取措施加快进度，并承担加快进度所增加的费用。 ③由于承包人原因造成工期延误，承包人应支付逾期竣工违约金。 ④因发包人原因影响设计进度的，按变更处理

续表

序号	项目	内容	说明
		（3）设计审查	①发包人审查。承包人的设计文件提交监理人后，发包人应组织设计审查，按照发包人要求文件中约定的范围和内容审查是否满足合同要求。为了不影响后续工作，自监理人收到承包人的设计文件之日起，对承包人的设计文件审查期限不超过 21 天。承包人的设计与合同约定有偏离时，应在提交设计文件的通知中予以说明。承包人需要修改已提交的设计文件的，应立即通知监理人。向监理人提交修改后的设计文件，审查期重新起算。发包人审查后认为设计文件不符合合同约定，监理人应以书面形式通知承包人，说明不符合要求的具体内容。承包人应根据监理人的书面说明，对承包人文件进行修改后重新报送发包人审查，审查期限重新起算。合同约定的审查期限届满，发包人未做出审查结论也没有提出异议的，视为承包人的设计文件已获发包人同意。 ②有关部门的设计审查。设计文件需政府有关部门审查或批准的，发包人应在审查同意承包人的设计文件后 7 天内，向政府有关部门报送设计文件，承包人予以协助。政府有关部门提出的审查意见，不需要修改“发包人要求”文件，只需完善设计，承包人按审查意见修改设计文件。如果审查提出的意见需要修改发包人要求文件，如某些要求与法律法规相抵触，发包人应重新提出“发包人要求”文件，承包人根据新提出的发包人要求修改设计文件，由此增加的工作量和拖延的时间按变更对待
3	工程进度管理	（1）修订进度计划	①不论何种原因造成工程实际进度与合同进度计划不符时，承包人可在专用合同条款约定的期限内向监理人提交修订合同进度计划的申请报告，并附有关措施和相关资料，报监理人批准。 ②监理人也可以直接向承包人发出修订合同进度计划的指示，承包人应按该指示修订合同进度计划，报监理人批准。监理人审查并获得发包人同意后，应在专用合同条款约定的期限内批复

续表

序号	项目	内容	说明
		（2）顺延合同工期	在合同履行过程中，因非承包人原因导致合同进度计划工作延误的，应给承包人延长工期和（或）增加费用，并支付合理利润。具体如下： ①发包人原因引起的工期延误。由于发包人的下列原因造成工期延误的，承包人有权要求发包人延长工期和（或）增加费用，并支付合理利润：A. 变更；B. 未能按照合同要求的期限对承包人文件进行审查；C. 因发包人原因导致的暂停施工；D. 未按合同约定及时支付预付款、进度款；E. 发包人提供的基准资料错误；F. 发包人采购的材料、工程设备延误到货或变更交货地点；G. 发包人未及时按照“发包人要求”履行相关义务；H. 发包人造成工期延误的其他原因。 ②政府管理部门原因引起的工期延误。按照法律法规的规定，合同约定范围内的工作需政府有关部门审批时，发包人、承包人应按照合同约定的职责分工完成行政审批的报送。因政府有关部门审批迟延造成费用增加和（或）工期延误，由发包人承担
4	工程质量管理	（1）质量检查	承包人应按合同约定对设计、材料、工程设备，以及全部工程内容及其施工工艺进行全过程的质量检查和检验，并作详细记录，编制工程质量报表，报送监理人审查
		（2）质量不合格的处理	因承包人设计失误，使用不合格材料、工程设备，或采用不适当的施工工艺，或施工不当，造成工程不合格的，监理人可以随时发出指示，要求承包人立即采取措施进行补救，直至达到合同要求的质量标准，由此增加的费用和（或）工期延误由承包人承担
5	工程款支付管理	（1）合同价格	①合同价格包括签约合同价以及按照合同约定进行的调整。 ②合同价格包括承包人依据法律规定或合同约定应支付的规费和税金。 ③价格清单列出的任何数量仅为估算的工作量，不视为要求承包人实施工程的实际或准确工作量。在价格清单中列出的任何工作量和价格数据应仅限用于变更和支付的参考资料，而不能用于其他目的。

续表

序号	项目	内容	说明
			④合同约定工程的某部分按照实际完成的工程量进行支付的，应按照专用合同条款的约定进行计量和估价，并据此调整合同价格
		（2）工程进度付款	①除专用条款另有约定外，工程进度付款按月支付。承包人应根据价格清单的价格构成、费用性质、计划发生时间和相应工作量等因素，按照以下分类和分解原则，结合约定的合同进度计划，汇总形成月度支付分解报告： A. 勘察设计费。按照提交勘察设计阶段性成果文件的时间、对应的工作量进行分解。 B. 材料和工程设备费。分别按订立采购合同、进场验收合格、安装就位、工程竣工等阶段和专用合同条款约定的比例进行分解。 C. 技术服务培训费。按照价格清单中的单价，结合合同进度计划对应的工作量进行分解。 D. 其他工程价款。除合同价格约定按已完成工程量计量支付的工程价款外，按照价格清单中的价格，结合约定的合同进度计划拟完成的工程量或者比例进行分解。 ②承包人应在收到经监理人批复的合同进度计划后 7 天内，将支付分解报告以及形成支付分解报告的支持性资料报监理人审批。监理人应在收到承包人报送的支付分解报告后 7 天内给予批复或提出修改意见，经监理人批准的支付分解报告为有合同约束力的支付分解表。合同履行过程中，合同进度计划进行修订的，承包人应对支付分解表作出相应调整，并报监理人批复
6	竣工验收	（1）竣工试验	①承包人应提前 21 天将申请竣工试验的通知送达监理人，并按照专用合同条款约定的份数，向监理人提交竣工记录、暂行操作和维修手册。监理人应在 14 天内，确定竣工试验的具体时间。 ②除专用合同条款中另有约定外，竣工试验应按以下三阶段进行： 第一阶段，承包人进行适当的检查和功能性试验，保证每一项工程设备都满足合同要求，并能安全地进入下一阶段试验。

续表

序号	项目	内容	说明
			第二阶段，承包人进行试验，保证工程或区段工程满足合同要求，在所有可利用的操作条件下安全运行。 第三阶段，当工程能安全运行时，承包人应通知监理人，可以进行其他竣工试验，包括各种性能测试，以证明工程符合发包人要求中列明的性能保证指标。 ③承包人应按合同约定进行工程及工程设备试运行。某项竣工试验未能通过的，承包人应按照监理人的指示限期改正，并承担合同约定的相应责任
		（2）区段工程验收	①发包人根据合同进度计划安排，在全部工程竣工前需要使用已经竣工的区段工程时，或承包人提出经发包人同意时，可进行区段工程验收。验收合格后，由监理人向承包人出具经发包人签认的区段工程验收证书。已签发区段工程接收证书的区段工程由发包人负责照管。区段工程的验收成果和结论作为全部工程竣工验收申请报告的附件。 ②发包人在全部工程竣工前，使用已接收的区段工程导致承包人费用增加的，发包人应承担由此增加的费用和（或）工期延误，并支付承包人合理利润
		（3）施工期运行	①施工期运行是指合同工程尚未全部竣工，其中某项或某几项区段工程或工程设备安装已竣工，根据专用合同条款约定，需要投入施工期运行的，经发包人验收合格，证明能确保安全后，才能在施工期投入运行。 ②在施工期运行中发现工程或工程设备损坏或存在缺陷的，承包人应在缺陷责任期内对已交付使用的工程承担缺陷责任
		（4）缺陷责任期	①缺陷责任期内，发包人对已接收使用的工程负责日常维护工作。 ②发包人在使用过程中，发现已接收的工程存在新的缺陷或已修复的缺陷部位或部件又遭损坏的，承包人应负责修复，直至检验合格为止

考点 3　专业分包与劳务分包合同管理

专业分包合同文件组成及优先解释顺序

序号	项目	内容
1	一般规定	（1）专业分包合同是发包人与承包人签订施工总承包合同后，承包人与分包人就分包工程施工事项经协商达成一致而订立的合同。 （2）分包人的资格能力应与其分包工程的标准和规模相适应。 （3）承包人与分包人应就分包工程向发包人承担连带责任
2	组成专业分包合同的文件及优先解释顺序	（1）合同协议书。 （2）中标通知书（如有时）。 （3）分包人的投标函及报价书。 （4）除总包合同工程价款之外的总包合同文件。 （5）专用合同条款。 （6）通用合同条款。 （7）合同工程建设标准、图纸。 （8）合同履行过程中，承包人和分包人协商一致的其他书面文件
3	分包工程合同协议书内容	（1）除包括分包工程概况、分包合同价款、工期、工程质量标准、组成分包合同的文件外。 （2）分包人要向承包人承诺：按照合同约定的工期和质量标准，完成分包工程并在质量保修期内承担保修责任，以及履行总包合同中与分包工程有关的承包人的所有义务，并与承包人承担履行分包工程合同及确保分包工程质量的连带责任。 （3）承包人要向分包人承诺：按照合同约定的期限和方式，支付分包合同价及其他应支付的款项

注：建筑工程总承包单位可以将承包工程中的部分工程发包给具有相应资质条件的分包单位，但除总承包合同中约定的分包外，必须经建设单位认可。

专业分包合同有关各方的权利和义务

序号	项目	内容	说明
1	承包人的权利和义务	（1）承包人的义务	承包人应提供总包合同（有关承包工程的价格内容除外）供分包人查阅。承包人应完成的工作通常有： ①向分包人提供根据总包合同由发包人办理的与分包工程相关的各种证件、批件、各种相关资料，向分包人提供具备施工条件的施工场地。 ②组织分包人参加发包人组织的图纸会审，向分包人进行设计图纸交底。

续表

序号	项目	内容	说明
			③提供合同专用条款中约定的设备和设施，并承担因此发生的费用。 ④随时为分包人提供确保分包工程的施工所要求的施工场地和通道等，满足施工运输的需要，保证施工期间的畅通。 ⑤负责整个施工场地的管理工作，协调分包人与同一施工场地的其他分包人之间的交叉配合，确保分包人按照经批准的施工组织设计进行施工。 ⑥为运至施工场地内用于分包工程的材料和待安装设备办理保险。发包人已经办理的保险视为承包人办理的保险。 ⑦承包人未履行上述各项义务，导致工期延误或给分包人造成损失的，承包人赔偿分包人的相应损失，顺延延误的工期
		（2）承包人的权利	①就分包工程范围内的有关工作，承包人随时可以向分包人发出指令，分包人应执行承包人根据分包合同所发出的所有指令。 ②分包人拒不执行指令，承包人可委托其他施工单位完成该指令事项，发生的费用从应付给分包人的相应款项中扣除
2	分包人的责任和义务	（1）分包人的责任	①分包人应全面了解总包合同中除价格内容以外的各项规定，应履行并承担总包合同中与分包工程有关的承包人的所有义务与责任，同时须服从承包人转发的发包人或监理人与分包工程有关的指令。 ②未经承包人允许，分包人不得以任何理由与发包人或监理人发生直接工作联系，分包人不得直接致函发包人或项目家里机构，也不得直接接受发包人或监理人的指令
		（2）分包人应完成的工作	①按照分包合同约定，对分包工程进行设计（分包合同有约定时）、施工、竣工和保修。 ②按照合同专用条款约定的时间，完成规定的设计内容，报承包人确认后在分包工程中使用。承包人承担由此发生的费用。

续表

序号	项目	内容	说明
			③向承包人提交一份详细施工组织设计，承包人应在专用条款约定的时间内批准，分包人方可执行。分包人不能按承包人批准的进度计划施工的，应根据承包人的要求提交一份修订的进度计划，以保证分包工程如期竣工。 ④分包人应允许承包人、发包人、项目监理机构及其三方中任何一方授权的人员在工作时间内，合理进入分包工程施工场地或材料存放的地点，以及施工场地以外与分包合同有关的分包人的任何工作或准备的地点，分包人应提供方便。 ⑤已竣工工程未交付承包人之前，分包人应负责已完分包工程的成品保护工作，保护期间发生损坏，分包人自费予以修复；承包人要求分包人采取特殊措施保护的工程部位和相应的追加合同价款，双方在合同专用条款内约定。 ⑥分包人必须为从事危险作业的职工办理意外伤害保险，并为施工场地内自有人员生命财产和施工机械设备办理保险，支付保险费用

专业分包工程进度管理

序号	项目	内容
1	开工	（1）分包人应按照合同协议书约定的开工日期开工。 （2）分包人不能按时开工，应在不迟于合同协议书约定的开工日期前5天，以书面形式向承包人提出延期开工的理由。 （3）承包人应在接到延期开工申请后的48h内以书面形式答复分包人。 （4）承包人在接到延期开工申请后48h内不答复，视为同意分包人要求，工期相应顺延。 （5）承包人不同意延期要求或分包人未在规定时间内提出延期开工要求，工期不予顺延。 （6）因承包人原因不能按照合同协议书约定的开工日期开工，项目经理应以书面形式通知分包人，推迟开工日期。 （7）承包人赔偿分包人因延期开工造成的损失，并相应顺延工期

续表

序号	项目	内容
2	工期延误	（1）因下列原因之一造成分包工程工期延误，经项目经理确认，工期相应顺延： ①承包人根据总包合同从工程师处获得与分包合同相关的竣工时间延长。 ②承包人未按分包合同专用条款的约定提供图纸、开工条件、设备设施、施工场地。 ③承包人未按约定日期支付工程预付款、进度款，致使分包工程施工不能正常进行。 ④项目经理未按分包合同约定提供所需的指令、批准或所发出的指令错误，致使分包工程施工不能正常进行。 ⑤非分包人原因的分包工程范围内的工程变更及工程量增加。 ⑥不可抗力的原因。 ⑦分包工程专用合同条款中约定的或项目经理同意工期顺延的其他情况。 （2）分包人应在上述约定情况发生后 14 天内，就延误的工期以书面形式向承包人提出报告。承包人在收到报告后 14 天内予以确认，逾期不予确认也不提出修改意见，视为同意顺延工期
3	暂停施工	发包人或项目监理机构认为确有必要暂停施工时，应以书面形式通过承包人向分包人发出暂停施工指令，并在提出要求后 48h 内提出书面处理意见。分包人停工和复工程序及暂停施工所发生的费用，按总包合同相应条款履行
4	工程竣工	分包人应按照分包合同协议书约定的竣工日期或承包人同意顺延的工期竣工。因分包人原因不能按照分包合同协议书约定的竣工日期或承包人同意顺延的工期竣工的，分包人承担违约责任

专业分包工程计量与工程款支付

序号	项目	内容
1	合同价款及调整	（1）分包工程合同价款在分包合同协议书中约定后，任何一方不得擅自改变。 （2）分包合同价款与总包合同相应部分价款无任何连带关系。 （3）分包工程合同价款应与总包合同约定的方式一致，通常有三种方式：固定价格、可调价格和成本加酬金。双方可在分包合同专用条款约定采用其中一种，应与总包合同约定的方式一致

续表

序号	项目	内容
2	工程量的确认	（1）分包人应按分包工程专用合同条款约定的时间向承包人提交已完工程量报告，承包人接到报告后7天内自行按设计图纸计量或报经监理人计量。承包人在自行计量或由监理人计量前24h应通知分包人，分包人为计量提供便利条件并派人参加。分包人收到通知后不参加计量，计量结果有效，作为工程价款支付的依据；承包人不按约定时间通知分包人，致使分包人未能参加计量，计量结果无效。承包人在收到分包人报告后7天内未进行计量或因监理人原因未计量的，从第8天起，分包人报告中开列的工程量即视为被确认，作为工程价款支付的依据。 （2）分包人未按分包工程专用合同条款约定的时间向承包人提交已完工程量报告，或其所提交的报告不符合承包人要求且未做整改的，承包人不予计量。此外，对分包人自行超出设计图纸范围和因分包人原因造成返工的工程量，承包人也不予计量
3	合同价款的支付	（1）实行工程预付款的，双方应在分包工程专用合同条款中约定：承包人向分包人预付工程款的时间和数额，开工后按约定的时间和比例逐次扣回；在确认计量结果后10天内，承包人向分包人支付工程款（进度款）；按约定时间承包人应扣回的预付款，与工程款（进度款）同期结算。 （2）分包合同约定的工程变更调整的合同价款、合同价款的调整、索赔的价款或费用及其他约定的追加合同价款，应与工程进度款同期调整支付。承包人超过约定的支付时间不支付工程款（预付款、进度款），分包人可向承包人发出要求付款的通知。承包人不按分包合同约定支付工程款（预付款、进度款），导致施工无法进行，分包人可停止施工，由承包人承担违约责任

专业分包工程竣工结算及保修责任

序号	项目	内容
1	竣工结算	（1）分包工程竣工验收报告经承包人认可后14天内，分包人向承包人递交分包工程竣工结算报告及完整的结算资料，双方按照分包合同协议书约定的合同价款及专用合同条款约定的合同价款调整内容，进行工程竣工结算。 （2）承包人收到分包人递交的分包工程竣工结算报告及结算资料后28天内进行核实，给予确认或者提出明确的修改意见。承包人确认竣工结算报告后7天内向分包人支付分包工程竣工结算价款。分包人收到竣工结算价款之日起7天内，将竣工工程交付承包人。

续表

序号	项目	内容
		（3）承包人收到分包工程竣工结算报告及结算资料后 28 天内无正当理由不支付工程竣工结算价款，从第 29 天起按分包人同期向银行贷款利率支付拖欠工程价款的利息，并承担违约责任
2	保修责任	在包括分包工程的总包工程竣工交付使用后，分包人应按国家有关规定对分包工程出现的缺陷进行保修，具体保修责任按照分包人与承包人在工程竣工验收之前签订的质量保修书执行

专业分包违约

序号	项目	内容
1	承包人违约	（1）当发生下列情况之一时，视为承包人违约： ①承包人不按分包合同的约定支付工程预付款、工程进度款，导致施工无法进行。 ②承包人不按分包合同的约定支付工程竣工结算价款。 ③承包人不履行分包合同义务或不按分包合同约定履行义务的其他情况。 （2）承包人承担违约责任，赔偿因其违约给分包人造成的经济损失，顺延延误的工期。双方在分包专用合同条款中约定承包人赔偿分包人损失的计算方法或承包人应当支付违约金的数额
2	分包人违约	（1）当发生下列情况之一时，视为分包人违约： ①分包人与发包人或监理人发生直接工作联系。 ②分包人将其承包的分包工程转包或再分包。 ③因分包人原因不能按照分包合同协议书约定的竣工日期或承包人同意顺延的工期竣工。 ④因分包人原因工程质量达不到约定的质量标准。 ⑤分包人不履行分包合同义务或不按分包合同约定履行义务的其他情况。 （2）如分包人有违反分包合同的行为，分包人应保障承包人免于承担因此违约造成的工期延误、经济损失及根据总包合同承包人将负责的任何赔偿费，在此情况下，承包人可从本应支付分包人的任何价款中扣除此笔经济损失及赔偿费，并且不排除采用其他补救方法的可能

专业分包合同其他规定

序号	项目	内容
1	专业分包工程质量管理	（1）分包工程质量应达到分包合同协议书和专用合同条款约定的工程质量标准，质量评定标准按照总包合同相应条款履行。

续表

序号	项目	内容
		(2)因分包人原因工程质量达不到约定的质量标准，分包人应承担违约责任。 (3)双方对工程质量的争议，按照总包合同相应的条款履行。 (4)分包工程的检查、验收及工程试车等，按照总包合同相应的条款履行。 (5)分包人应就分包工程向承包人承担总包合同约定的承包人应承担的义务，但并不免除承包人根据总包合同应承担的总包质量管理的责任。 (6)分包人应允许并配合承包人或监理人进入分包人施工场地检查工程质量
2	专业分包工程安全文明施工	(1)分包人应遵守工程建设安全生产有关管理规定，严格按照安全标准组织施工，承担由于自身安全措施不力造成事故的责任和因此发生的费用。 (2)在施工场地涉及危险地区或需要安全防护措施施工时，分包人应提出安全防护措施，经承包人批准后实施，发生的相应费用由承包人承担
3	专业分包工程变更	(1)在分包工程实施中，监理人有时会根据总包合同作出变更指令，该变更指令由监理人作出并经承包人确认后通知分包人；有时承包人也会作出变更指令，分包人应根据以上指令，以更改、增补或省略的方式对分包工程进行变更。 (2)分包人不执行从发包人或监理人处直接收到的未经承包人确认的有关分包工程变更的指令。如分包人直接收到此类变更指令，应立即通知项目经理并向项目经理提供一份该直接指令的复印件。项目经理应在24h内提出关于对该指令的处理意见
4	专业分包工程完工验收和移交	(1)分包工程具备竣工验收条件的，分包人应向承包人提供完整的竣工资料及竣工验收报告。 (2)承包人应在收到分包人提供的竣工验收报告之日起3日内通知发包人进行验收，分包人应配合承包人进行验收。 (3)根据总包合同无需由发包人验收的部分，承包人应按照总包合同约定的验收程序自行验收。发包人未能按照总包合同及时组织验收的，承包人应按照总包合同规定的发包人验收的期限及程序自行组织验收，并视为分包工程竣工验收通过。 (4)分包工程竣工验收未能通过且属于分包人原因的，分包人负责修复相应缺陷并承担相应的质量责任。 (5)分包工程竣工日期为分包人提供竣工验收报告之日。需要修复的，为提供修复后竣工报告之日

劳务分包合同文件组成及优先解释顺序

劳务分包合同文件组成及优先解释顺序如下：

（1）劳务分包合同。

（2）劳务分包合同附件。

（3）工程施工总承包合同。

（4）工程施工专业承（分）包合同。

劳务分包合同有关各方义务

序号	项目	内容
1	工程承包人义务	（1）组建与工程相适应的项目管理班子，全面履行总（分）包合同，组织实施施工管理的各项工作，对工程的工期和质量向发包人负责；负责与发包人、监理、设计及有关部门联系，协调现场工作关系。 （2）工程承包人完成劳务分包人施工前期的工作并承担相应费用。前期工作一般包括向劳务分包人交付具备合同项下劳务作业开工条件的施工场地；完成水、电、热、电信等施工管线和施工道路，并满足完成合同劳务作业所需的能源供应、通信及施工道路畅通的时间和质量要求；向劳务分包人提供相应的工程地质和地下管网线路资料；办理包括各种证件、批件、规费的工作手续（但涉及劳务分包人自身的手续除外）；向劳务分包人提供相应的水准点与坐标控制点位置；向劳务分包人提供生产、生活临时设施。合同当事人还应在合同中应约定上述工作交付的时间及相应的校验要求、保护责任等事宜。 （3）负责编制施工组织设计，统一制定各项管理目标，组织编制年、季、月施工计划，物资需用量计划表，实施对工程质量、工期、安全生产、文明施工、计量检测、试验化验的控制、监督、检查和验收。 （4）负责工程测量定位、沉降观测、技术交底，组织图纸会审，统一安排技术档案资料的收集整理及交工验收；按时提供图纸，及时交付应供材料、设备，所提供的施工机械设备、周转材料、安全设施保证施工需要。 （5）统筹安排、协调解决非劳务分包人独立使用的生产、生活临时设施、工作用水、用电及施工场地。 （6）按劳务分包合同约定，向劳务分包人支付劳动报酬
2	劳务分包人义务	（1）对劳务分包合同劳务分包范围内的工程质量向工程承包人负责，组织具有相应资格证书的熟练工人投入工作；服从工程承包人转发的发包人及监理人的指令；经工程承包人授权或允许，不得擅自与发包人及有关部门建立工作联系；自觉遵守法律法规及有关规章制度。 （2）根据施工组织设计总进度计划的要求，每月底前需提交下月施工计划，有阶段工期要求的提交阶段施工计划，必要时按工程承包人要求提交旬、周施工计划，以及与完成上述阶段、时段施工计划相应的劳动力安排计划，经工程承包人批准后严格实施。

续表

序号	项目	内容
		（3）严格按照设计图纸、施工验收规范、有关技术要求及施工组织设计精心组织施工，确保工程质量达到约定的标准；承担由于自身责任造成的质量修改、返工、工期拖延、安全事故、现场脏乱造成的损失及各种罚款；做好施工场地周围建筑物、构筑物和地下管线和已完工程部分的成品保护工作，因劳务分包人责任发生损坏，劳务分包人自行承担由此引起的一切经济损失及各种罚款。 （4）对其作业内容的实施、完工负责，应承担并履行总（分）包合同约定的、与劳务作业有关的所有义务及工作程序

劳务作业人员管理

序号	项目	内容
1	劳务作业人员实名制管理	（1）全面实行建筑业农民工实名制管理制度，坚持建筑企业与农民工先签订劳动合同后进场施工。 （2）建筑企业应与招用的建筑工人依法签订劳动合同，对其进行基本安全培训，并在相关建筑工人实名制管理平台上登记，方可允许其进入施工现场从事与建筑作业相关的活动。 （3）进入施工现场的建设单位、承包单位、监理单位的项目管理人员及建筑工人均纳入建筑工人实名制管理范畴。 （4）总承包企业（包括施工总承包、工程总承包及依法与建设单位直接签订合同的专业承包企业）对所承接工程项目的建筑工人实名制管理负总责，分包企业对其招用的建筑工人实名制管理负直接责任，配合总承包企业做好相关工作
2	安全教育	（1）工程承包人应对其在施工场地的工作人员进行安全教育，并对他们的安全负责。 （2）工程承包人不得要求劳务分包人违反安全管理规定进行施工。 （3）因工程承包人原因导致的安全事故，由工程承包人承担相应责任及发生的费用
3	安全生产	（1）劳务分包人在动力设备、输电线路、地下管道、密封防震车间、易燃易爆地段及临街交通要道附近施工时，施工开始前应向工程承包人提出安全防护措施，经工程承包人认可后实施，防护措施费用由工程承包人承担。

续表

序号	项目	内容
		(2)劳务分包人在施工现场内使用的安全保护用品(如安全帽、安全带及其他保护用品),由劳务分包人提供使用计划,经工程承包人批准后,由工程承包人负责供应。 (3)由于劳务分包人安全措施不力造成事故的责任和因此而发生的费用,由劳务分包人承担

劳务作业计量与支付

序号	项目	内容
1	劳务报酬的计算方式	(1)劳务报酬的计算方式: ①固定劳务报酬(含管理费)。 ②约定不同工种劳务的计时单价(含管理费),按确认的工时计算。 ③约定不同工作成果的计件单价(含管理费),按确认的工程量计算。 (2)具体采用哪种方式由合同当事人约定,一般会约定一次包死,不再调整。但有的采用固定劳务报酬或单价的劳务分包合同还约定了可以调价的情形。如市场人工价格变化幅度较大或者后续法律及政策变化导致劳务价格发生变化的,可以按价格变化幅度予以调整
2	工时及工程量的确认	(1)按确定的工时计算劳务报酬的,由劳务分包人每日将提供劳务人数报工程承包人,由工程承包人确认。 (2)按确认的工程量计算劳务报酬的,由劳务分包人按月(或旬、日)将完成的工程量报工程承包人,由工程承包人确认。对劳务分包人未经工程承包人认可,超出设计图纸范围和因劳务分包人原因造成返工的工程量,工程承包人不予计量
3	劳务报酬的支付	(1)劳务报酬的中间支付。采用固定劳务报酬方式支付劳务报酬的,劳务分包人与工程承包人应约定具体的支付时间节点;采用计时单价或计件单价方式支付劳务报酬的,劳务分包人与工程承包人双方约定支付方法。调整的劳务报酬、工程变更调整的劳务报酬及其他条款中约定的追加劳务报酬,应与上述劳务报酬同期调整支付。 (2)劳务报酬最终支付。全部工作完成,经工程承包人认可后 14 天内,劳务分包人向工程承包人递交完整的结算资料,双方按照合同约定的计价方式,进行劳务报酬的最终支付。工程承包人收到劳务分包人递交的结算资料后 14 天内进行核实,给予确认或者提出修改意见。工程承包人确认结算资料后 14 天内向劳务分包人支付劳务报酬尾款

施工配合与验收

序号	项目	内容
1	施工配合	（1）劳务分包人应配合工程承包人对其工作进行的初步验收，以及工程承包人按发包人或建设行政主管部门要求进行的涉及劳务分包人工作内容、施工场地的检查、隐蔽工程验收及工程竣工验收。工程承包人或施工场地内第三方的工作必须由劳务分包人配合时，劳务分包人应按工程承包人的指令予以配合。除上述初步验收、隐蔽工程验收及工程竣工验收之外，劳务分包人因提供上述配合而发生的工期损失和费用由工程承包人承担。 （2）劳务分包人按约定完成劳务作业，必须由工程承包人或施工场地内的第三方进行配合时，工程承包人应配合劳务分包人工作或确保劳务分包人获得该第三方的配合，且工程承包人应承担因此而发生的费用
2	施工验收	（1）劳务分包人应确保所完成施工的质量，应符合合同约定的质量标准。劳务分包人施工完毕，应向工程承包人提交完工报告，通知工程承包人验收；工程承包人应在收到劳务分包人的上述报告后7 天内对劳务分包人施工成果进行验收，验收合格或者工程承包人在上述期限内未组织验收的，视为劳务分包人已完成合同约定工作。但工程承包人与发包人间的隐蔽工程验收结果或工程竣工验收结果表明劳务分包人施工质量不合格时，劳务分包人应负责无偿修复，不延长工期，并承担由此导致的工程承包人的相关损失。 （2）全部工程竣工（包括劳务分包人完成工作在内）一经发包人验收合格，劳务分包人对其分包的劳务作业的施工质量不再承担责任，在质量保修期内的质量保修责任由工程承包人承担

不可抗力事件的处理

序号	项目	内容
1	不可抗力事件的应对	（1）不可抗力事件发生后，劳务分包人应立即通知工程承包人项目经理，并在力所能及的条件下迅速采取措施，尽力减少损失。工程承包人应协助劳务分包人采取措施。工程承包人项目经理认为劳务分包人应当暂停工作，劳务分包人应暂停工作。 （2）不可抗力事件结束后 48h 内，劳务分包人向工程承包人项目经理通报受害情况和损失情况，及预计清理和修复的费用。不可抗力事件持续发生，劳务分包人应每隔 7 天向工程承包人项目经理通报一次受害情况。不可抗力结束后 14 天内，劳务分包人应向工程承包人项目经理提交清理和修复费用的正式报告和有关资料

续表

序号	项目	内容
2	不可抗力事件损失的分担原则	因不可抗力事件导致工作时间延误的，应相应顺延时间。因不可抗力事件造成的费用应按以下原则分担： （1）工程本身的损害、因工程损害导致第三人人员伤亡和财产损失以及运至施工场地用于劳务作业的材料和待安装的设备的损害，由工程承包人承担。 （2）工程承包人和劳务分包人的人员伤亡由其所在单位负责，并承担相应费用。 （3）劳务分包人自有机械设备损坏及停工损失，由劳务分包人自行承担。 （4）工程承包人提供给劳务分包人使用的机械设备损坏，由工程承包人承担，但停工损失由劳务分包人自行承担。 （5）停工期间，劳务分包人应工程承包人项目经理要求留在施工场地的必要的管理人员及保卫人员的费用，由工程承包人承担。 （6）工程所需清理、修复费用，由工程承包人承担

其他规定

序号	项目	内容
1	相关保险的办理	（1）劳务分包人施工开始前，工程承包人应获得发包人为施工场地内的自有人员及第三人人员生命财产办理的保险，且不需劳务分包人支付保险费用。运至施工场地用于劳务施工的材料和待安装设备，由工程承包人办理或获得保险，且不需劳务分包人支付保险费用。此外，工程承包人还必须为租赁或提供给劳务分包人使用的施工机械设备办理保险，并支付保险费用，并应在劳务分包合同中约定工程承包人自行投保的范围（内容）。 （2）劳务分包人必须为从事危险作业的职工办理意外伤害保险，并为施工场地内自有人员生命财产和施工机械设备办理保险，支付保险费用
2	施工变更的处理	（1）施工中如发生对原工作内容进行变更，工程承包人项目经理应提前 7 天以书面形式向劳务分包人发出变更通知，并提供变更的相应图纸和说明。劳务分包人按照工程承包人（项目经理）发出的变更通知及有关要求，进行需要的变更。 （2）因变更导致劳务报酬的增加及造成的劳务分包人损失，由工程承包人承担，延误的工期相应顺延；因变更减少工程量，劳务报酬应相应减少，工期相应调整。

续表

序号	项目	内容
		（3）施工中劳务分包人不得对原工程设计进行变更。因劳务分包人擅自变更设计发生的费用和由此导致工程承包人的直接损失，由劳务分包人承担，延误的工期不予顺延。因劳务分包人自身原因导致的工程变更，劳务分包人无权要求追加劳务报酬

考点4　材料设备采购合同管理

材料采购合同文件组成及优先解释顺序

（1）材料采购合同文件组成及优先解释顺序如下：

①合同协议书。

②中标通知书。

③投标函。

④商务和技术偏差表。

⑤专用合同条款。

⑥通用合同条款。

⑦供货要求。

⑧分项报价表。

⑨中标材料质量标准的详细描述。

⑩相关服务计划。

（2）有些材料采购合同文件的最后还会附上其他相关的合同文件。

注：设备采购合同文件的组成及优先解释顺序与前述材料采购合同文件的组成及优先解释顺序基本相同，仅在于“⑨中标设备技术性能指标的详细描述”和“⑩技术服务和质保期服务计划”内容不同。

材料采购合同价格与支付

序号	项目	内容
1	合同价格	材料采购合同协议书中载明的签约合同价包括卖方为完成合同全部义务应承担的一切成本、费用和支出及卖方的合理利润。供货周期不超过12个月的签约合同价通常为固定价格。供货周期超过12个月且合同材料交付时材料价格变化超过专用合同条款约定的幅度的，双方应按照专用合同条款中约定的调整方法对合同价格进行调整
2	合同价款支付	除专用合同条款另有约定外，买方应通过以下方式和比例向卖方支付合同价款：

续表

序号	项目	内容
		（1）预付款 合同生效后，买方在收到卖方开具的注明应付预付款金额的财务收据正本一份并经审核无误后 28 日内，向卖方支付签约合同价的 10%作为预付款。买方支付预付款后，如卖方未履行合同义务，则买方有权收回预付款；如卖方依约履行了合同义务，则预付款抵作进度款。 （2）进度款 卖方按照合同约定的进度交付合同材料并提供相关服务后，买方在收到卖方提交的下列单据并经审核无误后 28 日内，应向卖方支付进度款，进度款支付至该批次合同材料的合同价格的 95%：卖方出具的交货清单正本一份；买方签署的收货清单正本一份；制造商出具的出厂质量合格证正本一份；合同材料验收证书或进度款支付函正本一份；合同价格 100%金额的增值税发票正本一份。 （3）结清款 全部合同材料质量保证期届满后，买方在收到卖方提交的由买方签署的质量保证期届满证书并经审核无误后 28 日内，向卖方支付合同价格 5%的结清款
3	买方扣款的权利	当卖方应向买方支付合同项下的违约金或赔偿金时，买方有权从上述任何一笔应付款中予以直接扣除和（或）兑付履约保证金

材料采购合同的包装、标记、运输与交付

序号	项目	内容
1	包装	（1）卖方应对合同材料进行妥善包装，以满足合同材料运至施工场地及在施工场地保管的需要。 （2）包装应采取防潮、防晒、防锈、防腐蚀、防震动及防止其他损坏的必要保护措施，从而保护合同材料能够经受多次搬运、装卸、长途运输并适宜保管。 （3）买方无需将包装物退还给卖方
2	标记	（1）除专用合同条款另有约定外，卖方应按合同约定在材料包装上以不可擦除的、明显的方式作出必要的标记。根据合同材料的特点和运输、保管的不同要求，卖方应对合同材料清楚地标注“小心轻放”“此端朝上，请勿倒置”“保持干燥”等字样和其他适当标记。 （2）如果合同材料中含有易燃易爆物品、腐蚀物品、放射性物质等危险品，卖方应标明危险品标志

续表

序号	项目	内容
3	运输	卖方应自行选择适宜的运输工具及线路安排合同材料运输
4	交付	（1）除专用合同条款另有约定外，卖方应根据合同约定的交付时间和批次在施工场地卸货后将合同材料交付给买方，买方对卖方交付的合同材料的外观及件数进行清点核验后应签发收货清单。 （2）买方签发收货清单不代表对合同材料的接受，双方还应按合同约定进行后续的检验和验收。 （3）合同材料的所有权和风险自交付时起由卖方转移至买方，合同材料交付给买方之前包括运输在内的所有风险均由卖方承担

材料采购合同的其他规定

序号	项目	内容
1	检验和验收	（1）合同材料交付前，卖方应对其进行全面检验，并在交付合同材料时向买方提交合同材料的质量合格证书。 （2）合同材料交付后，买方应在专用合同条款约定的期限内安排对合同材料的规格、质量等进行检验。专用合同条款可约定下列检验方式中的一种： ①由买方对合同材料进行检验。 ②由专用合同条款约定的拥有资质的第三方检验机构对合同材料进行检验。 ③专用合同条款约定的其他方式。 （3）买方应在检验日期3日前将检验的时间和地点通知卖方，卖方应自负费用派遣代表参加检验。若卖方未按买方通知到场参加检验，则检验可正常进行，卖方应接受对合同材料的检验结果。合同材料经检验合格，买卖双方应签署合同材料验收证书一式二份，双方各持一份。合同材料验收证书的签署不能免除卖方在质量保证期内对合同材料应承担的保证责任
2	质量保证期和履约保证金	（1）除专用合同条款和（或）供货要求等合同文件另有约定外，合同材料的质量保证期自合同材料验收之日起算，至合同材料验收证书或进度款支付函签署之日起12个月止（以先到的为准）。质量保证期届满且卖方按照合同约定履行完毕质量保证期内义务后，买方应在7日内向卖方出具合同材料的质量保证期届满证书。 （2）除非因买方使用不当，合同材料在质量保证期内如破损、变质或被发现存在任何质量问题，卖方应负责对合同材料进行修补和退换。更换的合同材料的质量保证期应重新计算。 （3）除专用合同条款另有约定外，履约保证金自合同生效之日起生效，在合同材料验收证书或进度款支付函签署之日起28日后失效。如果卖方不履行合同约定的义务或其履行不符合合同的约定，买方有权扣划相应金额的履约保证金

续表

序号	项目	内容
3	违约责任	（1）合同一方不履行合同义务、履行合同义务不符合约定或者违反合同项下所作保证的，应向对方承担继续履行、采取补救措施或者赔偿损失等违约责任。 （2）卖方未能按时交付合同材料的，应向买方支付迟延交货违约金。卖方支付迟延交货违约金，不能免除其继续交付合同材料的义务。迟延交付违约金的计算方法如下： ①延迟交付违约金＝延迟交付材料金额×0.08%×延迟交货天数。 ②迟延交付违约金的最高限额为合同价格的10%。 （3）买方未能按合同约定支付合同价款的，应向卖方支付延迟付款违约金。迟延付款违约金的计算方法如下： ①延迟付款违约金＝延迟付款金额×0.08%×延迟付款天数。 ②迟延付款违约金的总额不得超过合同价格的10%

设备采购合同价格与支付

序号	项目	内容
1	合同价格	设备采购合同协议书中载明的签约合同价通常为固定价格，包括卖方为完成合同全部义务应承担的一切成本、费用和支出及卖方合理利润
2	价款支付	（1）设备采购价款的支付比较复杂，除专用合同条款另有约定外，买方应通过以下方式和比例向卖方支付合同价款： ①合同生效后，买方在收到卖方开具的注明应付预付款金额的财务收据正本一份并经审核无误后28日内，向卖方支付签约合同价的10%作为预付款。买方支付预付款后，如卖方未履行合同义务，则买方有权收回预付款；如卖方依约履行了合同义务，则预付款抵作合同价款。 ②卖方按合同约定交付全部合同设备后，买方在收到卖方提交的下列全部单据并经审核无误后28日内，向卖方支付合同价格的60%：卖方出具的交货清单正本一份；买方签署的收货清单正本一份；制造商出具的出厂质量合格证正本一份；合同价格100%金额的增值税发票正本一份。 ③买方在收到卖方提交的买卖双方签署的合同设备验收证书或已生效的验收款支付函正本一份并经审核无误后28日内，向卖方支付合同价格的25%。 ④买方在收到卖方提交的买方签署的质量保证期届满证书或已生效的结清款支付函正本一份并经审核无误后28日内，向卖方支付合同价格的5%。

续表

序号	项目	内容
		（2）如果依照合同卖方应向买方支付费用的，买方有权从结清款中直接扣除该笔费用。 （3）除专用合同条款另有约定外，在买方向卖方支付验收款的同时或其后的任何时间内，卖方可在向买方提交买方可接受的金额为合同价格 5%的合同结清款保函的前提下，要求买方支付合同结清款，买方不得拒绝。 （4）当卖方应向买方支付合同项下的违约金或赔偿金时，买方有权从上述任何一笔应付款中予以直接扣除和（或）兑付履约保证金

设备采购合同的监造和交货前检验

序号	项目	内容
1	监造	（1）与材料采购合同不同的是，为了保证设备质量，通常会在专用合同条款中约定，在合同设备制造过程中，买方可派出监造人员，对合同设备的生产制造进行监造，监督合同设备制造、检验等情况。设备监造的范围、方式等应符合专用合同条款和（或）供货要求等合同文件的约定。 （2）除专用合同条款和（或）供货要求等合同文件另有约定外，买方监造人员可到合同设备及其关键部件的生产制造现场进行监造，卖方应予配合。买方监造人员的交通、食宿费用由买方承担。买方监造人员在监造中如发现合同设备及其关键部件不符合合同约定的标准，则有权提出意见和建议。卖方应采取必要措施消除合同设备的不符，由此增加的费用和（或）造成的延误由卖方负责。 （3）买方监造人员对合同设备的监造，不视为对合同设备质量的确认，不影响卖方交货后买方依照合同约定对合同设备提出质量异议和（或）退货的权利，也不免除卖方依照合同约定对合同设备所应承担的任何义务或责任
2	交货前检验	（1）有些专用合同条款约定买方参与交货前检验的，合同设备交货前，卖方应会同买方代表根据合同约定对合同设备进行交货前检验并出具交货前检验记录，有关费用由卖方承担。卖方应免费为买方代表提供工作条件及便利，包括但不限于必要的办公场所、技术资料、检测工具及出入许可等。除专用合同条款另有约定外，买方代表的交通、食宿费用由买方承担。 （2）买方监造人员对合同设备的监造以及买方代表参与交货前检验及签署交货前检验记录的行为，不视为对合同设备质量的确认，不影响卖方交货后买方依照合同约定对合同设备提出质量异议和（或）退货的权利，也不免除卖方依照合同约定对合同设备所应承担的任何义务或责任

设备采购合同的包装、标记、运输和交付

序号	项目	内容
1	运输	（1）卖方应自行选择适宜的运输工具及线路安排合同设备运输。除专用合同条款另有约定外，每件能够独立运行的设备应整套装运。 （2）设备安装、调试、考核和运行所使用的备品、备件、易损易耗件等应随相关的主机一齐装运。 （3）卖方应在合同设备预计启运 7 日前，将合同设备名称、数量、箱数、总毛重、总体积（用 m^3 表示）、每箱尺寸（长 × 宽 × 高）、装运合同设备总金额、运输方式、预计交付日期和合同设备在运输、装卸、保管中的注意事项等预通知买方，并在合同设备启运后 24h 之内正式通知买方
2	交付	（1）卖方应根据合同约定的交付时间和批次在施工场地车面上将合同设备交付给买方。 （2）买方对卖方交付的包装的合同设备的外观及件数进行清点核验后应签发收货清单，并自负风险和费用进行卸货。 （3）买方签发收货清单不代表对合同设备的接受，双方还应按合同约定进行后续的检验和验收。 （4）合同设备的所有权和风险自交付时起由卖方转移至买方，合同设备交付给买方之前包括运输在内的所有风险均由卖方承担

注：设备的包装、标记与材料采购合同约定基本相同，主要是在设备运输和交付方面的约定有所不同。

设备采购合同的开箱检验和安装、调试、考核、验收

序号	项目	内容
1	开箱检验	（1）合同设备交付后应进行开箱检验，即合同设备数量及外观检验。开箱检验应在合同设备交付时或合同设备交付后的一定期限内，具体时间需要在专用合同条款中约定。 （2）开箱检验的检验结果不能对抗在合同设备的安装、调试、考核、验收中及质量保证期内发现的合同设备质量问题，也不能免除或影响卖方依照合同约定对买方负有的包括合同设备质量在内的任何义务或责任
2	安装、调试	（1）开箱检验完成后，双方应对合同设备进行安装、调试，以使其具备考核的状态。安装、调试应按照专用合同条款约定的下列任一种方式进行：①卖方按照合同约定完成合同设备的安装、调试工作；②买方或买方安排第三方负责合同设备的安装、调试工作，卖方提供技术服务。

续表

序号	项目	内容
		（2）在安装、调试过程中，由于买方或买方安排的第三方未按照卖方现场服务人员的指导导致安装、调试不成功和（或）出现合同设备损坏的，买方应自行承担责任。在买方或买方安排的第三方按照卖方现场服务人员的指导进行安装、调试的情况下出现安装、调试不成功和（或）造成合同设备损坏的，卖方应承担责任。安装、调试中合同设备运行需要的用水、用电、其他动力和原材料（如需要）等均由买方承担
3	考核	（1）安装、调试完成后，双方应对合同设备进行考核，以确定合同设备是否达到合同约定的技术性能考核指标。除专用合同条款另有约定外，考核中合同设备运行需要的用水、用电、其他动力和原材料（如需要）等均由买方承担。 （2）由于卖方原因合同设备在考核中未能达到合同约定的技术性能考核指标的，卖方应在双方同意的期限内采取措施消除合同设备中存在的缺陷，并在缺陷消除后尽快进行再次考核。 （3）由于卖方原因未能达到技术性能考核指标时，为卖方进行考核的机会不超过三次。因卖方原因三次考核均未能达到合同约定的技术性能考核指标的，买卖双方应就合同的后续履行进行协商，协商不成的，买方有权解除合同。倘若合同已约定或双方在考核中另行达成合同设备的最低技术性能考核指标，且合同设备达到了最低技术性能考核指标的，视为合同设备已达到技术性能考核指标，买方无权解除合同，且应接受合同设备，但卖方应按专用合同条款的约定进行减价或向买方支付补偿金。 （4）由于买方原因合同设备在考核中未能达到合同约定的技术性能考核指标的，卖方应协助买方安排再次考核。由于买方原因未能达到技术性能考核指标时，为买方进行考核的机会不超过三次
4	验收	（1）合同设备在考核中达到或视为达到技术性能考核指标的，买卖双方应在考核完成后 7 日内或专用合同条款另行约定的时间内签署合同设备验收证书一式二份，双方各持一份。验收日期应为合同设备达到或视为达到技术性能考核指标的日期。 （2）由于买方原因合同设备在三次考核中均未能达到技术性能考核指标的，买卖双方应在考核结束后 7 日内或专用合同条款另行约定的时间内签署验收款支付函。 （3）合同设备验收证书的签署不能免除卖方在质量保证期内对合同设备应承担的保证责任

设备采购合同的技术服务和质量保证期

序号	项目	内容
1	技术服务	（1）卖方应派遣技术熟练、称职的技术人员到施工场地为买方提供技术服务。 （2）买方应免费为卖方技术人员提供工作条件及便利，包括但不限于必要的办公场所、技术资料及出入许可等。 （3）卖方技术人员的交通、食宿费用由卖方承担。 （4）如果任何技术人员不合格，买方有权要求卖方撤换，因撤换而产生的费用应由卖方承担
2	质量保证期	（1）除专用合同条款和（或）供货要求等合同文件另有约定外，合同设备整体质量保证期为验收之日起 12 个月。对合同设备中关键部件的质量保证期有特殊要求的，买卖双方可在专用合同条款中约定。 （2）在质量保证期内合同设备出现故障的，卖方应自负费用提供质保期服务，对相关合同设备进行修理或更换，以消除故障。更换的合同设备和（或）关键部件的质量保证期应重新计算。但合同设备的故障是由于买方原因造成的，对合同设备进行修理和更换的费用应由买方承担。质量保证期届满后，买方应在 7 日内或专用合同条款另行约定的时间内向卖方出具合同设备的质量保证期届满证书

设备采购合同的违约责任

序号	项目	内容	说明
1	卖方违约	卖方未能按时交付合同设备（包括仅迟延交付技术资料但足以导致合同设备安装、调试、考核、验收工作推迟）的，应向买方支付迟延交付违约金	除专用合同条款另有约定外，迟延交付违约金的计算方法如下： （1）从迟交的第 1 周到第 4 周，每周迟延交付违约金为迟交合同设备价格的 0.5%。 （2）从迟交的第 5 周到第 8 周，每周迟延交付违约金为迟交合同设备价格的 1%。 （3）从迟交第 9 周起，每周迟延交付违约金为迟交合同设备价格的 1.5%
2	买方违约	买方未能按合同约定支付合同价款的，应向卖方支付延迟付款违约金	除专用合同条款另有约定外，迟延付款违约金的计算基数为迟延付款金额，比例和时间规定与延迟交付违约金一致

3.3 工程承包风险管理及担保保险

考点 1 工程承包风险管理

风险管理计划

序号	项目	内容	说明
1	项目风险管理计划编制依据	（1）工程项目范围说明。 （2）招标投标文件与工程合同。 （3）工作分解结构。 （4）项目管理策划结果。 （5）项目管理机构风险管理制度。 （6）其他相关信息和历史资料	（1）工程承包单位应建立风险管理制度，明确各层次管理人员的风险管理责任，管理各种不确定因素对工程项目的影响。 （2）项目管理机构应在项目管理策划时确定项目风险管理计划
2	项目风险管理计划内容	（1）风险管理目标。 （2）风险管理范围。 （3）可使用的风险管理方法、措施、工具和数据。 （4）风险跟踪要求。 （5）风险管理责任和权限。 （6）必需的资源和费用预算	项目风险管理计划应在工程开工前编制完成，可在实施过程中根据风险变化进行调整，并经工程承包单位授权人批准后实施

工程承包风险管理程序

序号	项目	内容
1	风险识别	（1）一般规定 项目管理机构应在工程项目实施前识别工程实施过程中的各种风险，并编制项目风险识别报告。 （2）项目风险识别维度 项目管理机构应综合考虑以下方面识别项目风险： ①工程本身条件及合同约定条件。 ②自然条件与社会条件。 ③市场情况。 ④项目相关方影响。 ⑤项目管理团队的能力。 （3）项目风险识别方法 可采用专家调查法、财务报表法、初始清单法、流程图法、统计资料法等方法。 （4）项目风险识别报告内容 ①风险源的类型、数量。

续表

序号	项目	内容
		②风险发生的可能性。 ③风险可能发生的部位及风险的相关特征。 （5）项目风险识别报告发布 项目风险识别报告应由编制人签字确认，并经批准后发布
2	风险评估	（1）一般规定 ①风险评估应在风险识别的基础上进行。 ②项目管理机构应根据风险因素发生的概率和损失量，确定风险量并进行分级。 ③风险评估后应出具风险评估报告。 （2）风险评估内容 ①风险因素发生的概率。 ②风险损失量。 ③风险等级。 （3）风险评估方法 ①风险因素发生的概率估计 根据已有信息和类似项目信息，采用主观推断法、专家估计法或会议评审法进行认定。 ②风险损失量估计 根据工期损失、费用损失和对工程质量、功能、使用效果的负面影响进行风险损失量估计。通常采用专家预测、趋势外推法预测、敏感性分析和盈亏平衡分析及决策树等方法。 ③风险等级评估 通过风险因素形成风险概率的估计和对发生风险后可能造成的损失量估计，确定风险量及风险等级。将风险因素发生的概率（P）和风险损失量（O）分别划分为大（H）、中（M）、小（L）三个区间。可按风险量大小将风险分为5个等级：很小（VL）、小（L）、中等（M）、大（H）、很大（VH）。 ④风险可接受性评定 根据风险等级评定结果，可以进行风险可接受性评定。风险等级为大、很大的风险因素属于不可接受的风险，需要给予重点关注；风险等级为中等的风险因素是不希望有的风险；风险等级为小的风险因素是可接受风险；风险等级为很小的风险因素是可忽略风险。 （4）风险评估报告内容 ①各类风险发生的概率。 ②可能造成的损失量和风险等级。 ③风险相关的条件因素。 （5）风险评估报告发布 风险评估报告应由评估人签字确认，并经批准后发布

续表

序号	项目	内容
3	风险应对	（1）一般规定 ①项目管理机构应依据风险评估报告确定针对工程承包风险的应对策略，并将其纳入工程承包风险管理计划。 ②针对工程承包负面风险，可采取的应对策略有：风险规避、风险减轻、风险转移及风险自留。 （2）风险规避 ①风险规避是彻底规避风险的一种做法，即断绝风险来源。对项目管理机构而言，就意味着否决或者放弃采纳某一具体实施方案。 ②在工程实施中，如果通过评估认为采用某种方案存在很大风险时，彻底改变原方案的做法也属于风险规避方式。 ③只有在对风险的存在与发生、风险损失的严重性有把握的情形下，采用风险规避策略才有积极意义。 ④风险规避策略通常适用于以下两种情形：一是某种风险因素发生的概率较高，且会造成相当大的损失；二是采用其他风险应对策略的代价昂贵，得不偿失。 （3）风险减轻 ①风险减轻是指将不利风险事件发生的可能性和（或）影响降低到可接受范围内的风险应对策略，这也是绝大部分情形下采用的风险应对策略。 ②项目管理机构应针对关键风险因素提出技术上可行、经济上合理的预防措施，以尽可能低的风险管理成本来降低风险发生的可能性并将风险损失降到最低。 ③典型的工程承包风险减轻策略是以联合体形式承包工程，联合体各方共担风险。 ④在工程施工中，可通过降低施工方案的复杂性降低风险事件发生的概率；通过增加那些可能出现风险的施工方案的安全冗余度来减小风险事件发生后可能带来的负面效果。 （4）风险转移 风险转移是指将风险转移给他人承担，以避免风险损失。风险转移可分为保险转移和非保险转移两种方式。 ①保险转移： 保险转移是指通过向保险公司投保，将工程实施过程中可能出现的因自然灾害和意外事故造成的损失转移给保险公司。如建筑工程一切险、安装工程一切险、第三者责任险、施工人员意外伤害保险等。

续表

序号	项目	内容
		②非保险转移： 施工承包风险的非保险转移主要有三种方式： A. 工程分包。经建设单位同意，将工程项目中风险较大的部分工作内容分包给其他单位，是一种减轻风险和转移风险的有效策略。 B. 签订合同时明确计价方式。例如对于存在价格上涨风险的材料设备，可以通过签订总价合同方式将风险转移给材料设备供应商。 C. 第三方担保。如承包商履约担保、业主工程款支付担保等。 无论采用何种风险转移方式，风险的接收方应具有更强的风险承受能力或更有力的处置能力。 （5）风险自留 ①风险自留是指将可能的风险损失留给自己承担。 ②风险自留分为两种情况：一种是主动自留，即已知有风险存在，采取风险应对措施的费用支出超过自担风险的损失时，常常会主动接受风险。另一种是被动自留，即已知有风险存在，但由于可能获得高额利润而需要冒险，且无法采用其他合理的应对策略时，必须被动地保留和承担这种风险。 ③风险自留经常采用的措施是建立应急储备。应急储备是为应对风险而预留的时间或预算（资金）。 ④应急储备类型： A. 预算储备。预算储备是指在预算中预留一笔资金，以此来应对自留的风险事件一旦发生后造成的损失。 B. 时间储备。时间储备是指在安排进度计划时要留有一定的机动时间。一旦实际施工进展与计划不同，就有可能动用储备。 （6）风险组合 上述风险应对策略并非是互斥的，在工程实践中常常会组合使用。例如，在采取措施减轻风险的同时，并不排斥向保险公司投保、进行工程分包等风险应对策略的采用。应结合工程项目实际情况，灵活采用适宜的风险应对策略
4	风险监控	（1）一般规定 工程承包单位应收集和分析与工程承包风险相关的各种信息，获取代表风险程度和水平的风险信号，预测未来风险和提出预警，并将风险预警纳入工程进展报告。 （2）风险监控方法 工程承包单位应对可能出现的潜在风险因素进行监控，采用工期检查、成本跟踪分析、合同履行情况监督、质量监控、现场情况报告、定期例会等方法，全面了解工程风险，跟踪风险因素的变动趋势。

续表

序号	项目	内容
		（3）控制风险事件的影响 工程承包单位应采取措施控制风险事件的影响，降低损失，提高效益，防止负面风险的蔓延，确保工程顺利进行。 （4）预测新的风险 工程承包单位应对新的环境条件、实施状况和变更进行分析，预测新的风险，并修订风险应对措施，确保工程项目风险管理的有效性

注：工程承包风险管理包括风险识别、风险评估、风险应对、风险监控等环节。

考点 2　工程担保

工程担保类型

序号	项目	内容	说明
1	投标担保	（1）投标担保是指投标人在投标活动中，随同投标文件一起向招标人提交的担保。 （2）投标担保形式有投标保函、投标保证金等。 （3）投标担保的主要目的是保证投标人在递交投标文件后不得撤销投标文件，中标后不得无正当理由不与招标人订立合同，在签订合同时不得向招标人提出附加条件或者不按照招标文件要求提交履约担保。否则，招标人有权不予退还其提交的投标保证金	（1）招标人在招标文件中要求投标人提交投标保证金的，投标保证金不得超过招标项目估算价的 2%。投标保证金有效期应与投标有效期一致。依法必须进行招标的项目的境内投标单位，以现金或者支票形式提交的投标保证金，应当从其基本账户转出。招标人不得挪用投标保证金。 （2）投标人撤回已提交的投标文件，应在投标截止时间前书面通知招标人。招标人已收取投标保证金的，应自收到投标人书面撤回通知之日起 5 日内退还。投标截止后投标人撤销投标文件的，招标人可以不退还投标保证金。招标人最迟应在书面合同签订后 5 日内向中标人和未中标的投标人退还投标保证金及银行同期存款利息
2	履约担保	（1）履约担保是指中标人在签订合同前向招标人提交的保证履行合同义务和责任的担保。 （2）联合体中标的，应由联合体牵头人提交履约担保。	（1）《中华人民共和国招标投标法实施条例》规定，招标文件要求中标人提交履约保证金的，中标人应按照招标文件的要求提交。履约保证金不得超过中标合同金额的 10%。中标人无正当理由不与招标人订立合同，在签订合同时向招标人提出附加条件，或者不按照招标文件要求提交履约保证金的，取消其中标资格，投标保证金不予退还。

续表

序号	项目	内容	说明
		（3）履约担保形式有银行履约保函、履约担保书、履约保证金等。 （4）履约担保的目的是发包人为防止施工承包单位不履行合同或违约，用来弥补给发包人造成的经济损失	（2）《标准施工招标文件》通用合同条款规定，承包人应保证其履约担保在发包人颁发工程接收证书前一直有效。发包人应在工程接收证书颁发后28天内将履约担保退还给承包人
3	预付款担保	（1）发包人给承包人预付款，是用于承包人为合同工程施工购置材料、工程设备、施工设备、修建临时设施及组织施工队伍进场等。 （2）预付款一般应在开工前7天支付，额度和预付办法在专用合同条款中约定。预付款必须专用于合同工程。 （3）预付款担保的主要作用在于保证承包人能够按合同规定进行施工，偿还发包人已支付的全部预付金额	《标准施工招标文件》通用合同条款规定，承包人应在收到预付款的同时向发包人提交预付款保函，预付款保函的担保金额应与预付款金额相同。保函的担保金额可根据预付款扣回的金额相应递减
4	工程款支付担保	（1）工程款支付担保是指为保证发包人履行合同约定的工程款支付义务，由担保人向承包人提供的担保。 （2）发包人应在签订施工合同时向承包人提交工程款支付担保。 （3）工程款支付担保的实质是发包人的一种履约保证，主要是基于我国国情，为防止发包人随意拖欠工程款、保护承包人利益而实施	（1）发包人应在收到承包人要求提供资金来源证明的书面通知后28天内，向承包人提供能够按照合同约定支付合同价款的相应资金来源证明。 （2）发包人要求承包人提供履约担保的，发包人应向承包人提供支付担保。 （3）支付担保可以采用银行保函或担保公司担保等形式，具体由合同当事人在专用合同条款中约定

续表

序号	项目	内容	说明
5	工程质量保证金	（1）工程质量保证金是指发承包双方在施工合同中约定，从应付工程款中预留，用以保证承包人在缺陷责任期内对工程施工质量缺陷进行维修的资金。 （2）工程质量保证金实质上是为保证承包人履行施工合同而进行的一种担保	（1）《建设工程质量保证金管理办法》（建质〔2017〕138号）规定，工程质量保证金总预留比例不得高于工程价款结算总额的3%。合同约定由承包人以银行保函替代工程质量保证金的，保函金额不得高于工程价款结算总额的3%。在工程竣工前，承包人已缴纳履约保证金的，发包人不得同时预留工程质量保证金；采用工程质量保证担保、工程质量保险等其他保证方式的，发包人不得再预留工程质量保证金。 （2）《国家发展改革委等部门关于完善招标投标交易担保制度进一步降低招标投标交易成本的通知》（发改法规〔2023〕27号）指出，鼓励招标人接受担保机构的保函、保险机构的保单等其他非现金交易担保方式缴纳投标保证金、履约保证金、工程质量保证金。投标人、中标人在招标文件约定范围内，可以自行选择交易担保方式，招标人、招标代理机构和其他任何单位不得排斥、限制或拒绝。鼓励使用电子保函，降低电子保函费用。任何单位和个人不得为投标人、中标人指定出具保函、保单的银行、担保机构或保险机构

注：工程担保也被称为工程保证担保，通常是指在工程建设活动中，由保证人向合同一方当事人（受益人）提供保证，在被保证人不履行合同义务时，由保证人代为履行或承担代偿责任的行为。工程担保常见的有投标担保、履约担保、预付款担保、工程款支付担保、工程质量保证金等。

考点3　工程保险

工程保险种类

序号	项目	内容
1	含义	（1）工程保险是指建设工程投保人根据合同约定，向保险人支付保险费，保险人对于合同约定的工程实施中可能出现的因自然灾害和意外事故而造成的物质损失和依法应对第三者人身伤亡和财产损失承担经济赔偿责任的一种综合性保险。

续表

序号	项目	内容
		（2）工程保险是转移工程承包风险的重要方式
2	一般规定	（1）狭义的工程保险是指建筑工程一切险和安装工程一切险。 （2）承包人应以发包人和承包人的共同名义向双方同意的保险人投保建筑工程一切险、安装工程一切险。具体投保内容、保险金额、保险费率、保险期限等有关内容在专用合同条款中约定。 （3）除建筑工程一切险和安装工程一切险外，工程承包活动中还会涉及第三者责任险、工程设计责任险、施工人员工伤保险、意外伤害保险及施工设备、机动车、进场的材料和工程设备等相关保险
3	建筑工程一切险	（1）含义 建筑工程一切险是指以建设工程为标的，对建设工程整个施工期间工程本身、施工机具和工地设备因自然灾害或意外事故造成的物质损失给予赔偿的保险。 （2）投保人和被保险人 建筑工程一切险以发包人和承包人的共同名义投保，被保险人包括发包人、总承包人、分包人、发包人聘用的监理人员、与工程有密切关系的单位或个人，如贷款银行等。 （3）保险期限 建筑工程一切险采用的是工期保险单，即保险期限是从投保工程动工之日起直至工程验收之日止。具体时间由投保人与保险人协商确定。 （4）保险项目 建筑工程一切险的责任范围包括工程项下的物质损失部分，即工程标的有形财产的损失和相关费用的损失，一般会在保险单中列明具体的保险项目：建筑工程（包括永久和临时工程及物料）、所有人提供的物料及项目、安装工程项目、建筑用机器、装置及设备（需另附清单）、场地清理费、工地内现成的建筑物、所有人或承包人在工地上的其他财产（需列明名称）。 （5）责任范围 物质损失部分的保险责任主要有保险单中列明的各种自然灾害和意外事故，如洪水、风暴、水灾、暴雨、地陷、冰雹、雷电、火灾、爆炸等多项，同时还承保盗窃、工人或技术人员过失等人为风险，以及原材料缺陷或工艺不善引起的事故。此外，还可在基本保险责任项下附加特别保险条款，以利被保险人全面转移风险。 （6）免责范围 建筑工程一切险保单中的除外责任通常包括： ①设计错误引起的损失和费用。

续表

序号	项目	内容
		②自然磨损、内在或潜在缺陷、物质本身变化、自燃、自热、氧化、锈蚀、渗漏、鼠咬、虫蛀、大气（气候或气温）变化、正常水位变化或其他渐变原因造成的保险财产自身的损失和费用。 ③因原材料缺陷或工艺不善引起的保险财产本身的损失以及为换置、修理或矫正这些缺点错误所支付的费用。 ④非外力引起的机械或电气装置损坏，或施工用机具、设备、机械装置失灵造成的本身损失。 ⑤维修保养或正常检修的费用。 ⑥档案、文件、账簿、票据、现金、各种有价证券、图表资料及包装物料的损失。 ⑦货物盘点时发现的盘亏损失。 ⑧领有公共运输行驶执照的，或已由其他保险予以保障的车辆、船舶和飞机的损失。 ⑨在保险单保险期限终止前，被保险财产中已由工程所有人签发完工验收证书或验收合格或实际占有或使用或接收的部分
4	安装工程一切险	（1）含义 安装工程一切险是指以各种大型机器、设备安装工程为标的，对承保机械和设备在安装过程中因自然灾害或意外事故所造成的物质损失、费用损失承担赔偿责任的保险。安装工程风险分布具有明显的阶段性，安装工程一切险的承保风险主要是人为风险，并显具技术色彩。 （2）投保人和被保险人 安装工程一切险的投保人和被保险人同建筑工程一切险。 （3）保险期限 安装工程一切险的保险期限原则上也是规定自投保工程动工之日起直至工程验收之日止。但在有些施工合同中会有试车、考核规定，因此，试车、考核阶段应以保险单中规定的期限为准。如因特殊情况需要延长保险期间的，必须事先获得保险人的书面同意。 （4）保险项目 安装工程一切险的保险项目通常包括：安装项目（包括装的设备价、运费、保费、关税等和安装费）；土建工程项目；施工用机器及设备（需附清单）；清除残骸费用；专业费用。 （5）保险责任 安装工程一切险的责任范围与建筑工程一切险的责任范围基本一致，但增加了对安装工程常遇到的电气事故，如超负荷、超电压、碰线、电弧、走电、短路、大气放电等造成的损失赔偿责任。此外，因承包人安装人员技术不精引起的事故也可成为向保险公司索赔的理由。

续表

<table>
<tr><th>序号</th><th>项目</th><th>内容</th></tr>
<tr><td></td><td></td><td>（6）免责范围
除建筑工程一切险中所提及事项外，安装工程一切险还会免赔因超负荷、超电压、碰线等电气原因所造成的电气设备或电气用具本身的损失</td></tr>
<tr><td>5</td><td>第三者责任险</td><td>（1）含义
第三者责任险是指在保险期限内，对因工程意外事故造成的、依法应由被保险人负责的工地上及毗邻地区的第三者人身伤亡、疾病或财产损失（本工程除外），以及被保险人因此而支付的诉讼费用和事先经保险人书面同意支付的其他费用等赔偿责任。
（2）保险方式
建筑工程一切险和安装工程一切险通常还会包括一项附加条款，即第三者责任险。《标准施工招标文件》通用合同条款规定，在缺陷责任期终止证书颁发前，承包人应以承包人和发包人的共同名义投保第三者责任险，其保险费率、保险金额等有关内容在专用合同条款中约定。
（3）责任期间与责任范围
①第三者责任险的责任期间与建筑工程一切险和安装工程一切险的责任期间相同，只是责任范围仅限于赔偿保险标的工程的工地及邻近地区的第三者因工程实施而蒙受人身伤亡、疾病或财产损失。
②第三者责任险的责任范围还包括赔偿被保险人因此而支付的诉讼费用和事先经保险人书面同意支付的其他费用，但不能超过保险单列明的赔偿限额</td></tr>
<tr><td>6</td><td>工程设计责任险</td><td>（1）含义
工程设计责任险是指以工程设计单位因设计工作疏忽或过失而引发工程质量事故造成损失或费用应承担的经济赔偿责任为保险标的的职业责任保险。按其保险标的不同，工程设计责任险可分为综合年度保险、单项工程保险、多项工程保险三种。其中，常见的综合年度保险是指以工程设计单位 1 年内完成的全部工程设计项目可能发生的对受害人的赔偿责任作为保险标的的工程设计责任保险。
（2）投保人和被保险人
投保人和被保险人均为经政府有关部门批准，取得相应资质证书的工程设计单位。
（3）保险期限
以综合年度保险为例，除另有约定外，保险期限一般为 1 年，以保险单载明的起讫时间为准。而单项工程保险和多项工程保险的期限由投保人和保险公司具体约定，开始时间通常以工程设计合同订立的时间为准，完成时间按工程的不同类别分别界定，房屋建筑工程以取得建筑工程施工许可证的时间为准。</td></tr>
</table>

续表

<table>
<tr><th>序号</th><th>项目</th><th>内容</th></tr>
<tr><td></td><td></td><td>（4）保险项目和责任范围
①保险项目包括建设工程本身的物质损失、第三者人身伤亡或财产损失。
②赔偿限额包括每次事故赔偿限额、每人人身伤亡赔偿限额和累计赔偿限额，由投保人与保险人协商确定，并在保险合同中载明。每次事故免赔额（率）由投保人与保险人在签订保险合同时协商确定，并在保险合同中载明。
（5）免责范围
①典型的保险人不负责赔偿的情形有：他人冒用被保险人或与被保险人签订劳动合同的人员名义设计建设工程；被保险人将工程设计任务转让、委托给其他单位或个人完成；被保险人承接超越资质等级许可范围的工程设计业务；被保险人的注册人员超越执业范围开展业务；未按国家规定的建设程序进行工程设计；委托人提供的工程测量图、地质勘察等资料存在错误。
②下列原因造成的损失、费用和责任，保险人不负责赔偿：投保人、被保险人及其代表的故意行为；战争、敌对行为、军事行为、武装冲突、罢工、骚乱、暴动、盗窃、抢劫；核辐射、核爆炸、核污染及其他放射性污染；行政行为或司法行为；地震、雷击、暴雨、洪水等自然灾害；火灾、爆炸。
③下列损失、费用和责任，保险人不负责赔偿：由于设计错误引起的停产、减产等间接经济损失；因被保险人延误交付设计文件所致的任何损失；被保险人在保险单明细表中列明的追溯期起始日之前开展工程设计业务所致的赔偿责任；未与被保险人签订劳动合同的人员签名出具的设计文件引起的任何索赔；被保险人或其雇员的人身伤亡及其所有或管理的财产的损失；被保险人对委托人的精神损害赔偿；罚款、罚金、惩罚性赔款或违约金；因勘察而引起的任何索赔等</td></tr>
<tr><td>7</td><td>施工人员工伤保险</td><td>（1）《工伤保险条例》规定
中华人民共和国境内的企业、事业单位、社会团体、民办非企业单位、基金会、律师事务所、会计师事务所等组织和有雇工的个体工商户应依照法规规定参加工伤保险，为本单位全部职工或者雇工缴纳工伤保险费。
（2）《标准施工招标文件》通用合同条款规定
承包人应依照有关法律规定参加工伤保险，为其履行合同所雇佣的全部人员，缴纳工伤保险费，并要求其分包人也进行此项保险。发包人应依照有关法律规定参加工伤保险，为其现场机构雇佣的全部人员，缴纳工伤保险费，并要求其监理人也进行此项保险</td></tr>
</table>

续表

序号	项目	内容
8	意外伤害保险	（1）含义 意外伤害保险是指当被保险人在保险期限内遭受意外伤害造成死亡、残疾、支出医疗费或暂时丧失劳动能力时，保险人依照合同规定给付保险金的人身保险。《中华人民共和国建筑法》规定，建筑施工企业鼓励企业为从事危险作业的职工办理意外伤害保险，支付保险费。 （2）保险范围 ①意外伤害保险的保障项目包括死亡给付和残疾给付，其派生责任包括医疗给付、误工给付、丧葬费给付和遗族生活费给付等。 ②《标准施工招标文件》通用合同条款规定，发包人应在整个施工期间为其现场机构雇用的全部人员投保人身意外伤害险，缴纳保险费，并要求其监理人也进行此项保险。承包人应在整个施工期间为其现场机构雇用的全部人员投保人身意外伤害险，缴纳保险费，并要求其分包人也进行此项保险

工程保险的选择

序号	项目	内容
1	投保险种的选择	《标准施工招标文件》通用合同条款规定，承包人应以发包人和承包人的共同名义向双方同意的保险人投保建筑工程一切险、安装工程一切险和第三者责任险。需要投保的险种已由发包人和承包人在合同中约定，投保选择的主要工作就主要是确定有实力有信誉的合格保险人
2	保险人的选择	保险人的选择主要考虑三方面因素：安全可靠性、服务质量及保险成本

工程保险理赔

序号	项目	内容
1	保险事故报案	（1）工程保险事故发生时，投保人应按照保险单规定的条件和期限及时向保险人报告。 （2）报案可采用电话、传真、电子邮件、特快专递、挂号信等方式，无论选择何种方式，都要保证可追溯、可举证
2	提供索赔证据	（1）证明文件应能证明索赔对象及索赔人的索赔资格；证明索赔理由能够成立且属于理赔人的责任范围和责任期间。 （2）通常情况下，可作为索赔证明的有保险单、工程承包合同、事故照片、事故检验人出具的鉴定报告及保险单中所规定的索赔证明文件

续表

序号	项目	内容
3	合理定损理算	（1）定损是要根据保险合同的有关规定，对被保险人的损失或者其提出的索赔进行定性和定量分析。 （2）理算是要根据保险合同的有关规定对保险人应支付的赔款进行核算和确定，通常应考虑的因素有是否足额投保、赔偿限额、免赔额等。 （3）当一个项目由多家保险公司同时承保时，负责理赔的保险人仅需按比例分担其应负的赔偿责任

第 4 章　建设工程进度管理

4.1　工程进度影响因素与进度计划系统

考点 1　工程进度影响因素

工程设计进度影响因素

序号	项目	内容
1	业主建设意图及要求的改变	在工程设计过程中，如果业主改变其建设意图及要求，势必会引起设计修改，从而对工程设计进度造成影响
2	设计各专业之间的协调配合	工程设计是一个多专业、多方面协调合作的复杂过程，各专业之间若缺乏良好的协作关系、相互影响和掣肘，必然会影响工程设计工作的顺利开展
3	设计文件审查批准延误	不同设计阶段形成的成果经有关部门审查批准后，方可进入下一阶段开展后续工作。设计文件审批时间长短在一定条件下会影响到工程设计进度

工程施工进度影响因素

序号	因素	原因	示例
1	相关单位影响	（1）建设单位原因	①建设单位使用要求改变而进行设计变更。 ②应提供的施工场地条件不能及时提供或所提供的场地不能满足正常施工需要。 ③建设资金不到位，不能及时向施工单位支付工程款等
		（2）勘察设计单位原因	①勘察资料不准确，特别是地质资料错误或遗漏。 ②设计内容不完善，规范应用不当，设计有缺陷或错误。 ③设计方案的可施工性差或设计考虑不周。 ④施工图纸供应不及时、不配套，或出现重大差错等
		（3）工程监理单位原因	工程监理指令延迟发布或有误，施工进度协调工作不力，进场材料、设备质量检查或已完工程质量检查验收不及时等

续表

序号	因素	原因	示例
		（4）材料、设备供应单位原因	材料、设备及构配件等供应有差错，品种、规格、质量、数量、时间不能满足施工需要等
2	有关协作部门及社会环境影响	（1）有关协作部门原因	有关协作部门协作配合不够或支持力度不够等
		（2）社会环境原因	①其他单位临近工程的施工干扰。 ②节假日交通、市容整顿限制。 ③临时停水、停电、断路。 ④在国外因法律及制度变化，经济制裁，战争、骚乱、罢工、企业倒闭，汇率浮动和通货膨胀等
3	自然条件影响	（1）如复杂的工程地质条件。 （2）不明的水文气象条件。 （3）地下埋藏文物的保护、处理。 （4）洪水、地震、台风等不可抗力等	
4	施工单位自身因素影响	（1）施工技术因素	①施工方案、施工工艺或施工安全措施不当。 ②特殊材料及新材料的不合理使用。 ③施工设备不配套，选型失当或有故障。 ④不成熟的技术应用等
		（2）组织管理因素	①向有关部门提出各种申请审批手续的延误。 ②合同签订时遗漏条款、表达失当。 ③计划安排不周密，组织协调不力，导致停工待料、相关作业脱节。 ④指挥不力，使各专业、各施工过程之间交接配合不顺畅等

考点 2　工程进度计划系统及表达形式

建设单位、设计单位和监理单位计划系统

序号	项目	内容
1	建设单位计划系统	（1）工程项目前期工作计划。工程项目前期工作计划是指对工程项目可行性研究、项目评估甚至包括初步设计等工作的进度安排，该计划可使工程项目策划决策阶段各项工作的时间得到控制。

续表

序号	项目	内容
		（2）工程建设总进度计划。工程建设总进度计划是指初步设计被批准后，根据初步设计对工程项目从开始建设（施工图设计、施工准备）至竣工投产（动用）全过程的统一部署。其主要目的是安排各单项工程、单位工程的建设进度，合理分配年度投资，组织各方面协作，保证初步设计所确定的各项建设任务的完成。工程建设总进度计划的主要内容包括文字和表格两部分。 （3）工程项目年度计划。工程项目年度计划是指依据工程建设总进度计划、批准的设计文件及分批配套投产或交付使用要求编制的，合理安排工程项目年度建设任务的计划。工程项目年度计划既要满足工程建设总进度计划的要求，又要与当年可获得的资金、设备、材料、施工力量相适应。工程项目年度计划主要包括文字和表格两部分内容
2	设计单位计划系统	（1）设计总进度计划。设计总进度计划主要用来安排设计准备开始至施工图设计完成所包含的各阶段设计工作（包括设计准备、方案设计、初步设计、技术设计、施工图设计等）进度，从而确保设计进度控制总目标的实现。 （2）阶段性设计进度计划。阶段性设计进度计划包括：设计准备工作进度计划、方案设计工作进度计划、初步设计（技术设计）工作进度计划和施工图设计工作进度计划。这些计划是用来控制各阶段设计工作进度，从而实现阶段性设计进度目标。 （3）设计作业进度计划。为了控制各专业设计进度，应根据施工图设计工作进度计划、单位工程设计工日定额及所投入的设计人员数，编制各专业设计作业进度计划，如工艺设计、结构设计、建筑设计、电气设计、通信设计等
3	工程监理单位计划系统	工程监理单位除审查和监控承包单位进度计划外，自身也应编制有关进度计划，以便更有效地控制建设工程实施进度。工程监理单位计划系统包括： （1）工程监理总进度计划。工程监理总进度计划是依据工程建设总进度计划、监理合同及工程承包模式等编制的工程监理工作进度计划，其目的是对建设工程实施进度进行规划和控制。 （2）工程监理总进度分解计划。工程监理总进度分解计划包括： ①按工程进展阶段分解的监理工作计划，如施工准备阶段监理工作计划、地基与基础工程施工阶段监理工作计划、主体结构工程施工阶段监理工作计划等。 ②按时间进展阶段分解的监理工作计划，如年度监理工作进度计划、季度监理工作进度计划、月度监理工作进度计划等

施工单位进度计划系统

序号	项目	内容	说明
1	按项目组成编制的施工进度计划	（1）施工总进度计划	①施工总进度计划是指根据施工部署中施工方案和施工项目开展程序，对承包范围内所有单位工程作出时间上的安排。 ②目的在于确定各单位工程及全工地性工程的施工期限及开竣工日期，进而确定施工现场劳动力、材料、成品、半成品、施工机械的需求数量和调配情况，以及现场临时设施的数量、水电供应量和能源、交通需求量。 ③科学合理地编制施工总进度计划，是保证整个施工项目按期交付使用的重要前提
		（2）单位工程施工进度计划	①单位工程施工进度计划是指在既定施工方案的基础上，根据规定的工期和各种资源供应条件，遵循各施工过程的合理施工顺序，对单位工程中各施工过程作出时间和空间上的安排。 ②合理安排单位工程施工进度，是保证在规定工期内完成符合质量要求的工程任务的重要前提，也是编制各种资源需求量计划和进行施工准备的依据
		（3）分部分项工程进度计划	①分部分项工程进度计划是指针对工程量较大或施工技术比较复杂的分部分项工程，在依据工程具体情况所制定的施工方案基础上，对其各施工过程作出时间上的安排。 ②分部分项工程进度计划的编制和实施，是为了保证单位工程施工进度计划的顺利实施
2	按时间进展阶段编制的施工进度计划	施工单位应编制年度施工计划、季度施工计划和月（旬）作业计划	将施工进度计划逐层细化，形成一个旬保月、月保季、季保年的计划体系

横道图

序号	项目	内容
1	概念	横道图也称甘特图，是由甘特（Gantt）在20世纪20年代提出。由于其形象、直观，易于编制和理解，长期以来被广泛应用于工程进度管理

续表

序号	项目	内容
2	内容	（1）通常包括两个基本部分，即左侧的工作名称及持续时间和右侧的横道线部分。 （2）该计划直观地表明各项工作的开始时间和完成时间、持续时间，以及整个工程项目的总工期
3	优点	工程进度计划采用横道图表示形式，具有编制简单、使用方便等优点
4	不足	（1）不能明确反映各项工作之间的相互联系、相互制约关系。 （2）不能反映影响工期的关键工作和关键线路。 （3）不能反映工作所具有的机动时间（时差）。 （4）不能反映工程费用与工期之间的关系，因而不便于施工进度计划的优化。 （5）对于大型工程项目，因其工作构成及逻辑关系复杂、无法利用计算机来进行计算分析。采用横道图进行施工进度管理，有一定的局限性

网络图

序号	项目	内容	说明
1	概念	网络图，是指由箭线和节点组成的，用来表示各项工作及其逻辑联系的有向、有序的网状图形。在网络图上加注工作的时间参数编制而成的进度计划称为网络计划	网络计划技术是用于控制建设工程进度的最有效工具
2	网络计划基本表示方法	网络计划最基本的表示方法是双代号网络计划和单代号网络计划。除此之外，工程实践中还会采用双代号时标网络计划、单代号搭接网络计划、多级网络计划系统等	（1）双代号网络计划。双代号网络计划是指工作用箭线及两端带有编号的节点表示，工作持续时间标注在箭线下方的网络计划。 （2）单代号网络计划。单代号网络计划是指工作用带有编号的节点表示，以箭线表示工作之间的逻辑关系，在节点下方标注工作持续时间的网络计划
3	网络计划特点（优缺点）	网络计划的优点有： （1）能够明确表达各项工作之间的先后顺序关系（也即逻辑关系），对于分析进度计划执行中各项工作之间的相互影响非常重要。	网络计划不像横道计划那么简单明了、形象直观，但可通过编制时标网络计划或者将网络计划经时间参数计算后再以横道图形式去直观表达得到弥补

续表

序号	项目	内容	说明
		（2）能够通过时间参数计算，找出影响工期的关键工作和关键线路，有利于施工进度控制中抓主要矛盾，确保施工总进度目标的实现。 （3）能够通过时间参数计算，确定各项工作的机动时间（也即时差），有利于施工进度管理中挖掘潜力，还可用来优化网络计划。 （4）能够利用项目管理软件进行计算、优化和调整，实现对施工进度的动态控制。该特点使其成为最有效的进度控制方法	网络计划不像横道计划那么简单明了、形象直观，但可通过编制时标网络计划或者将网络计划经时间参数计算后再以横道图形式去直观表达得到弥补

4.2 流水施工进度计划

考点1 流水施工特点及表达方式

流水施工特点

序号	项目	内容
1	依次施工	（1）依次施工是一种最基本、最原始的施工组织方式。 （2）依次施工组织方式具有以下特点： ①没有充分利用工作面进行施工，工期较长。 ②如果按专业组建工作队，则各专业工作队不能连续作业、工作出现间歇，劳动力和施工机具等资源无法均衡使用。 ③如果由一个工作队完成全部施工任务，则不能实现专业化施工，不利于提高劳动生产率和工程质量。 ④单位时间内投入劳动力、施工机具等资源量较少，有利于资源供应的组织。 ⑤只有一个工作队进行施工作业，施工现场的组织管理比较简单
2	平行施工	（1）平行施工是指组织多个同类型专业工作队，在同一时间、不同工作面上按照施工工艺要求，同时完成各施工对象的施工。 （2）平行施工组织方式具有以下特点： ①能够充分利用工作面进行施工，工期短。

续表

序号	项目	内容
		②如果每一施工对象均按专业组建工作队，则各专业工作队不能连续作业，工作出现间歇，劳动力和施工机具等资源无法均衡使用。 ③如果由一个工作队完成一个施工对象的全部施工任务，则不能实现专业化施工，不利于提高劳动生产率和工程质量。 ④单位时间内投入的劳动力、施工机具等资源成倍增加，不利于资源供应的组织。 ⑤有多个专业工作队在现场施工，施工现场组织管理比较复杂
3	流水施工	（1）流水施工是将拟建工程施工对象分解为若干施工过程，并按照施工过程组建相应的专业工作队，各专业工作队按照施工顺序依次完成各施工对象的施工过程，同时保证施工在时间和空间上连续、均衡、有节奏地进行，并使相邻两个专业工作队能最大限度地搭接作业。 （2）流水施工组织方式具有以下特点： ①尽可能利用工作面进行施工，工期较短。 ②各工作队实现专业化施工，有利于提高施工技术水平和劳动效率，也有利于提高工程质量。 ③专业工作队能够连续施工，同时使相邻专业工作队之间能够最大限度地进行搭接作业。 ④单位时间内投入的劳动力、施工机具等资源较为均衡，有利于资源供应的组织。 ⑤为施工现场的文明施工和科学管理创造了有利条件

流水施工表达方式

序号	项目	内容	图示	说明
1	流水施工横道图表示法	采用横道图表达流水施工的优点是：绘图简单，施工过程及其先后顺序表达清楚，时间和空间状况形象直观，使用方便，因而被广泛于工程实践中	 施工过程 施工进度安排（天） 2 4 6 8 10 12 14 挖基槽 ① ② ③ ④ 铺垫层 ① ② ③ ④ 砌基础 ① ② ③ ④ 回填土 ① ② ③ ④ 流水施工工期	图中左半部分表示施工过程；右半部分横坐标表示流水施工时间安排及施工过程或专业工作队的施工进度安排。其中，编号①②……表示不同的施工段

续表

序号	项目	内容	图示	说明
2	流水施工垂直图表示法	（1）采用垂直图表达流水施工的优点是：施工过程及其先后顺序表达清楚，不仅时间和空间状况形象直观，而且斜向进度线的斜率还可直观反映各施工过程的进展速度。 （2）对于铁路、公路、地铁、输电线路、天然气管道等线性工程施工进度计划，更适合采用垂直图表达方式	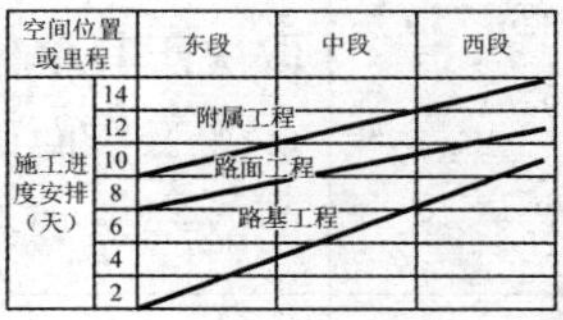 空间位置或里程 东段 中段 西段 施工进度安排（天） 14 12 10 8 6 4 2 附属工程 路面工程 路基工程	图中横坐标表示施工过程所处的空间位置或里程；纵坐标表示流水施工时间安排。图中斜向线段表示施工过程或专业工作队的施工进度

考点 2　流水施工参数

流水施工参数

序号	项目	内容	说明
1	工艺参数（指在组织流水施工时，用以表达流水施工在施工工艺方面进展状态的参数）	（1）施工过程	①组织流水施工时，首先需将工程对象划分为若干个施工过程。 ②施工过程划分的粗细程度由实际需要而定。 ③当编制控制性施工进度计划时，组织流水施工的施工过程可划分得粗一些，施工过程可以是单位工程或单项工程，也可以是分部工程。 ④当编制实施性施工进度计划时，施工过程可划分得细一些，施工过程可以是分项工程，甚至是将分项工程按照专业工种不同分解而成的施工工序。 ⑤施工过程数目通常用n表示
		（2）流水强度	①流水强度也称为流水能力或生产能力，是指流水施工的某施工过程（或专业工作队）在单位时间内所完成的工程量。 ②示例：浇筑混凝土施工过程的流水强度是指每工作班浇筑的混凝土立方数

续表

序号	项目	内容	说明
2	空间参数（指在组织流水施工时，用以表达流水施工在空间布置上开展状态的参数）	（1）工作面	①工作面是指供某专业工种的工人或某种施工机械进行施工的活动空间。 ②工作面的大小，表明能安排施工人数或机械台数的多少。 ③每个作业工人或每台施工机械所需工作面的大小，取决于其单位时间内完成的工程量和安全施工要求。 ④工作面确定的合理与否，直接影响专业工作队的生产效率，必须合理确定工作面
		（2）施工段	①施工段也称为流水段，是指在组织流水施工时，将拟建工程在平面上划分成若干个劳动量相等或大致相等的施工区段。 ②划分施工段的目的是为了充分利用工作面组织流水施工。 ③施工段数目通常用m表示。 ④由于施工段内的施工任务由专业工作队依次完成，因而在两个施工段之间容易形成一个施工缝。同时，由于施工段数量多少，将直接影响流水施工效果。 ⑤为合理划分施工段，应遵循下列原则： A. 各施工段的劳动量应大致相等，相差幅度不宜超过15%，以保证施工在连续、均衡的条件下进行。 B. 每个施工段要有足够的工作面，以保证相应数量的工人、主导施工机械的生产效率。 C. 施工段的界限应尽可能与结构界限（如沉降缝、伸缩缝等）相吻合，或设在对建筑结构整体性影响小的部位，以保证建筑结构的整体性。 D. 施工段数目要满足合理组织流水施工的要求。施工段数目过多，会降低施工速度，延长工期；施工段过少，不利于充分利用工作面，可能造成窝工。 E. 对于多层建筑物、构筑物或需要分层施工的工程，应既分施工段，又分施工层，各专业工作队依次完成第一施工层中各施工段任务后，再转入第二施工层的施工段上作业，依此类推。以确保相应专业队在施工段与施工层之间，组织连续、均衡、有节奏地流水施工

续表

序号	项目	内容	说明
3	时间参数（是指在组织流水施工时，用以表达流水施工在时间安排上所处状态的参数）	（1）流水节拍	①流水节拍是指某一个专业工作队在一个施工段上的施工时间。 ②流水节拍表明流水施工的速度和节奏性。 ③流水节拍小，其流水速度快，节奏感强；反之则相反。 ④流水节拍决定着单位时间的资源供应量，同时，流水节拍也是区别流水施工组织方式的特征参数。 ⑤同一施工过程的流水节拍，主要由所采用的施工方法、施工机械以及在工作面允许的前提下投入施工的工人数量、机械台数和采用的工作班次等因素确定。 ⑥为了均衡施工和减少转移施工段时消耗的工时，可以适当调整流水节拍，其数值最好为半个工作班的整数倍
		（2）流水步距	①流水步距是指两个相邻专业工作队相继开始施工的最小间隔时间。 ②流水步距的数目取决于参加流水的施工过程数。如果施工过程数为n个，则流水步距总数为$n-1$个。 ③流水步距的大小取决于相邻两个专业工作队在各施工段上的流水节拍及流水施工的组织方式。 ④确定流水步距时，一般应满足以下基本要求： A. 各施工过程按各自流水速度施工，始终保持工艺先后顺序。 B. 各施工过程的专业工作队投入施工后尽可能保持连续作业。 C. 相邻两个专业工作队在满足连续施工的条件下，能最大限度地实现合理搭接。 ⑤根据以上基本要求，在不同的流水施工组织方式中，可采用不同的方法确定流水步距
		（3）流水施工工期	①流水施工工期是指从第一个专业工作队投入流水施工开始，到最后一个专业工作队完成流水施工为止的整个持续时间。 ②由于一项建设工程往往包含有许多流水组，故流水施工工期一般均不是整个工程的总工期

考点 3　流水施工基本方式

流水施工分类

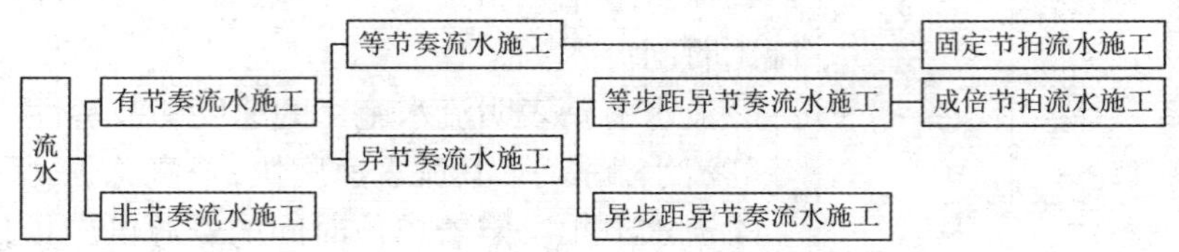

有节奏流水施工——等节奏流水施工

序号	项目	内容	说明
1	含义	等节奏流水施工是指在有节奏流水施工中，各施工过程的流水节拍都相等的流水施工，也称为固定节拍流水施工或全等节拍流水施工	有节奏流水施工是指在组织流水施工时，每一个施工过程在各施工段上的流水节拍都各自相等的流水施工，又可分为等节奏流水施工和异节奏流水施工
2	基本特点	全等节拍流水施工是一种最理想的流水施工方式	具有以下特点： （1）所有施工过程在各个施工段上的流水节拍均相等。 （2）相邻施工过程的流水步距相等，且等于流水节拍。 （3）专业工作队数等于施工过程数，即每一个施工过程组建一个专业工作队。 （4）各专业工作队在各施工段上能够连续作业，施工段之间没有空闲时间
3	流水施工工期的计算	计算公式为： $T=(m+n-1)K$ 式中 T——流水施工工期； m——施工段数； n——施工过程数； K——流水步距	（1）在组织流水施工时，除考虑相邻两个专业工作队之间的流水步距外，还应考虑合理的工艺间歇时间，称之为技术间歇时间。 （2）为了缩短工期，在前一个专业工作队完成部分作业，为后一个专业工作队提供一定工作面后，后者可提前进入，从而使两者在同一个施工段上平行搭接施工，这段搭接时间称为平行搭接时间或提前插入时间。

续表

序号	项目	内容	说明
			（3）在考虑技术间歇时间和提前插入时间的情形下，流水施工工期计算公式为： $T=(m+n-1)K+\sum Z-\sum C$ 式中 $\sum Z$——技术间歇时间之和； $\sum C$——提前插入时间之和； 其他符号含义同左

有节奏流水施工——异节奏流水施工

序号	项目	内容	说明
1	含义	异节奏流水施工是指在有节奏流水施工中，各施工过程的流水节拍各自相等，而不同施工过程之间的流水节拍不尽相等的流水施工	在组织异节奏流水施工时，可采用等步距和异步距两种方式
2	等步距异节奏流水施工	（1）等步距异节奏流水施工是指在组织异节奏流水施工时，按每个施工过程流水节拍之间的比例关系，成立相应数量的专业工作队而进行的流水施工，也称为成倍节拍流水施工。 （2）为加快施工进度，对流水节拍长的施工过程可相应增加专业工作队，按全等节拍方式组织施工。因此，有时也称为加快的成倍节拍流水施工	加快的成倍节拍流水施工具有以下特点： （1）同一施工过程在各个施工段上的流水节拍均相等；不同施工过程的流水节拍为倍数关系。 （2）相邻施工过程的流水步距相等，且等于流水节拍的最大公约数。 （3）专业工作队数大于施工过程数。对于流水节拍大的施工过程，可按其倍数增加相应专业工作队数目。 （4）各专业工作队在施工段上能够连续作业，施工段之间没有空闲时间
3	异步距异节奏流水施工	异步距异节奏流水施工是指在组织异节奏流水施工时，每个施工过程成立一个专业工作队，由其完成各施工段任务的流水施工	—

续表

序号	项目	内容	说明
4	流水施工工期的计算	计算公式为： $T=(m+N-1)K+\sum Z-\sum C$ 式中 K——流水步距，取各施工过程流水节拍的最大公约数； N——参加流水作业的专业工作队数； 其他符号含义同前	—

非节奏流水施工

序号	项目	内容	说明
1	基本特点	（1）各施工过程在各施工段上的流水节拍不全相等。 （2）相邻施工过程的流水步距不尽相等。 （3）专业工作队数等于施工过程数。 （4）各专业工作队能够在施工段上连续作业，但有的施工段之间可能有空闲时间	在工程实践中，通常每个施工过程在各施工段上的工程量彼此不相等，或各专业工作队的生产效率相差较大，导致多数流水节拍彼此不相等，从而难以组织全等节拍或成倍节拍流水施工。在这些情形下，虽然流水节拍无任何规律，但仍可组织流水施工是最为普遍的流水施工组织方式
2	流水步距的确定	通常采用累加数列错位相减取大差法计算流水步距，又称为潘特考夫斯基法	累加数列错位相减取大差法的基本步骤如下： （1）依次累加每一施工过程在各施工段上的流水节拍，求得各施工过程流水节拍的累加数列。 （2）将相邻施工过程流水节拍累加数列中的后者错后一位，相减后求得一个差数列。 （3）在差数列中取最大值，即为相邻两个施工过程的流水步距

续表

序号	项目	内容	说明
3	流水施工工期的计算	计算公式为： $T=\sum K+\sum t_n+\sum Z-\sum C$ 式中 $\sum K$——各施工过程（或专业工作队）之间流水步距之和； $\sum t_n$——最后一个施工过程（或专业工作队）在各施工段上的流水节拍之和； 其他符号含义同前	—

4.3 工程网络计划技术

考点1 工程网络计划编制程序和方法

工程网络计划编制程序

序号	项目	内容	说明
1	计划编制准备阶段	(1)调查研究	①工程任务情况、实施条件、设计资料。 ②有关标准、定额、制度。 ③劳动力、材料、施工机具等资源需求与供应情况。 ④资金需求与供应情况。 ⑤有关统计资料、经验总结及类似工程实际进展资料等
		(2)确定网络计划目标	①时间目标，即工期目标。 ②时间–资源目标，通常会考虑“资源有限，工期最短”目标，即在资源供应能力有限的情况下，寻求工期最短的计划安排；或者考虑“工期固定，资源均衡”目标，即在工期固定前提下，寻求资源需用量尽可能均衡的计划安排。 ③时间–成本目标，即在限定工期条件下寻求最低总成本或寻求最低总成本时的工期安排
2	网络图绘制阶段	(1)工程项目分解	①将工程项目由粗到细进行分解，是编制工程网络计划的前提。 ②工作划分的粗细程度，应根据实际需要来确定

续表

序号	项目	内容	说明
		(2)确定逻辑关系	依据施工方案、有关资源供应情况和施工经验等，既要考虑施工程序或工艺技术过程，又要考虑组织安排及资源调配需要，以此来分析确定各项工作之间的逻辑关系
		(3)绘制网络图	根据已确定的逻辑关系，按绘图规则绘制网络图。既可绘制单代号网络图，也可绘制双代号网络图。还可在确定工作持续时间的基础上，根据需要编制双代号时标网络计划
3	时间参数计算阶段	(1)计算时间参数	①根据经验或定额计算每项工作的持续时间。 ②采用图上计算法、表上计算法、公式计算法等方法计算网络计划中的其他时间参数，通常包括：工作的最早开始时间、最早完成时间、最迟开始时间、最迟完成时间、总时差、自由时差；双代号网络计划中节点的最早时间、最迟时间；单代号网络计划中相邻两项工作之间的时间间隔；整个网络计划的计算工期等
		(2)确定关键工作和关键线路	在计算时间参数的基础上，即可根据有关时间参数确定网络计划中的关键工作和关键线路
4	网络计划优化阶段	(1)优化网络计划	①根据所追求的目标不同，网络计划优化包括工期优化、费用优化和资源优化三种。 ②根据工程实际需要，可选择不同的优化方法进行工程网络计划优化
		(2)编制正式网络计划	根据网络计划优化结果，编制正式网络计划，并附网络计划编制说明书，说明网络计划的编制原则和依据、执行计划时需关注的关键问题及需要采取的措施，以及其他需要说明的问题

网络图绘图规则

序号	项目	内容
1	双代号网络图的绘图规则	(1)在双代号网络图中，有时存在虚箭线，虚箭线不代表实际工作，称为虚工作。虚工作既不消耗时间，也不消耗资源。虚工作主要用来表示相邻两项工作之间的逻辑关系。此外，为了避免两项同时开始、同时进行的工作具有相同的开始节点和完成节点，也需要用虚工作加以区分。 (2)网络图中的节点都必须有编号，其编号严禁重复，并应使每一条箭线上箭尾节点编号小于箭头节点编号。

续表

序号	项目	内容
		（3）网络图中严禁出现从一个节点出发，顺箭头方向又回到原出发点的循环回路。如果出现循环回路，会造成逻辑关系混乱，使工作无法按顺序进行。网络图中存在循环回路时，节点编号必然会发生从大到小的错误，同时也必然会出现从右向左的逆向箭线。 （4）网络图中的箭线（包括虚箭线，以下同）应保持自左向右的方向，不应出现箭头指向左方的水平箭线和箭头偏向左方的斜向箭线（即逆向箭线）。若遵循该规则绘制网络图，就不会出现循环回路。 （5）网络图中严禁出现双向箭头和无箭头的连线。 （6）网络图中严禁出现没有箭尾节点的箭线和没有箭头节点的箭线。 （7）严禁在箭线上引入或引出箭线。 （8）应尽量避免网络图中工作箭线的交叉。当交叉不可避免时，可以采用过桥法或指向法处理。 （9）网络图应只有一个起点节点和一个终点节点（任务中部分工作需要分期完成的网络计划除外）。除网络图的起点节点和终点节点外，不允许出现没有外向箭线的节点和没有内向箭线的节点
2	单代号网络图的绘图规则	单代号网络图的绘图规则与双代号网络图的绘图规则基本相同，主要区别在于：当网络图中有多项开始工作时，应增设一项虚工作，作为该网络图的起点节点；当网络图中有多项结束工作时，应增设一项虚工作，作为该网络图的终点节点

工程网络计划优化方法

序号	项目	内容
1	工期优化	（1）工期优化，是指网络计划的计算工期不满足要求工期时，通过压缩关键工作的持续时间以满足要求工期目标的过程。 （2）工期优化的基本方法是在不改变网络计划中各项工作之间逻辑关系的前提下，通过压缩关键工作的持续时间来达到优化目标。 （3）选择缩短持续时间的关键工作应考虑下列因素： ①缩短持续时间对质量和安全影响不大的工作。 ②有充足备用资源的工作。 ③缩短持续时间所需增加费用最少的工作。 （4）在工期优化过程中，按照经济合理的原则，不能将关键工作压缩成非关键工作。 （5）当工期优化过程中出现多条关键线路时，必须将各条关键线路的总持续时间压缩相同数值，否则，不能有效地缩短工期

续表

序号	项目	内容
2	费用优化	（1）费用优化又称工期–成本优化，是指寻求工程总成本最低时的工期安排，或按要求工期寻求最低成本的计划安排的过程。 （2）安排建设工程进度计划时，会出现许多方案。进度方案不同，所对应的总工期和总费用就不同。 （3）工程总费用由直接费和间接费组成。 （4）直接费由人工费、材料费、机械使用费、其他直接费及现场经费等组成。施工方案不同，直接费也就不同；如果施工方案一定，工期不同，直接费也不同。直接费会随着工期的缩短而增加。 （5）间接费包括企业经营管理的全部费用，一般会随着工期的缩短而减少。 （6）在考虑工程总费用时，还应考虑工期变化带来的其他损益，包括效益增量和资金的时间价值等。 （7）在工程网络计划中，工作的直接费用率越大，说明将该工作的持续时间缩短一个时间单位，所需增加的直接费就越多；反之，将该工作的持续时间缩短一个时间单位，所需增加的直接费就越少。因此，在压缩关键工作的持续时间以达到缩短工期的目的时，应将直接费用率最小的关键工作作为压缩对象。 （8）当有多条关键线路出现而需要同时压缩多个关键工作的持续时间时，应将其直接费用率之和（组合直接费用率）最小者作为压缩对象。 （9）费用优化的基本思路就是：不断地在网络计划中找出直接费用率（或组合直接费用率）最小的关键工作，缩短其持续时间，同时考虑间接费随工期缩短而减少的数值，最后求得工程总成本最低时的最优工期安排或按要求工期求得最低成本的计划安排
3	资源优化	（1）资源是指为完成一项计划任务所需投入的人力、材料、机械设备和资金等。完成一项工程任务所需要的资源量基本上是不变的，不可能通过资源优化将其减少。 （2）资源优化的目的是通过改变工作的开始时间和完成时间，使资源按照时间的分布符合优化目标。 （3）通常情况下，网络计划的资源优化分为两种，即“资源有限，工期最短”的优化和“工期固定，资源均衡”的优化。前者是通过调整计划安排，在满足资源限制条件下，使工期延长最少的过程；而后者是通过调整计划安排，在工期保持不变的条件下，使资源需用量尽可能均衡的过程

考点 2　时间参数计算方法

网络计划中的时间参数

<table>
<tr><th>序号</th><th>项目</th><th>内容</th><th>说明</th></tr>
<tr><td rowspan="2">1</td><td rowspan="2">工作持续时间和工期</td><td>（1）工作持续时间</td><td>①工作持续时间是指一项工作从开始到完成的时间。
②在双代号网络计划中，工作i-j的持续时间用$D_{i\text{-}j}$表示；在单代号网络计划中，工作i的持续时间用D_i表示</td></tr>
<tr><td>（2）工期</td><td>工期泛指完成一项任务所需要的时间。在网络计划中，工期一般有以下三种：
①计算工期。计算工期是指根据网络计划时间参数计算而得到的工期，用T_c表示。
②要求工期。要求工期是指任务委托人所提出的指令性工期（合同工期），用T_r表示。
③计划工期。计划工期是指根据要求工期和计算工期所确定的作为实施目标的工期，用T_p表示。
A. 当已规定要求工期时，计划工期不应超过要求工期，即：$T_p \leqslant T_r$。
B. 当未规定要求工期时，可令计划工期等于计算工期，即：$T_p = T_c$</td></tr>
<tr><td rowspan="2">2</td><td rowspan="2">工作的六个时间参数</td><td>（1）最早开始时间和最早完成时间</td><td>①工作的最早开始时间是指在其所有紧前工作全部完成后，本工作有可能开始的最早时刻。
②工作的最早完成时间是指在其所有紧前工作全部完成后，本工作有可能完成的最早时刻。
③工作的最早完成时间等于本工作的最早开始时间与其持续时间之和。
④在双代号网络计划中，工作i-j的最早开始时间和最早完成时间分别用$ES_{i\text{-}j}$和$EF_{i\text{-}j}$表示。
⑤在单代号网络计划中，工作i的最早开始时间和最早完成时间分别用ES_i和EF_i表示</td></tr>
<tr><td>（2）最迟完成时间和最迟开始时间</td><td>①工作的最迟完成时间是指在不影响整个任务按期完成的前提下，本工作必须完成的最迟时刻。
②工作的最迟开始时间是指在不影响整个任务按期完成的前提下，本工作必须开始的最迟时刻。
③工作的最迟开始时间等于本工作的最迟完成时间与其持续时间之差。</td></tr>
</table>

续表

序号	项目	内容	说明
			④在双代号网络计划中，工作i-j的最迟完成时间和最迟开始时间分别用$LF_{i\text{-}j}$和$LS_{i\text{-}j}$表示。 ⑤在单代号网络计划中，工作i的最迟完成时间和最迟开始时间分别用LF_i和LS_i表示
		（3）总时差和自由时差	①工作的总时差是指在不影响总工期的前提下，本工作可以利用的机动时间。 ②在双代号网络计划中，工作i-j的总时差用$TF_{i\text{-}j}$表示。 ③在单代号网络计划中，工作i的总时差用TF_i表示。 ④工作的自由时差是指在不影响其紧后工作最早开始时间的前提下，本工作可以利用的机动时间。 ⑤在双代号网络计划中，工作i-j的自由时差用$FF_{i\text{-}j}$表示。 ⑥在单代号网络计划中，工作i的自由时差用FF_i表示。 ⑦自由时差不会超过总时差。当工作的总时差为零时，其自由时差必然为零。 ⑧在网络计划的执行过程中，工作的自由时差是该工作可以自由使用的时间。但是，如果利用某项工作的总时差，则有可能使该工作后续工作的总时差减小
3	节点最早时间和最迟时间	（1）节点最早时间	①节点最早时间是指在双代号网络计划中，以该节点为开始节点的各项工作的最早开始时间。 ②节点i的最早时间用ET_i表示
		（2）节点最迟时间	①节点最迟时间是指在双代号网络计划中，以该节点为完成节点的各项工作的最迟完成时间。 ②节点j的最迟时间用LT_j表示
4	相邻两项工作之间的时间间隔	（1）相邻两项工作之间的时间间隔是指本工作的最早完成时间与其紧后工作最早开始时间之间可能存在的差值。 （2）工作i与工作j之间的时间间隔用$LAG_{i,j}$表示	

注：工程网络计划中的时间参数是指网络计划中的工作、节点、相邻两项工作之间的时间值，以及整个网络计划的工期。

双代号网络计划时间参数的计算

序号	项目	内容
1	计算工作的最早开始时间和最早完成时间	工作最早开始时间和最早完成时间的计算应从网络计划的起点节点开始，顺着箭线方向依次进行。其计算步骤如下： （1）以网络计划起点节点为开始节点的工作，当未规定其最早开始时间时，其最早开始时间为零。 （2）工作的最早完成时间可利用公式进行计算： $EF_{i\text{-}j}=ES_{i\text{-}j}+D_{i\text{-}j}$ 式中 $EF_{i\text{-}j}$——工作$i\text{-}j$的最早完成时间； $ES_{i\text{-}j}$——工作$i\text{-}j$的最早开始时间； $D_{i\text{-}j}$——工作$i\text{-}j$的持续时间。 （3）其他工作的最早开始时间应等于其紧前工作最早完成时间的最大值，即： $ES_{i\text{-}j}=\max\{EF_{h\text{-}i}\}=\max\{ES_{h\text{-}i}+D_{h\text{-}i}\}$ 式中 $ES_{i\text{-}j}$——工作$i\text{-}j$的最早开始时间； $EF_{h\text{-}i}$——工作$i\text{-}j$的紧前工作$h\text{-}i$（非虚工作）的最早完成时间； $ES_{h\text{-}i}$——工作$i\text{-}j$的紧前工作$h\text{-}i$（非虚工作）的最早开始时间； $D_{h\text{-}i}$——工作$i\text{-}j$的紧前工作$h\text{-}i$（非虚工作）的持续时间。 （4）网络计划的计算工期应等于以网络计划终点节点为完成节点的工作的最早完成时间的最大值，即： $T_c=\max\{EF_{i\text{-}n}\}=\max\{ES_{i\text{-}n}+D_{i\text{-}n}\}$ 式中 T_c——网络计划的计算工期； $EF_{i\text{-}n}$——以网络计划终点节点n为完成节点的工作的最早完成时间； $ES_{i\text{-}n}$——以网络计划终点节点n为完成节点的工作的最早开始时间； $D_{i\text{-}n}$——以网络计划终点节点n为完成节点的工作的持续时间
2	确定网络计划的计划工期	（1）假设未规定要求工期，则计划工期就等于计算工期，即：$T_p=T_c$。 （2）计划工期应标注在网络计划终点节点的右上方
3	计算工作的最迟完成时间和最迟开始时间	工作最迟完成时间和最迟开始时间的计算应从网络计划的终点节点开始，逆着箭线方向依次进行。其计算步骤如下： （1）以网络计划终点节点为完成节点的工作，其最迟完成时间等于网络计划的计划工期，即： $LF_{i\text{-}n}=T_p$ 式中 $LF_{i\text{-}n}$——以网络计划终点节点n为完成节点的工作的最迟完成时间； T_p——网络计划的计划工期。

续表

序号	项目	内容
		（2）工作的最迟开始时间可利用公式进行计算： $$LS_{i\text{-}j}=LF_{i\text{-}j}-D_{i\text{-}j}$$ 式中 $LS_{i\text{-}j}$——工作$i\text{-}j$的最迟开始时间； $LF_{i\text{-}j}$——工作$i\text{-}j$的最迟完成时间； $D_{i\text{-}j}$——工作$i\text{-}j$的持续时间。 （3）其他工作的最迟完成时间应等于其紧后工作最迟开始时间的最小值，即： $$LF_{i\text{-}j}=\min\{LS_{j\text{-}k}\}=\min\{LF_{j\text{-}k}-D_{j\text{-}k}\}$$ 式中 $LF_{i\text{-}j}$——工作$i\text{-}j$的最迟完成时间； $LS_{j\text{-}k}$——工作$i\text{-}j$的紧后工作$j\text{-}k$（非虚工作）的最迟开始时间； $LF_{j\text{-}k}$——工作$i\text{-}j$的紧后工作$j\text{-}k$（非虚工作）的最迟完成时间； $D_{j\text{-}k}$——工作$i\text{-}j$的紧后工作$j\text{-}k$（非虚工作）的持续时间
4	计算工作的总时差	工作的总时差等于该工作最迟完成时间与最早完成时间之差，或该工作最迟开始时间与最早开始时间之差，即： $$TF_{i\text{-}j}=LF_{i\text{-}j}-EF_{i\text{-}j}=LS_{i\text{-}j}-ES_{i\text{-}j}$$ 式中 $TF_{i\text{-}j}$——工作$i\text{-}j$的总时差； 其余符号同前
5	计算工作的自由时差	工作自由时差的计算应按以下两种情况分别考虑： （1）对于有紧后工作的工作，其自由时差等于本工作之紧后工作最早开始时间减本工作最早完成时间所得之差的最小值，即： $$FF_{i\text{-}j}=\min\{ES_{j\text{-}k}-EF_{i\text{-}j}\}=\min\{ES_{j\text{-}k}-ES_{i\text{-}j}-D_{i\text{-}j}\}$$ 式中 $FF_{i\text{-}j}$——工作$i\text{-}j$的自由时差； $ES_{j\text{-}k}$——工作$i\text{-}j$的紧后工作$j\text{-}k$（非虚工作）的最早开始时间； $EF_{i\text{-}j}$——工作$i\text{-}j$的最早完成时间； $ES_{i\text{-}j}$——工作$i\text{-}j$的最早开始时间； $D_{i\text{-}j}$——工作$i\text{-}j$的持续时间。 （2）对于无紧后工作的工作，也就是以网络计划终点节点为完成节点的工作，其自由时差等于计划工期与本工作最早完成时间之差，即： $$FF_{i\text{-}n}=T_{\text{p}}-EF_{i\text{-}n}=T_{\text{p}}-ES_{i\text{-}n}-D_{i\text{-}n}$$ 式中 $FF_{i\text{-}n}$——以网络计划终点节点n为完成节点的工作$i\text{-}n$的自由时差； T_{p}——网络计划的计划工期； $EF_{i\text{-}n}$——以网络计划终点节点n为完成节点的工作$i\text{-}n$的最早完成时间；

续表

序号	项目	内容
		$ES_{i\text{-}n}$——以网络计划终点节点n为完成节点的工作i-n的最早开始时间； $D_{i\text{-}n}$——以网络计划终点节点n为完成节点的工作i-n的持续时间。 注意：对于网络计划中以终点节点为完成节点的工作，其自由时差与总时差相等。此外，由于工作的自由时差是其总时差的构成部分，因此，当工作的总时差为零时，其自由时差必然为零，可不必进行专门计算

注：将每项工作的六个时间参数均标注在图中，称为六时标注法。也可只标注各项工作的两个最基本时间参数：最早开始时间和最迟开始时间。这种方法称为二时标注法。工作的其他四个时间参数（最早完成时间、最迟完成时间、总时差和自由时差）均可根据工作的最早开始时间、最迟开始时间及持续时间导出。

单代号网络计划时间参数的计算

序号	项目	内容
1	计算工作的最早开始时间和最早完成时间	工作最早开始时间和最早完成时间的计算应从网络计划的起点节点开始，顺着箭线方向按节点编号从小到大的顺序依次进行。其计算步骤如下： （1）网络计划起点节点所代表的工作，其最早开始时间未规定时取值为零。起点节点S所代表的工作（虚拟工作）的最早开始时间为零，即： $$ES_1 = 0$$ （2）工作的最早完成时间应等于本工作的最早开始时间与其持续时间之和，即： $$EF_i = ES_i + D_i$$ 式中 EF_i——工作i的最早完成时间； ES_i——工作i的最早开始时间； D_i——工作i的持续时间。 （3）其他工作的最早开始时间应等于其紧前工作最早完成时间的最大值，即： $$ES_j = \max\{EF_i\}$$ 式中 ES_j——工作j的最早开始时间； EF_i——工作j的紧前工作i的最早完成时间。 （4）网络计划的计算工期等于其终点节点所代表的工作的最早完成时间

续表

序号	项目	内容
2	计算相邻两项工作之间的时间间隔	相邻两项工作之间的时间间隔是指其紧后工作的最早开始时间与本工作最早完成时间的差值，即： $$LAG_{i,j} = ES_j - EF_i$$ 式中 $LAG_{i,j}$——工作i与其紧后工作j之间的时间间隔； ES_j——工作i的紧后工作j的最早开始时间； EF_i——工作i的最早完成时间
3	确定网络计划的计划工期	网络计划的计划工期仍按公式确定。假设未规定要求工期，则其计划工期就等于计算工期，即：$T_p = T_c$
4	计算工作的总时差	（1）工作总时差的计算应从网络计划的终点节点开始，逆着箭线方向按节点编号从大到小的顺序依次进行。 （2）网络计划终点节点n所代表的工作的总时差应等于计划工期与计算工期之差，即：$TF_n = T_p - T_c$。当计划工期等于计算工期时，该工作的总时差为零。 （3）其他工作的总时差应等于本工作与其各紧后工作之间的时间间隔加该紧后工作的总时差所得之和的最小值，即： $$TF_i = \min\{LAG_{i,j} + TF_j\}$$ 式中 TF_i——工作i的总时差； $LAG_{i,j}$——工作i与其紧后工作j之间的时间间隔； TF_j——工作i的紧后工作j的总时差
5	计算工作的自由时差	（1）网络计划终点节点n所代表的工作的自由时差等于计划工期与本工作的最早完成时间之差，即： $$FF_n = T_p - EF_n$$ 式中 FF_n——终点节点n所代表的工作的自由时差； T_p——网络计划的计划工期； EF_n——终点节点n所代表的工作的最早完成时间（即计算工期）。 （2）其他工作的自由时差等于本工作与其紧后工作之间时间间隔的最小值，即： $$FF_i = \min\{LAG_{i,j}\}$$
6	计算工作的最迟完成时间和最迟开始时间	工作最迟完成时间和最迟开始时间的计算可按以下两种方法进行：

续表

序号	项目	内容
		（1）根据总时差计算 ①工作最迟完成时间等于本工作的最早完成时间与其总时差之和，即： $$LF_i = EF_i + TF_i$$ ②工作最迟开始时间等于本工作的最早开始时间与其总时差之和，即： $$LS_i = ES_i + TF_i$$ （2）根据计划工期计算 工作最迟完成时间和最迟开始时间的计算应从网络计划的终点节点开始，逆着箭线方向按节点编号从大到小的顺序依次进行。具体如下： ①网络计划终点节点n所代表工作的最迟完成时间等于该网络计划的计划工期，即：$LF_n = T_p$ ②工作的最迟开始时间等于本工作的最迟完成时间与其持续时间之差，即：$LS_i = LF_i - D_i$ ③其他工作的最迟完成时间等于该工作各紧后工作最迟开始时间的最小值，即：$LF_i = \min\{LS_j\}$ 式中 LF_i——工作i的最迟完成时间； LS_j——工作i的紧后工作j的最迟开始时间

双代号时标网络计划

序号	项目	内容
1	概念	（1）双代号时标网络计划（简称时标网络计划）是指以时间坐标为尺度（小时、天、周、月或季度等）表示工作进度安排的双代号网络计划。 （2）时标网络计划宜按各项工作的最早开始时间编制。 （3）在时标网络计划中，以实箭线表示工作，实箭线的水平投影长度表示该工作的持续时间；以虚箭线表示虚工作，由于虚工作的持续时间为零，故虚箭线只能垂直画；以波形线表示工作与其紧后工作之间的时间间隔（以终点节点为完成节点的工作除外，当计划工期等于计算工期时，这些工作箭线中波形线的水平投影长度表示其自由时差）
2	计算工期的判定	网络计划的计算工期应等于终点节点所对应的时标值与起点节点所对应的时标值之差

续表

序号	项目	内容
3	相邻两项工作之间时间间隔的判定	除以终点节点为完成节点的工作外，工作箭线中波形线的水平投影长度表示工作与其紧后工作之间的时间间隔
4	工作六个时间参数的判定	（1）工作最早开始时间和最早完成时间的判定 工作箭线左端节点中心所对应的时标值为该工作的最早开始时间。当工作箭线中没有波形线时，其右端节点中心所对应的时标值为该工作的最早完成时间；当工作箭线中有波形线时，工作箭线实线部分右端点所对应的时标值为该工作的最早完成时间。 （2）工作总时差的判定 工作总时差的判定应从网络计划的终点节点开始，逆着箭线方向依次进行。 ①以终点节点为完成节点的工作，其总时差应等于计划工期与本工作最早完成时间之差，即： $TF_{i\text{-}n} = T_p - EF_{i\text{-}n}$ 式中 $TF_{i\text{-}n}$——以网络计划终点节点n为完成节点的工作的总时差； T_p——网络计划的计划工期； $EF_{i\text{-}n}$——以网络计划终点节点n为完成节点的工作的最早完成时间。 ②其他工作的总时差等于其紧后工作的总时差加本工作与该紧后工作之间的时间间隔所得之和的最小值，即： $TF_{i\text{-}j} = \min\{TF_{j\text{-}k} + LAG_{i\text{-}j,j\text{-}k}\}$ 式中 $TF_{i\text{-}j}$——工作$i\text{-}j$的总时差； $TF_{j\text{-}k}$——工作$i\text{-}j$的紧后工作$j\text{-}k$（非虚工作）的总时差； $LAG_{i\text{-}j,j\text{-}k}$——工作$i\text{-}j$与其紧后工作$j\text{-}k$（非虚工作）之间的时间间隔。 （3）工作自由时差的判定 ①以终点节点为完成节点的工作，其自由时差应等于计划工期与本工作最早完成时间之差，即： $FF_{i\text{-}n} = T_p - EF_{i\text{-}n}$ 式中 $FF_{i\text{-}n}$——以网络计划终点节点n为完成节点的工作的总时差； T_p——网络计划的计划工期； $EF_{i\text{-}n}$——以网络计划终点节点n为完成节点的工作的最早完成时间。 事实上，以终点节点为完成节点的工作，其自由时差与总时差必然相等。

续表

序号	项目	内容
		②其他工作的自由时差就是该工作箭线中波形线的水平投影长度。但当工作之后只紧接虚工作时，则该工作箭线上一定不存在波形线，而其紧接的虚箭线中波形线水平投影长度的最短者为该工作的自由时差。 （4）工作最迟开始时间和最迟完成时间的判定 ①工作的最迟开始时间等于本工作的最早开始时间与其总时差之和，即： $$LS_{i\text{-}j}=ES_{i\text{-}j}+TF_{i\text{-}j}$$ 式中 $LS_{i\text{-}j}$——工作$i\text{-}j$的最迟开始时间； $ES_{i\text{-}j}$——工作$i\text{-}j$的最早开始时间； $TF_{i\text{-}j}$——工作$i\text{-}j$的总时差。 ②工作的最迟完成时间等于本工作的最早完成时间与其总时差之和，即： $$LF_{i\text{-}j}=EF_{i\text{-}j}+TF_{i\text{-}j}$$ 式中 $LF_{i\text{-}j}$——工作$i\text{-}j$的最迟完成时间； $EF_{i\text{-}j}$——工作$i\text{-}j$的最早完成时间； $TF_{i\text{-}j}$——工作$i\text{-}j$的总时差

单代号搭接网络计划

序号	项目	内容
1	概念	（1）在工程实践中，有许多工作的开始并不是以其紧前工作的完成为条件。只要其紧前工作开始一段时间后，即可进行本工作，而不需要等其紧前工作全部完成之后再开始。工作之间的这种关系称为搭接关系。 （2）搭接网络计划一般都采用单代号网络图的表示方法，即以节点表示工作，以节点之间的箭线表示工作之间的逻辑顺序和搭接关系。 （3）在搭接网络计划中，工作之间的搭接关系是由相邻两项工作之间的不同时距决定的。所谓时距，就是在搭接网络计划中相邻两项工作之间的时间差值
2	搭接关系及其表达方式	（1）结束到开始（*FTS*）的搭接关系。例如在修堤坝时，需要等土堤自然沉降后才能修护坡，筑土堤与修护坡之间的等待时间就是*FTS*时距。当*FTS*时距为零时，说明本工作与其紧后工作之间紧密衔接。当网络计划中所有相邻工作只有*FTS*一种搭接关系且其时距均为零时，整个搭接网络计划就成为前述的单代号网络计划。 （2）开始到开始（*STS*）的搭接关系。例如在道路工程中，当路基铺设工作开始一段时间为路面浇筑工作创造一定条件后，路面浇筑工作即可开始，路基铺设工作的开始时间与路面浇筑工作的开始时间之间的差值就是*STS*时距。

续表

序号	项目	内容
		（3）结束到结束（*FTF*）的搭接关系。例如在前述道路工程中，如果路基铺设工作的进展速度小于路面浇筑工作的进展速度，须考虑为路面浇筑工作留有充分的工作面。否则，路面浇筑工作就将因没有工作面而无法进行。路基铺设工作的完成时间与路面浇筑工作的完成时间之间的差值就是*FTF*时距。 （4）开始到结束（*STF*）的搭接关系。 （5）混合搭接关系。在搭接网络计划中，除上述四种基本搭接关系外，相邻两项工作之间有时还会同时出现两种以上的基本搭接关系

单代号搭接网络计划的时间参数计算

序号	项目	内容	说明
1	计算工作的最早开始时间和最早完成时间	工作最早开始时间和最早完成时间的计算应从网络计划的起点节点开始，顺着箭线方向依次进行。 （1）由于在单代号搭接网络计划中的起点节点一般都代表虚拟工作，故其最早开始时间和最早完成时间均为零，即：$ES_S = EF_S = 0$。 （2）凡是与网络计划起点节点相联系的工作，其最早开始时间为零。 （3）凡是与网络计划起点节点相联系的工作，其最早完成时间应等于其最早开始时间与持续时间之和。	（1）相邻时距为*FTS*时， $ES_j = EF_i + FTS_{i,j}$ （2）相邻时距为*STS*时， $ES_j = ES_i + STS_{i,j}$ （3）相邻时距为*FTF*时， $EF_j = EF_i + FTF_{i,j}$ （4）相邻时距为*STF*时， $EF_j = ES_i + STF_{i,j}$ $EF_j = ES_j + D_j$ $ES_j = EF_j - D_j$ 式中 ES_i——工作i的最早开始时间； ES_j——工作i紧后工作j的最早开始时间； EF_i——工作i的最早完成时间； EF_j——工作i紧后工作j的最早完成时间； D_j——工作j的持续时间； $FTS_{i,j}$——工作i与工作j之间完成到开始的时距； $STS_{i,j}$——工作i与工作j之间开始到开始的时距； $FTF_{i,j}$——工作i与工作j之间完成到完成的时距；

续表

序号	项目	内容	说明
		（4）其他工作的最早开始时间和最早完成时间应根据时距按右侧公式计算	$STF_{i,j}$——工作i与工作j之间开始到完成的时距
2	计算相邻两项工作之间的时间间隔	由于相邻两项工作之间的搭接关系不同，其时间间隔的计算方法也有所不同	（1）搭接关系为结束到开始（FTS）时的时间间隔。在搭接网络计划中出现$ES_j > (EF_i + FTS_{i,j})$的情况时，就说明在工作$i$和工作$j$之间存在时间间隔$LAG_{i,j}$。$LAG_{i,j} = ES_j - (EF_i + FTS_{i,j}) = ES_j - EF_i - FTS_{i,j}$。 （2）搭接关系为开始到开始（$STS$）时的时间间隔。在搭接网络计划中出现$ES_j > (ES_i + STS_{i,j})$的情况时，就说明在工作$i$和工作$j$之间存在时间间隔$LAG_{i,j}$。$LAG_{i,j} = ES_j - (ES_i + STS_{i,j}) = ES_j - ES_i - STS_{i,j}$。 （3）搭接关系为结束到结束（$FTF$）时的时间间隔。在搭接网络计划中出现$EF_j > (EF_i + FTF_{i,j})$的情况时，就说明在工作$i$和工作$j$之间存在时间间隔$LAG_{i,j}$。$LAG_{i,j} = EF_j - (EF_i + FTF_{i,j}) = EF_j - EF_i - FTF_{i,j}$。 （4）搭接关系为开始到结束（$STF$）时的时间间隔。在搭接网络计划中出现$EF_j > (ES_i + STF_{i,j})$的情况时，就说明在工作$i$和工作$j$之间存在时间间隔$LAG_{i,j}$。$LAG_{i,j} = EF_j - (ES_i + STF_{i,j}) = EF_j - ES_i - STF_{i,j}$。 （5）混合搭接关系时的时间间隔。当相邻两项工作之间存在两种时距及以上的搭接关系时，应分别计算出时间间隔，然后取其中的最小值
3	计算工作的时差	搭接网络计划与前述简单的网络计划一样，其工作的时差也有总时差和自由时差两种	（1）工作的总时差。搭接网络计划中工作的总时差可以利用公式计算。但在计算出总时差后，需要根据公式判别该工作的最迟完成时间是否超出计划工期。 （2）工作的自由时差。搭接网络计划中工作的自由时差可以利用公式计算

续表

序号	项目	内容	说明
4	计算工作的最迟完成时间和最迟开始时间	工作的最迟完成时间和最迟开始时间可以利用公式计算	—

考点3　关键工作及关键线路确定方法

线路、关键线路和关键工作的含义

序号	项目	内容
1	线路含义	网络图中从起点节点开始，沿箭头方向顺序通过一系列箭线与节点，最后到达终点节点的通路称为线路。线路既可依次用该线路上的节点编号来表示，也可依次用该线路上的工作名称来表示
2	关键线路含义	在关键线路法（CPM）中，线路上所有工作的持续时间总和称为该线路的总持续时间。总持续时间最长的线路称为关键线路，关键线路的长度就是网络计划的总工期。工程网络计划中的关键线路可能不止一条。在工程网络计划实施过程中，关键线路还会发生转移
3	关键工作含义	关键线路上的工作称为关键工作。在工程网络计划实施过程中，关键工作的实际进度提前或拖后，均会对总工期产生影响。因此，关键工作的实际进度是建设工程进度控制的工作重点

双代号网络计划中关键工作及关键线路的确定

序号	项目	内容
1	利用总时差进行判定	（1）在工程网络计划中，总时差最小的工作为关键工作。特别地，当计划工期等于计算工期时，总时差为零的工作就是关键工作。 （2）找出关键工作之后，将这些关键工作首尾相连，便构成从起点节点到终点节点的通路，位于该通路上各项工作的持续时间总和最大，这条通路就是关键线路。在关键线路上可能有虚工作存在。 （3）关键线路一般用粗箭线或双线箭线标出，也可用彩色箭线标出。关键线路上各项工作持续时间总和应等于网络计划的计算工期，这一特点也是判别关键线路是否正确的准则
2	采用标号法进行判定	（1）标号法含义 标号法是指利用按节点计算法的基本原理，对网络计划中的每一个节点按顺序进行标号，然后利用标号值确定网络计划的计算工期和关键线路。是一种快速寻求网络计划计算工期和关键线路的方法。

续表

序号	项目	内容
		（2）标号法计算过程 ①网络计划起点节点的标号值为零。 ②其他节点的标号值应根据公式按节点编号从小到大的顺序逐个进行计算： $b_j = \max\{b_i + D_{i\text{-}j}\}$ 式中 b_j——工作$i\text{-}j$的完成节点j的标号值； b_i——工作$i\text{-}j$的开始节点i的标号值； $D_{i\text{-}j}$——工作$i\text{-}j$的持续时间。 ③当计算出节点的标号值后，应用其标号值及其源节点对该节点进行双标号。所谓源节点，就是用来确定本节点标号值的节点。 ④网络计划的计算工期就是网络计划终点节点的标号值。 ⑤关键线路应从网络计划的终点节点开始，逆着箭线方向按源节点确定。 （3）关键节点与关键工作、关键线路的关系 ①在双代号网络计划中，关键线路上的节点称为关键节点。 ②关键工作两端的节点必为关键节点，但两端为关键节点的工作不一定是关键工作。 ③关键节点的最迟时间与最早时间的差值最小。特别地，当计划工期等于计算工期时，关键节点的最早时间与最迟时间必然相等。 ④关键节点必然处在关键线路上，但由关键节点组成的线路不一定是关键线路。 ⑤当计划工期与计算工期相等时，双代号网络计划中的关键节点具有以下特性： A. 开始节点和完成节点均为关键节点的工作，不一定是关键工作。 B. 以关键节点为完成节点的工作，其总时差和自由时差必然相等
3	基于时标网络计划进行判定	（1）时标网络计划中的关键线路可从网络计划的终点节点开始，逆着箭线方向进行判定。 （2）凡自始至终不出现波形线的线路即为关键线路。因为不出现波形线，就说明在这条线路上相邻两项工作之间的时间间隔全部为零，也就是在计算工期等于计划工期的前提下，这些工作的总时差和自由时差全部为零

单代号网络计划中关键工作及关键线路的确定

序号	项目	内容
1	利用工作总时差进行判定	总时差最小的工作为关键工作。将这些关键工作相连，并保证相邻两项关键工作之间的时间间隔为零而构成的线路就是关键线路
2	利用相邻两项工作之间的时间间隔进行判定	从网络计划的终点节点开始，逆着箭线方向依次找出相邻两项工作之间时间间隔全部为零的线路就是关键线路

4.4 施工进度控制

考点 1 施工进度计划实施中的检查与分析

施工进度监测系统与调整系统的过程

序号	项目	内容	说明
1	施工进度监测系统过程	（1）收集整理实际进度数据	①在施工进度计划执行过程中，需要通过跟踪检查进度计划执行情况收集反映工程实际进度的有关数据，这些实际进度数据是分析施工进度和调整施工进度计划的直接依据。 ②施工进度管理人员可通过施工进度报表和现场实地检查等方式收集实际进度数据，此外，施工进度协调会议也是收集实际进度数据的主要方式。 ③收集到的实际进度数据需要进行加工处理，形成与计划进度具有可比性的数据
		（2）实际进度与计划进度比较分析	①将工程实际进度数据与计划进度数据进行比较，可以确定实际施工进展状况与计划目标的偏差。 ②通常可采用有关方法直观比较分析实际进度与计划进度，从而得出实际进度比计划进度超前、拖后或一致的结论，从而为施工进度计划调整提供依据
2	施工进度调整系统过程	（1）分析进度偏差产生原因	①通过实际进度与计划进度的比较分析，发现有进度偏差时，首先需要分析产生进度偏差的原因，以便后续采取措施予以纠偏。造成施工进度偏差的原因有多种，但可分为两大类：一类属于施工单位自身原因；另一类属于施工单位以外原因。

续表

序号	项目	内容	说明
			②如因施工单位自身原因造成施工进度拖后而延长工期，属于工期延误，由此造成的一切损失由施工单位承担。施工单位需要采取赶工措施加快施工进度。同时，建设单位还可按合同约定对施工单位施行误期违约罚款。 ③如因建设单位或不可抗力原因造成施工进度拖后而有可能延长工期，施工单位则有权要求延长合同工期。确认属于非施工单位原因造成工期延长，不仅项目监理机构要批准工程延期，而且施工单位还可能提出费用索赔以弥补因建设单位原因造成的损失
		（2）分析进度偏差对后续工作及总工期的影响	①当工作实际进度拖后的时间（偏差）未超过该工作的自由时差时，则该工作实际进度偏差既不影响该工作后续工作的正常进行，也不会影响总工期。 ②当工作实际进度拖后的时间（偏差）超过该工作的自由时差，但未超过该工作的总时差时，则该工作实际进度偏差会影响该工作后续工作的正常进行，但不会影响总工期。 ③当工作实际进度拖后的时间（偏差）超过该工作的总时差时，则既影响该工作后续工作的正常进行，也会影响总工期
		（3）确定后续工作及总工期的限制条件	当实际进度偏差影响后续工作及总工期时，在采取措施调整施工进度计划前，应首先确定施工进度可调整的范围，也即关键节点、后续工作限制条件及总工期允许变化的范围
		（4）调整施工进度计划	应以后续工作及总工期的限制条件为依据，选取适宜的方法调整施工进度计划，然后按调整后的施工进度计划实施，确保施工进度目标得以实现

考点 2　实际进度与计划进度比较方法

实际进度与计划进度比较方法概述

序号	项目	内容	说明
1	横道图比较法	（1）横道图比较法是一种基于横道计划的进度比较方法。 （2）横道图比较法成为最常用的实际进度与计划进度比较方法。	（1）横道图所表达的比较方法仅适用于施工进度计划中各项工作都是匀速进展的情况，即每项工作在单位时间内完成的任务量都相等的情况。

续表

序号	项目	内容	说明
		（3）在施工进度计划执行过程中，只需将检查收集的实际进度数据加工整理后直接以横道线形式平行绘制于原计划横道线下方，即可形象直观地反映各项工作的实际进度、计划进度及其偏差情况	（2）施工进度计划中各项工作不是匀速进展时，则需要对每项工作在不同时间段的实际进度与计划进度进行比较
2	S 曲线比较法	（1）S 曲线比较法是指以横坐标表示时间，纵坐标表示累计完成工程任务量的实际进度与计划进度比较方法。 （2）采用 S 曲线比较法，可在同一坐标系中表示整个工程在不同时点计划累计任务量、实际累计完成任务量及其偏差情况	利用 S 曲线比较法进行实际进度与计划进度比较，可以获得以下信息： （1）工程实际进展状况。若工程实际进展点落在计划 S 曲线左侧，表明此时实际进度超前；若工程实际进展点落在计划 S 曲线右侧，表明此时实际进度拖后；若工程实际进展点正好落在计划 S 曲线上，则表示此时实际进度与计划进度一致。 （2）工程实际进度超前或拖后的时间。在 S 曲线比较图中可以直接读出实际进度超前或拖后的时间。 （3）工程实际超额完成或拖欠的任务量。在 S 曲线比较图中也可直接读出实际超额完成或拖欠的任务量。 （4）后期工程进度预测。若后期工程仍按原计划速度进行，则可作出后期工程计划 S 曲线
3	前锋线比较法	前锋线比较法是指在时标网络计划中通过绘制实际进度前锋线进行实际进度与计划进度比较的方法	实际进度前锋线，是指在施工进度时标网络计划中，从实际进度检查时刻的时标点出发，用点划线依次将各项工作实际进展位置点连接而成的折线

注：实际进度与计划进度比较是施工进度控制的主要环节。常用的比较方法有：横道图比较法、S 曲线比较法和前锋线比较法等。

前锋线比较法绘制与应用

序号	项目	内容
1	实际进度前锋线的绘制	（1）实际进度前锋线通常应从时标网络计划图上方时间坐标的实际进度检查时刻开始绘制，依次连接相邻工作的实际进展位置点，最后与时标网络计划图下方坐标的实际进度检查时刻相连接。 （2）工作实际进展位置点的标定有以下两种方法： ①按照工作已完任务量比例进行标定。假设施工进度计划中各项工作均为匀速进展，根据实际进度检查时刻各项工作已完任务量占其计划完成总任务量的比例，在工作箭线上从左至右按相同比例标定其实际进展位置点。 ②按尚需作业时间进行标定。当某些工作的持续时间难以按实物工程量来计算而只能凭经验估算时，可以先估算出实际进度检查时刻到该工作全部完成尚需作业的时间，然后在工作箭线上从右向左逆向标定其实际进展位置点
2	实际进度与计划进度的比较	（1）实际进度前锋线可以直观反映实际进度检查时刻有关工作实际进度与计划进度之间的关系。 （2）某项工作的实际进度与计划进度之间的关系可能存在以下三种情况： ①工作实际进展位置点落在实际进度检查时刻的左侧，表明该工作实际进度拖后，两者之差即为实际进度拖后的时间。 ②工作实际进展位置点与实际进度检查时刻重合，表明该工作实际进度与计划进度一致。 ③工作实际进展位置点落在实际进度检查时刻的右侧，表明该工作实际进度超前，两者之差即为实际进度超前的时间
3	实际进度偏差对后续工作及总工期的影响分析	（1）前锋线比较法，不仅可以分析施工进度计划中工作实际进度与计划进度的偏差，而且可以根据工作的自由时差和总时差进一步分析预测工作进度偏差对该工作后续工作及工程总工期的影响。 （2）前锋线比较法既适用于工作实际进度与计划进度之间的局部比较，又可用来分析预测工程项目整体进度状况

考点 3　施工进度计划调整方法及措施

施工进度计划调整方法及措施的规定

序号	项目	内容	说明
1	压缩某些工作的持续时间	（1）该方法不改变施工进度计划中工作之间的逻辑关系，通过采取增加资源投入、提高劳动效率等措施，来缩短某些工作的持续时间，以达到加快施工进度、缩短工期的目的。 （2）这些被压缩持续时间的工作是位于关键线路和超过计划工期的非关键线路上的工作。同时，这些工作又是其持续时间可被压缩的工作。 （3）这种施工进度计划的调整通常可利用工程网络计划优化方法直接进行	为压缩某些工作的持续时间，通常需要采取以下措施来达到目的： （1）组织措施。如：增加工作面，组织更多施工队伍；增加每天施工时间，采用加班或多班制施工方式；增加劳动力和施工机械数量等。 （2）技术措施。如：改进施工工艺和施工技术，缩短工艺技术间歇时间；采用更先进的施工方式（如将现浇混凝土方案改为预制装配方案），减少施工过程数量；采用更先进的施工机械等。 （3）经济措施。如：实行包干奖励；提高奖金数额；对所采取的技术措施给予相应经济补偿等。 （4）其他配套措施。如：改善外部配合条件；改善施工作业环境；实施强有力的组织调度等
2	改变某些工作间的逻辑关系	该方法不改变施工进度计划中工作的持续时间，通过改变某些工作的开始时间和完成时间，来达到加快施工进度、缩短工期的目的	（1）当施工进度计划中影响后续工作（后续工作的拖延有限制时）及总工期的工作之间逻辑关系允许改变时，可以通过改变其逻辑关系，将顺序作业的工作改为平行作业、搭接作业或分段组织流水作业等，均可有效缩短工期。 （2）无论组织平行作业、搭接作业或分段组织流水作业，单位时间内的资源需求量均会增加

第 5 章　建设工程质量管理

5.1　工程质量影响因素及管理体系

考点 1　工程质量形成过程及影响因素

建设工程固有特性

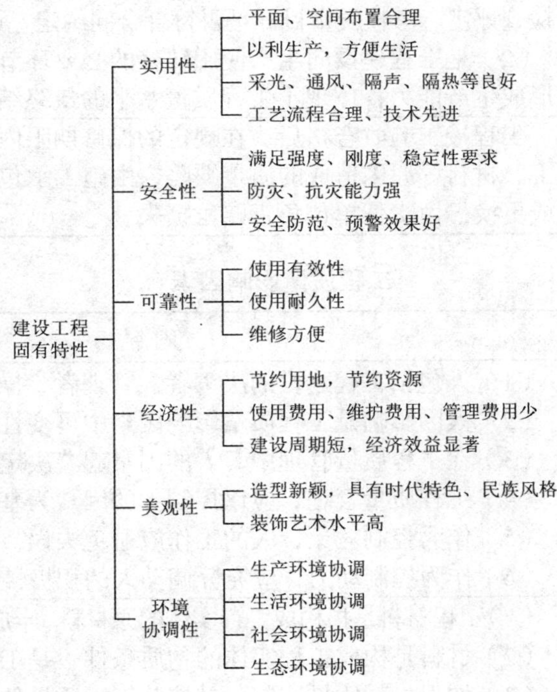

工程质量形成过程

序号	项目	内容
1	工程 投资决策	（1）建设工程投资决策阶段主要是确定建设工程应达到的质量目标及水平。 （2）工程建设需要控制投资、质量和进度三大总体目标。 （3）投资决策阶段是影响工程质量的关键阶段，要充分反映业主对质量的要求和意愿。

续表

序号	项目	内容
		（4）在进行投资决策时，应从整个国民经济角度出发，根据国民经济发展的长期规划和资源条件，有效地控制投资建设规模，以确定最佳的投资方案、质量目标和建设周期
2	工程勘察设计	（1）建设工程勘察设计是根据投资决策阶段已确定的质量目标和水平，通过工程勘察、设计使其具体化。 （2）勘察设计阶段是影响工程质量的决定性阶段
3	工程施工	（1）工程施工阶段是根据合同约定、设计文件和图纸要求，通过施工形成工程实体。 （2）工程施工阶段直接影响工程的最终质量，是工程质量控制的关键阶段
4	工程竣工验收	（1）工程竣工验收是对施工阶段的质量（施工质量）进行试车运转、检查评定、考核质量目标是否符合合同约定、设计文件的质量要求。 （2）是工程建设向生产使用转移的必要环节，影响工程能否最终形成生产能力，体现了工程质量水平的最终结果
5	工程保修	工程竣工验收合格后，在规定的保修期限内，因勘察、设计、施工、材料等原因造成的质量缺陷，由施工承包单位负责维修、返工或更换，由责任单位负责赔偿损失

工程质量影响因素

序号	项目	内容
1	人因影响	（1）人包括工程建设的决策者、管理者、操作者。 （2）人因影响是工程质量影响因素中可变性最大的因素。 （3）在工程质量管理中，人的因素起着决定性作用。 （4）工程质量管理，应以控制人的因素为基本出发点。 （5）作为控制对象，人的工作应避免失误。 （6）作为控制动力，应充分调动人的积极性，发挥人的主导作用
2	工程材料影响	（1）工程材料是指构成工程实体的原材料、半成品、成品、构配件等。 （2）材料是构成工程实体的物质条件，是工程实体质量的基础。 （3）加强材料质量控制，是控制工程质量的重要基础
3	机械设备影响	机械设备可分为两类： （1）构成工程实体及配套的工艺设备和各类机具，如用于生产产品的设备、电梯、智能控制及暖通设备等，这些机械设备作为工程实体的一部分，其质量会直接影响工程质量。 （2）指施工机具，即施工过程中使用的各类机械设备，如垂直运输设备，各类操作工具、测量仪器和计量器具，各种施工安全设施等，是现代工程施工中不可缺少的手段。这些机械设备选型是否符合工程特点，性能是否先进和稳定，操作是否安全方便等，都会影响工程质量和施工安全

续表

序号	项目	内容
4	方法或工艺影响	（1）方法或工艺是指施工方法、施工工艺、施工方案和技术措施等。 （2）在制定和审核施工方案和施工工艺时，必须结合工程施工实际，从技术、组织、经济等方面进行全面综合分析，确保施工方案技术上可行、经济上合理，且有利于提高工程质量水平
5	环境影响	（1）主要指自然环境、技术环境和管理环境。 ①自然环境包括地质、水文、气象条件和周边建筑、地下障碍物及其他不可抗力等因素。 ②技术环境包括施工所依据的规范、规程、设计图纸、质量评价标准等因素。 ③管理环境包括质量检验、监控制度、质量管理制度等。 （2）环境因素对施工质量的影响具有复杂和多变的特点，且有些因素是人难以控制的。 （3）管理人员尽可能全面地了解可能影响工程质量的各种环境因素，采取相应的预防性控制措施，确保工程质量符合相关要求

注：影响工程质量的因素有很多，可归纳为人（Man）、材料（Material）、机械（Machine）、方法（Method）及环境（Environment）等五大方面，即：4M1E。

考点 2　全面质量管理

全面质量管理的思想和发展阶段

序号	项目	内容
1	全面质量管理的思想	全面质量管理（Total Quality Management，TQM）是一个组织以质量为中心，以全员参与为基础，目的在于通过让顾客满意和组织所有成员及社会受益而达到长期成功的管理途径
2	质量管理的发展阶段	（1）第一阶段：质量检验阶段。是以检查为中心的质量保证。由检查员对产品进行检验，剔除不合格品，其缺点是因许多产品的内在质量在成品中不易检测出来，同时，此法不能保证不出废品。 （2）第二阶段：统计质量控制阶段。质量管理宗旨为制造合乎用户要求的产品，是以制造过程的工序管理为重点的质量保证。对生产过程中的各道工序均用统计方法进行质量管理，同时也进行售后服务及用户意见反馈，以改进生产，控制产品合格率，也称此为统计质量管理。 （3）第三阶段：全面质量管理阶段。质量管理宗旨为用最经济的生产成本为消费者提供完全满意的优质产品。其特征是，从市场调查、开发、设计直到售后服务的一切环节中，所有人员，从经理到工人均参加，协同行动。这称为全面质量管理（Total Quality Control/Management，TQC/TQM）

续表

序号	项目	内容
3	全面质量管理的特点	（1）管理内容的全面性。 （2）管理范围的全面性。 （3）参加管理人员的全面性。 （4）管理方法的多样性

全面质量管理的基础工作

序号	项目	内容
1	标准化工作	（1）标准化是指人们制定标准并有效地实施标准的一种有组织的活动过程。 （2）标准化的本质是为了寻求各方面的良好效益（或效果）而采取的统一手法、手段和原则 （3）标准化是一个发展着的运动过程，包括制定标准、贯彻标准、修订完善标准的全过程，这是一个不断循环和螺旋式上升的运动过程。每经过一个循环，标准的水平就提高一步。 （4）标准化的任务，就是要根据实际情况的变化，不断地促进这种循环过程的进行，从而使标准不断地提高到新水平。 （5）标准化工作包括：技术标准、管理标准、工作标准，它是一个完整的标准化管理体系。其中，技术标准包括产品标准、基础标准、方法标准、安全卫生与环境保护标准；管理标准包括管理业务标准、质量管理标准、程序标准；工作标准包括专用工作标准、通用工作标准、干部工作标准、工作程序等。 （6）标准化工作和质量管理有着极其密切的关系。标准化是质量管理的基础，质量管理是贯彻执行标准的保证。 （7）标准化工作的贯彻实施一步也离不开质量管理。质量管理是贯彻执行标准的保证
2	计量和理化工作	（1）计量和理化工作（包括测试、化验、分析等工作），是保证化验分析、测试计量的量值准确和统一，确保技术标准的贯彻执行，保证零部件互换和产品质量的重要手段。 （2）正确、合理地使用计量器具。要经常教育员工爱护计量器具， 要不断提高员工的技术水平，正确制定和严格贯彻执行有关计量器具使用和维护方面的规划和制定。 （3）严格执行计量器具的检定。为了确保计量器具的质量，对企业所有的计量器具，必须按照国家检定规程规定的检定项目和方式进行检定。主要包括：入库检定、入室检定、周期检定、返还检定。 （4）计量器具的及时修理和报废。对于磨损的计量器具，要根据检定结果，按照损坏程度的不同而分别处理。该废则废，该换则换，该修则修。

续表

序号	项目	内容
		（5）计量器具的存放保管。对仓库储藏的计量器具，要合理存放，妥善保管。 （6）逐步实现检测手段和计量技术的现代化
3	质量信息工作	（1）企业的质量信息必须准确、及时、全面、系统和完整。 （2）保证数据、资料的准确性，是质量信息工作的生命。 （3）质量信息工作，还必须做到提供资料的及时性。 （4）质量信息工作，还必须做到全面、系统和完整。质量信息工作才能真正成为认识质量规律的耳目，成为全面质量管理的可靠基础
4	质量教育工作与质量责任制	（1）企业推行全面质量管理和贯彻 ISO9000 族标准，是涉及企业各部门和全体员工的一项综合性的管理工作。 （2）实行严格的质量责任制，才能建立起正常的生产技术工作秩序，才能加强对设备、工模、原材料和技术工作的管理，才能统一工艺操作，才能从各个方面有力地保证产品质量

考点 3　工程质量管理体系

工程质量管理体系的性质、特点和构成

序号	项目	内容
1	工程质量管理体系的性质	（1）工程质量管理体系是以工程项目为对象，由工程项目实施的总组织者负责建立的面向项目对象开展质量控制的工作体系。 （2）工程质量管理体系是工程项目管理组织的一个目标控制体系，它与项目投资控制、进度控制、职业健康安全与环境管理等目标控制体系，共同依托于同一项目管理组织机构。 （3）工程质量管理体系根据工程项目管理的实际需要而建立，随着工程项目的完成和项目管理组织的解体而消失，是一个一次性的质量管理工作体系，不同于企业质量管理体系。 （4）建设工程质量管理体系既不是业主方也不是施工方的质量管理体系或质量保证体系，而是整个建设工程项目目标控制的一个工作系统
2	工程质量管理体系的特点	建设工程项目质量管理系统是面向项目对象而建立的质量控制工作体系，它与建筑企业或其他组织机构按照 GB/T 19000 族标准建立的质量管理体系相比较，有如下不同： （1）目的不同。工程质量管理体系只用于特定的工程项目质量管理，而不是用于建筑企业或组织的质量管理，其建立的目的不同。 （2）服务范围不同。工程质量管理体系涉及工程项目实施过程所有的质量责任主体，而不只是针对某一个承包企业或组织机构，其服务的范围不同。

续表

序号	项目	内容
		（3）目标不同。工程质量管理体系的管理目标是工程项目质量目标，并非某一具体建筑企业或组织的质量管理目标，其控制的目标不同。 （4）作用时效不同。工程质量管理体系与项目管理组织系统相融合，是一次性的质量工作体系，并非永久性的质量管理体系，其作用的时效不同。 （5）评价的方式不同。工程质量管理体系的有效性一般由项目管理的总组织者进行自我评价与诊断，不需进行第三方认证，其评价的方式不同
3	工程质量控制体系的结构	（1）多层次结构。多层次结构是对应于工程系统的单项、单位工程项目的质量管理体系。在大中型工程项目尤其是群体工程项目中，第一层次的质量管理体系应由建设单位的工程项目管理机构负责建立；在委托项目管理或实行交钥匙式工程总承包的情况下，应由相应的项目管理机构、工程总承包企业项目管理机构负责建立。第二层次的质量管理体系，是指分别由项目的设计总负责单位、施工总承包单位等建立的相应管理范围内的质量管理体系。第三层次及以下，是承担工程设计、施工安装、材料设备供应等各承包单位的现场质量自控体系，或称各自的施工质量保证体系。 （2）多单元结构。多单元结构是指在工程质量管理总体系下，第二层次的质量管理体系及其以下的质量自控或保证体系可能有多个

工程质量管理体系的建立原则和程序

序号	项目	内容
1	工程质量管理体系的建立原则	（1）分层次规划原则。过程质量管理体系的分层次规划，是指项目管理的总组织者（建设单位或项目管理企业）和承担项目实施任务的各参与单位，分别进行不同层次和范围的建设工程项目质量管理体系规划。 （2）目标分解原则。工程质量管理系统总目标的分解，是根据管理系统内工程项目的分解结构，将工程项目的建设标准和质量总体目标分解到各个责任主体，明示于合同条件，由各责任主体制定出相应的质量计划，确定其具体的控制方式和控制措施。 （3）质量责任制原则。工程质量管理体系的建立，应按照《中华人民共和国建筑法》和《建设工程质量管理条例》有关工程质量责任的规定，界定各方的质量责任范围和控制要求。 （4）系统有效性原则。工程质量管理体系，应从实际出发，结合项目特点、合同结构和项目管理组织系统的构成情况，建立工程项目各参与方共同遵循的质量管理制度和控制措施，并形成有效的运行机制

续表

序号	项目	内容
2	工程质量管理体系的建立程序	（1）确立工程质量责任的网络架构。首先明确系统各层面的工程质量负责人。一般应包括承担项目实施任务的项目经理（或工程负责人）、总工程师，项目监理机构的总监理工程师、专业监理工程师等，以形成明确的工程质量责任者的关系网络架构。 （2）制定工程质量管理制度。工程质量管理制度包括质量控制例会制度、协调制度、报告审批制度、质量验收制度和质量信息管理制度等。形成建设工程质量管理体系的管理文件或手册，作为承担建设工程项目实施任务各方主体共同遵循的管理依据。 （3）分析工程质量管理界面。工程质量管理体系的质量责任界面，包括静态界面和动态界面。一般说静态界面根据法律法规、合同条件、组织内部职能分工来确定。动态界面主要是指项目实施过程中设计单位之间、施工单位之间、设计与施工单位之间的衔接配合关系及其责任划分，必须通过分析研究，确定管理原则与协调方式。 （4）编制工程质量计划。工程项目管理总组织者，负责主持编制建设工程项目总质量计划，并根据质量管理体系的要求，部署各质量责任主体编制与其承担任务范围相符合的质量计划，并按规定程序完成质量计划的审批，作为其实施自身工程质量控制的依据

工程质量管理体系的运行

序号	项目	内容
1	运行环境	工程质量管理体系的运行环境，主要是指为系统运行提供支持的管理关系、组织制度和资源配置的条件。 （1）项目合同结构。建设工程合同是联系建设工程项目各参与方的纽带，只有在项目合同结构合理，质量标准和责任条款明确，并严格进行履约管理的条件下，工程质量管理体系的运行才能成为各方的自觉行动。 （2）质量管理资源配置。质量管理资源配置，包括专职的工程技术人员和质量管理人员的配置；实施技术管理和质量管理所必需的设备、设施、器具、软件等物质资源的配置。人员和资源的合理配置是质量控制体系得以运行的基础条件。 （3）质量管理组织制度。工程质量管理体系内部的各项管理制度和程序性文件的建立，为质量管理系统各个环节的运行，提供必要的行动指南、行为准则和评价基准的依据，是系统有序运行的基本保证
2	运行机制	工程质量管理体系的运行机制，是由一系列质量管理制度安排所形成的内在动力。运行机制是工程质量管理体系的生命，机制缺陷是造成系统运行无序、失效和失控的重要原因。

续表

序号	项目	内容
		（1）动力机制。动力机制是工程质量管理体系运行的核心机制，它来源于公正、公开、公平的竞争机制和利益机制的制度设计或安排。 （2）约束机制。没有约束机制的管理体系是无法使工程质量处于受控状态的。约束机制取决于各质量责任主体内部的自我约束能力和外部的监控效力。约束能力表现为组织及个人的经营理念、质量意识、职业道德及技术能力的发挥；监控效力取决于项目实施主体外部对质量工作的推动和检查监督。两者相辅相成，构成了质量控制过程的制衡关系。 （3）反馈机制。运行状态和结果的信息反馈，是对工程质量管理系统的能力和运行效果进行评价，并为及时作出处置提供决策依据。因此，必须有相关的制度安排，保证质量信息反馈的及时和准确，坚持质量管理者深入生产第一线，掌握第一手资料，才能形成有效的质量信息反馈机制。 （4）持续改进机制。在项目实施的各个阶段，不同的层面、不同的范围和不同的质量责任主体之间，应用 PDCA 循环原理展开质量控制，同时注重抓好质量控制点的设置，加强重点控制和例外控制，并不断寻求改进机会、研究改进措施，才能保证建设工程项目质量控制系统的不断完善和持续改进，不断提高质量控制能力和控制水平

5.2 施工质量抽样检验和统计分析方法

考点 1 施工质量抽样检验方法

抽样检验缘由

序号	项目	内容
1	含义	抽样检验是指从一批产品中抽取适当数量产品作为样本，对这些样本产品逐一进行检验，以此来判别整批产品是否符合标准和能否接收的过程
2	缘由	（1）破坏性检验，无法采取全数检验方式。 （2）全数检验有时会耗时长，在经济上也未必合算。 （3）采取全数检验方式，未必能绝对保证 100%的合格品

检验批

序号	项目	内容
1	含义	（1）提供检验的一批产品称为检验批，检验批中所包含的单位产品数量称为批量，通常记作N。

续表

序号	项目	内容
		（2）检验批有稳定和流动两种形式： ①稳定批，是指将产品整批存放在一起，即批中所有单位产品是同时提交检验的。只要条件允许，最好采用稳定批形式，其优点是容易进行抽样检验。 ②流动批，则是指检验批中的单位产品逐个从检验点通过，由检验人员直接进行检验。当一批产品体积大、检验批量大，需要较大储存场所时，需要采用流动批形式。此外，工序检查也可采用流动批形式
2	构成	（1）构成一批的所有单位产品，不应有本质差别，只能有随机波动。 （2）一个检验批应当是由生产条件基本相同、生产时间基本一致的同形式、同等级、同类型、同尺寸及同成分的单位产品所组成。 （3）构成检验批的上述条件通常很难同时得到满足，只要生产处于稳定状态，应采用较大的检验批
3	批量	（1）一批产品所包含的产品总数称为批量。批量大小没有统一规定。 （2）一般情况下，质量不太稳定的产品，以小批量为宜；质量很稳定的产品，批量可以取大些。但批量不能过大，批量过大，一旦误判，造成的损失也很大
4	批质量衡量方法	（1）计数方法 ①以批不合格品率为质量指标，也称为计件。 ②以批中每百单位产品的平均不合格数为质量指标，不合格数应为不合格品（个）数×不合格项数，也称为计点。计算公式分别如下： $\text{批不合格品率}=\frac{\text{批中不合格个数}}{\text{批量}}\times 100\%$ $\text{每百单位产品平均不合格数}=\frac{\text{批中不合格数}}{\text{批量}}\times 100$ （2）计量方法 ①以批中单位产品某个质量特性的平均值为质量指标。 ②以批中单位产品某个质量特性的标准差为质量指标等

随机抽样方法

序号	项目	内容
1	简单随机抽样	（1）简单随机抽样就是排除人的主观因素，按以下方式逐个抽取样本单元的方法：第一样本单元从总体中所有N个抽样单元中随机抽取；第二个样本单元从剩下的（$N-1$）个抽样单元中随机抽取；……；依此类推，直至抽取n个样本单元为止。 （2）实际应用中，简单随机抽样常借助于随机数骰子或随机数表来进行。 （3）简单随机抽样方法广泛用于原材料、构配件进货检验和分项工程、分部工程、单位工程完工后检验

续表

序号	项目	内容
2	系统随机抽样	（1）系统随机抽样是指将总体中的抽样单元按某种次序排列，在规定范围内随机抽取一个或一组初始单元，然后按一套规则确定其他样本单元的抽样方法。 （2）如每隔一定时间或空间抽取一个样本，其第一个样本是随机的，所以又称为机械随机抽样。 （3）用系统随机抽样得到的样本称为系统样本。 （4）系统随机抽样方法主要用于工序质量检验
3	分层随机抽样	（1）分层随机抽样是指将总体分割成互不重叠的子总体（层），在每层中独立地按给定的样本量进行简单随机抽样。 （2）不同班组生产的同一种产品组成一个批，考虑各班组生产的产品质量可能会有波动，为了获得有代表性的样本，便可将整批产品按不同班组分成若干层。可使同一层内的产品质量均匀整齐，然后在各层内再分别抽取样本
4	分级随机抽样	（1）分级随机抽样是指第一级抽样从总体中抽取初级抽样单元，以后每一级抽样是在上一级抽样单元中抽取次一级的抽样单元。 （2）分级随机抽样一般用于总体很大的情况
5	整群随机抽样	（1）整群随机抽样是指将总体分成若干互不重叠的群，每个群由若干个体组成。 （2）总体中随机抽取若干个群，抽出的群中所有个体便组成样本

抽样检验分类

序号	项目	说明
1	按检验目的不同	（1）监督检验 是除生产方、用户外，受委托的第三方机构或政府部门为督促产品生产者或经销者切实履行自已在产品质量方面的义务和责任，以法律法规为依据而实施的检验。 （2）验收检验 是指通过检查判断产品是否合乎质量标准而进行的检验，不可将验收抽样方案盲目地用于监督抽样
2	按产品质量特征不同	（1）计数抽样检验 如果在抽样检验中只是利用计数检验结果，即：样本中不合格品个数，就称为计数抽样检验。计数抽样检验具有使用简便、运用范围广泛等优点。缺点是所需要的样本量较大，样本信息利用也不充分。 （2）计量抽样检验 如果在抽样检验中只是利用计量检验结果，如：样本均值或样本标准差等，就称为计量抽样检验。计量抽样检验具有信息利用充分、需要的样本量较小等优点。缺点是使用程序较繁琐，适用范围较窄

续表

序号	项目	说明
3	按抽取样本次数不同	（1）一次抽样检验 一次抽样检验是最简单的抽样检验，只需抽取样本一次，就可作出一批产品抽检合格与否的判断。 （2）二次抽样检验 是指先抽第一样本（第一次抽样），若能作出抽检合格与否的判断，则检验工作终止。否则，再抽第二样本，然后作出判断。 （3）多次抽样检验 多次抽样检验与二次抽样检验类似。每次抽取一批产品进行检验，若能按判断规则做出抽查合格与否的判断，则检验工作终止；否则，再进行下一次抽检，直至能做出抽捡合格与否的判断为止
4	按抽样方案是否可调整	（1）调整型抽样检验 主要是根据产品质量变化情况，按照预先确定的规则适当地调整抽样方案。一般地，当批质量处于正常情况时，采用正常抽样方案；当批质量变坏时，改用加严抽样方案；当批质量显著变好时，允许使用放宽抽样方案。调整型抽样检验是充分利用产品质量历史，在保证批质量的前提下，达到减少样本、降低检验费用的目的。 （2）非调整型抽样检验 一般不利用产品的质量历史，使用中也没有调整规则，适用于对孤立批产品的检验
5	按是否可组成批	（1）逐批检验 逐批交付的，如果每一批都进行检验，就称为逐批检验。 （2）连续抽样检验 有些产品不能在形成批之后进行检验，而是在生产过程中进行检验，这就需要在重要工序设立固定检验点进行直接抽检，称为连续抽样检验或流动批检验

施工质量检验方法

序号	项目	内容	说明
1	感观检验法	感观检验法是以施工规范和检验标准为依据，利用人体的视觉器官、听觉器官和触觉器官来检验施工质量情况	①“看”，就是根据质量标准要求进行外观检查，例如结构表面是否有裂缝、混凝土振捣是否符合要求等。 ②“摸”，就是通过手感触摸进行检查鉴别。 ③“敲”，就是运用敲击方法进行音感检查，根据声音虚实、脆闷判断有无质量问题。 ④“照”，就是通过人工光源或反射光照射，仔细检查难以看清的部位

续表

序号	项目	内容	说明
2	物理检验法	（1）度量检测法	①度量检测法是指利用工具和设备通过检测材料、构件、工程等的长度、质量、体积、密度等来判定工程质量情况。 ②工程实践中常用的度量检测工具和设备有钢尺、卡尺、塞尺、水平仪、经纬仪、激光测距仪、超声波探测仪、赫兹密度仪、K30密实度检测车等
		（2）电性能检测法	①电性能检测法是指利用电工电子仪器和适当的测量方法来检测电器设备和材料性能的方法。 ②工程建设中，这种方法常被用来检验电气安装工程中各种电器设备和材料的绝缘电阻值、避雷接地和保护接地的电阻值、电器设备的运转电流及电压值等。 ③常用的检测仪器有绝缘电阻摇表、接地电阻摇表、电流表、电压表和万用表。万用表一般是用来检测和校对电缆接线正确与否的
		（3）机械性能检测法	①机械性能检测法是指利用物理力学专用仪器对工程材料、构件等机械性能进行检测的方法。 ②工程建设中，机械性能检测项目一般是指钢材的抗拉、抗弯、抗剪和焊接性能；混凝土的抗压、抗渗性；水泥砂浆的抗压性能；机砖的抗压、抗拉、抗剪性能等。 ③机械性能检测通常是由施工现场抽取检验样品，送至有资质的工程质量检测机构进行检测
		（4）无损检测法	①无损检测法是指在不损坏被检物的前提下，对被检物内部或表面缺陷、性质、状态和结构进行检验的方法。 ②常用的无损检测方法是射线探伤法、超声波探伤法等。此类方法常用来检测混凝土内部质量（如桩基）和钢材焊接质量。 ③超声和射线照相方法主要用于探测被检物的内部缺陷。 ④渗透方法仅用于探测被检物表面开口的缺陷。 ⑤磁粉和电磁（涡流）方法用于探测被检物的表面和近表面缺陷

续表

序号	项目	内容	说明
3	化学检验法	化学检验法是指利用化学试剂和试验仪器对工程材料的化学成分及其含量进行测定的方法。这种方法常用来检测水泥、钢材的化学成分	①根据测定对象不同，化学检验法可分为无机分析和有机分析。 ②根据试样用量不同，化学检验法可分为常量分析、半微量分析、微量分析和超微量分析。 ③根据分析目的不同，化学检验法可分为定性分析和定量分析。定性分析是测定未知物质含有哪些组分，定量分析是测定被测组分的含量。目前施工多数为已知组分的定量分析。定量分析又分为常规化学分析和仪器分析两大类
4	现场试验法	现场试验法是指直接在施工现场对工程构件、设备等进行试验的方法	常见的试验有：桩基的静载试验、小应变试验；给水工程、供暖工程中的压力试验；设备安装工程中的设备试运行；电器安装工程中的电器设备动作试验等
5	其他试验检验方法	如高低温试验、湿热试验、防腐试验、防雷试验、密封试验、振动试验、老化试验等	

无损检测方法分类

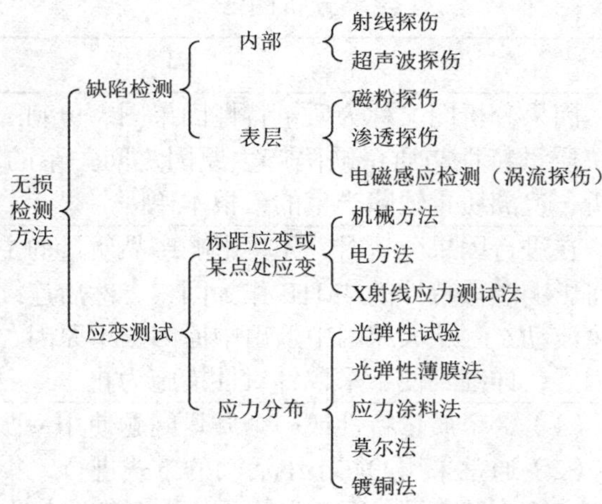

考点 2　施工质量统计分析方法

分层法

序号	项目	内容
1	含义	(1)分层法是指将调查收集的原始数据，根据不同的目的和要求，按某一性质进行分组整理的分析方法。每组就称为一层，因此分层法又称为分类法或分组法。

续表

序号	项目	内容
		（2）分层的结果是使各层间数据的差异突显出来，在此基础上进行层间、层内的比较分析，可以更深入地发现和认识质量问题及其产生原因
2	应用	（1）分层法是工程质量统计分析中的一种最基本方法。 （2）排列图法、直方图法、控制图法、相关图法等统计方法通常需要与分层法配合使用，常常是首先利用分层法将原始数据分组后，再应用其他统计分析方法进行分析

调查表法

序号	项目	内容
1	含义	调查表法又称为调查分析法、检查表法，是指利用专门设计的统计表对工程质量数据进行收集和整理，并粗略地进行原因分析的一种方法
2	分类	根据使用目的不同，采用的调查表有：工序分布检查表、缺陷位置检查表、不良项目检查表、不良原因检查表等。检查表的形式繁多，也可根据数据收集的需要自行设计调查表
3	应用	调查表法往往会与分层法结合起来应用，可以更好、更快地找出问题的原因，以便采取改进措施

因果分析图法

序号	项目	内容
1	含义	因果分析图又称为质量特性因果图、鱼刺图或树枝图，是一种反映质量特性与质量缺陷产生原因之间关系的图形工具，可用来分析、追溯质量缺陷产生的最根本原因
2	原理	在进行因果分析时，先将影响产品质量的主要特性作为“结果”，将影响质量特性的 4M1E 作为因素，然后连续追究“因素为什么发生波动？”从大原因中追出中原因、小原因，直至追出关键的具体因素，详细到便于采取针对性措施为止
3	注意事项	（1）一个质量特性或一个质量问题使用一张图分析。 （2）通常采用 QC 小组活动的方式进行，集思广益，共同分析。 （3）必要时可邀请 QC 小组以外的有关人员参与，广泛听取意见。 （4）分析时要充分发表意见，层层深入，列出所有可能的原因。 （5）在充分分析的基础上，由各参与人员采用投票或其他方式，从中选择 1～5 项多数人达成共识的最主要原因

排列图法

序号	项目	内容
1	含义	排列图法又称为主次因素分析法或帕累托图法，是用来分析影响质量主次因素的有效方法

续表

序号	项目	内容
2	图形	（1）排列图由两个纵坐标、一个横坐标、若干个连起来的直方形和一条曲线组成。 （2）左侧纵坐标是频数或件数，右侧纵坐标是累计频率；横坐标表示影响质量的各个因素（或项目），按影响程度大小从左至右排列。 （3）直方图形的高度表示影响因素的影响大小，将其累计频率（百分数）点连成一条折线，即为帕累托曲线
3	应用	（1）将累计频率在0～80%范围内的因素定为A类因素，即主要因素；累计频率在80%～90%范围内的因素定为B类因素，即次要因素；累计频率在90%～100%范围内的因素定为C类因素，即一般因素。 （2）A类因素是需要加强控制、重点管理的对象；对B类因素可按常规管理；对C类因素则可放宽管理，以利于将主要精力放在改善A类因素上

相关图法

序号	项目	内容
1	含义	（1）相关图又称为散布图，是用来观察分析两种质量数据之间相关关系的图形方法。 （2）通过绘制散布图，计算相关系数等，可分析研究两个变量之间是否存在相关关系，以及这种关系的密切程度，进而对相关程度密切的两个变量，通过对其中一个变量的观察控制，去估计控制另一个变量的数值，以达到控制工程质量的目的
2	相关图绘制	（1）首先从生产过程中随机收集两种相关变量的对应数据（一般不少于30个），然后将这些数据点描绘在直角坐标图中，即可得到相关图。 （2）相关图中纵横坐标均为变量，可以是两个质量特性，也可以是两个影响因素，最常用的是以质量特性和影响因素为纵横坐标的相关图
3	相关图观察分析	（1）正相关 散布点基本形成由左至右向上变化的一条直线带，即随x增加，y值也相应增加，说明x与y有较强的制约关系。此时，可通过控制x而有效地控制y的变化。 （2）弱正相关 散布点形成向上较分散的直线带。随x值的增加，y值也有增加趋势，但x、y的关系不像正相关那么明确。说明y除受x影响外，还受其他更重要的因素影响。需要进一步利用因果分析图法分析其他影响因素。 （3）不相关 散布点形成一团或平行于x轴的直线带。说明x变化不会引起y的变化或其变化无规律，分析质量原因时可排除x因素。

续表

序号	项目	内容
		（4）负相关 散布点形成由左向右向下的一条直线带，说明x对y的影响与正相关恰恰相反。 （5）弱负相关 散布点形成由左至右向下分布的较分散的直线带。说明x与y的相关关系较弱，且变化趋势相反，应考虑寻找影响y的其他更重要的因素。 （6）非线性相关 散布点呈一曲线带，即在一定范围内x增加，y也增加；超过这个范围后，x增加，y则有下降趋势，或改变变动的斜率呈曲线形态

直方图法

序号	项目	内容	说明
1	含义	直方图又称频数分布直方图，是用来反映产品质量数据分布状态和波动规律的统计分析方法	直方图的主要用途是：判断工序的稳定性；推断工序质量规格标准的满足程度；分析不同因素对质量的影响；计算工序能力等
2	直方图绘制步骤	（1）收集整理数据	将抽样检查得到的一批（一般不小于 100 个，如确实达不到，至少也应大于 50 个）质量数据按大小分成若干组，在坐标图上画出以组距为底、以每组频数为高的一系列矩形图形
		（2）计算极差R	极差R是质量数据中最大值与最小值之差
		（3）对数据分组，确定组距和组界	①确定组数k。组数的多少应根据数据总量来确定。组数过少，会掩盖数据分布规律；组数过多，数据分布过于零乱，不能显示出总体分布状况。 ②确定组距h。组距是组与组之间的间隔，也即一个组的范围。各组距应相等。组数、组距的确定应结合极差综合考虑，并进行适当调整。数值尽量取整，使分组结果能包括全部数据，同时也便于计算分析。 ③确定组界
		（4）编制数据频数统计表	—
		（5）绘制频数分布直方图	—

续表

<table>
<tr><th>序号</th><th>项目</th><th>内容</th><th>说明</th></tr>
<tr><td rowspan="2">3</td><td rowspan="2">直方图观察分析</td><td>（1）观察直方图形状，判断产品质量状况（将直方图分布状态与正态分布图进行对比，可分析判断产品质量状况）</td><td>①正常型。正常型直方图基本符合正态分布规律，其形状特征为中间高、两侧低，左右接近对称。表示工序处于稳定状态，只存在随机误差。
②折齿型。折齿型直方图是由于分组不当或组距确定不当而造成的。
③左（或右）缓坡型。左（或右）缓坡型直方图主要是由于操作中对上限（或下限）控制太严造成的。
④孤岛型。孤岛型直方图是因原材料发生变化，或短时间内工人操作不熟练造成的。
⑤双峰型。双峰型直方图往往是因取样时混批所致，如将两台设备、两种不同施工方法的产品混在一起或在两个不同批量中取样等。
⑥峭壁型。峭壁型直方图通常是因数据收集不正常，可能有意识地去掉下限以下的数据，或是在检测过程中某种人为因素造成的</td></tr>
<tr><td>（2）将直方图与质量标准比较，判断实际生产能力（在观察分析直方图整体形状的同时，还可将直方图与质量标准对比，借以判断工序对标准的适应能力和改善余地）</td><td>①B在T中间，质量分布中心$\overline{x}$与质量标准中心M正好重合，两侧还有一定余地，表明工序质量稳定，不会出废品。
②B虽在T内，但质量分布中心$\overline{x}$与质量标准中心M不重合，偏向一侧。如果生产状态一旦发生变化，就可能超出质量标准下限而出现不合格品。出现这种情况时，应及时采取措施，使直方图移到中间来。
③B在T中间，且B的范围与质量标准的范围重合，没有余地。生产过程一旦发生小的变化，产品的质量特性值就可能超出质量标准。出现这种情况时，必须立即采取措施，以缩小质量特性的分布范围。
④B在T中间，质量分布中心$\overline{x}$与质量标准中心M正好重合，但两侧余地太大。表明工序稳定，但工序能力过于宽裕，经济性差。在这种情况下，可以对原材料、设备、工艺、操作等方面的控制要求适当放宽，降低成本或缩小公差范围。</td></tr>
</table>

续表

序号	项目	内容	说明
		（2）将直方图与质量标准比较，判断实际生产能力（在观察分析直方图整体形状的同时，还可将直方图与质量标准对比，藉以判断工序对标准的适应能力和改善余地）	⑤B的中心与T的中心偏离较大，表示实际质量分布过于偏离质量标准中心，已经单边超限，出现不合格品。 ⑥质量分布范围已超出质量标准的上、下界限，表明工序能力太小，必然出现不合格品。此时，应提高工序能力，使工序质量符合标准要求。 注：B——质量特性（如混凝土强度、尺寸）的实际分布范围；T——质量标准的范围

控制图法

序号	项目	内容	说明
1	含义	控制图又称为管理图，是一种在直角坐标系内画有控制界限，描述生产过程中产品质量波动状态的图形	利用控制图分析质量波动原因，判明生产过程
2	控制图基本形式	（1）控制图的横坐标通常表示按时间顺序抽样的样本编号，纵坐标表示质量特性值或其统计量（如样本平均值等）。 （2）控制图一般有三条线：上面一条虚线为上控制线（UCL），下面一条虚线为下控制线（LCL），中间一条实线为中心线（CL）	①控制界限一般根据“3σ”原理来确定，上下控制界限标志着质量特性值允许波动范围是否处于稳定状态的方法，称为控制图法。 ②在生产过程中，通过抽样取得数据后，将样本统计量描在图上来分析生产过程状态。如果点子随机落在上、下控制界限内，则表明生产过程正常并处于稳定状态，不会产生不合格品；如果点子超出控制界限，或点子排列有缺陷，则表明生产状况有异常，生产过程处于失控状态
3	控制图种类	（1）按控制图的用途分类，控制图可分为：分析用控制图和管理（控制）用控制图	①分析用控制图主要是用来调查分析生产过程是否处于控制状态。绘制分析用控制图时，一般需连续抽取20～25组样本数据，计算控制界限。

续表

序号	项目	内容	说明
			②管理用控制图主要用来控制生产过程，使之经常保持在稳定状态。当根据分析用控制图判明生产过程处于稳定状态时，一般都是将分析用控制图的控制界限延长作为管理用控制图的控制界限，并按一定的时间间隔取样、计算、打点，根据点子分布情况判断生产过程是否有异常原因影响
		（2）按质量数据特点分类，控制图可分为：计量值控制图和计数值控制图	①计量值控制图主要适用于质量特性属于计量值的控制，如时间、长度、重量、强度、成分等连续型变量。计量值性质的质量特性值服从正态分布规律。 ②计数值控制图通常用于控制质量数据中的计数值，如不合格品数、疵点数、单位面积上的疵点数等离散型变量
4	控制图的观察分析	（1）稳定状态	同时满足以下两个条件时，可以认为生产过程基本上处于稳定状态： ①连续 25 点中没有一点在界限外或连续 35 点中最多一点在界限外或连续 100 点中最多 2 点在界限外。 ②控制界限内的点子随机排列且没有缺陷
		（2）异常情形	①连续 7 点或更多点在中心线同一侧。 ②连续 7 点或更多点呈上升或下降。 ③连续 11 点中至少有 10 点在中心线同一侧。 ④连续 14 点中至少有 12 点在中心线同一侧。 ⑤连续 17 点中至少有 14 点在中心线同一侧。 ⑥连续 20 点中至少有 16 点在中心线同一侧。 ⑦连续 3 点中至少有 2 点和连续 7 点中至少有 3 点落在二倍标准差与三倍标准差控制界限之间。 ⑧点子呈周期性变化

注：如果生产过程处于稳定状态，则把分析用控制图转为管理用控制图。分析用控制图是静态的，而管理用控制图是动态的。

5.3 施工质量控制

考点1 施工准备质量控制

施工质量控制

序号	项目	内容	说明
1	含义	施工质量控制是指为达到施工项目质量要求所采取的作业技术和活动	施工阶段是工程实体最终形成的阶段，也是工程质量和工程使用价值最终形成和实现的阶段。是工程质量控制的重要阶段
2	环节	（1）施工质量控制是一个包含事前控制、事中控制和事后控制三大环节的系统过程。 （2）事前控制，就是要预先进行周密的质量计划，并按质量计划进行质量活动前准备工作状态的控制。 （3）事中控制，是指对产品生产过程中各项作业技术活动操作者的行为约束和对质量活动过程和结果的监督控制。 （4）事后控制，是指对质量活动结果的评价认定和对质量偏差的纠正	①完整的施工质量控制体系是一个自控与他控相结合的控制体系。 ②增强操作者质量意识、坚持质量标准，实现有效的自我控制是关键，他人控制是必要补充，没有前者或用以后者取代前者都是不正确的

施工准备质量控制

序号	项目	内容	说明
1	施工准备工作基本要求	（1）施工准备工作应有组织、有计划，分阶段有步骤地进行。 （2）要建立严格的施工准备工作责任制及相应的检查制度。 （3）要坚持按工程建设程序办事，严格执行开工报告制度。 （4）施工准备工作必须贯穿于施工全过程。 （5）施工准备工作要取得各相关单位的支持与配合	
2	施工技术准备	（1）熟悉与会审图纸	施工图会审会议由建设单位主持，设计单位和施工单位、工程监理单位参加。形成“图纸会审纪要”，与会各方会签、盖章，作为与设计文件同时使用的技术文件和指导施工的依据

续表

序号	项目	内容	说明
		（2）编制和报审施工组织设计	①施工单位在完成施工组织设计的编制及内部审批工作后，报请项目监理机构审查，由总监理工程师审核签认。 ②项目监理机构审查批准的施工组织设计应报送建设单位。 ③施工单位应按审查批准的施工组织设计文件组织施工
3	施工现场准备	（1）测量控制网的控制	①按照工程总平面图及给定的永久性经纬坐标控制网和水准控制基桩，进行施工测量，设置永久性经纬坐标桩、水准基桩和建立场区工程测量控制网。 ②在测量放线时，应校验校正全站仪、经纬仪、水准仪、钢尺等测量仪器；编制切实可行的测量方案，包括平面控制、标高控制、沉降观测和竣工测量等工作。 ③工程定位放线，一般通过设计图中平面控制轴线来确定工程（建筑物）位置，测定并经自检合格后提交有关部门和建设单位或监理人员验线，以保证定位的准确性。沿红线的建设工程放线后，还要由城市规划部门验线，以防止建设工程压红线或超红线，为正常顺利地施工创造条件
		（2）施工平面布置的控制	①建设单位按照合同约定并结合施工的实际需要，事先划定并提供施工用地和现场临时设施用地的范围，协调平衡和审批各施工单位的施工平面布置方案。 ②施工单位应根据批准的施工平面布置图和施工进度计划的安排，科学合理地使用施工场地，正确布置施工机械设备和其他临时设施，维护现场施工道路畅通，合理控制材料的进场与堆放，保证充足的水电供应，保持良好的防洪排涝能力。 ③项目监理机构要检查施工现场平面布置是否合理，是否有利于保证施工的正常、顺利地进行，是否有利于保证质量，特别要对场区的道路、防洪排水、器材存放、给水及供电、混凝土供应及主要垂直运输机械设备布置等方面进行重点检查与控制

续表

序号	项目	内容	说明
4	材料、构配件质量控制	（1）材料、构配件需要量计划	①材料准备主要是根据施工预算，并根据施工进度计划要求，按材料名称、规格、使用时的材料消耗定额和储备定额进行汇总，编制出各类材料的需要量计划，为组织备料、确定仓库、场地堆放所需的面积和组织运输等提供依据。 ②构配件、制品的加工准备，应根据施工预算提供的构配件、制品的名称、规格、质量和消耗量，确定加工方案和供应渠道及进场后的储存地点和方式，编制构配件、制品需要量计划，为组织运输、确定堆场面积等提供依据
		（2）材料、构配件采购订货	①施工单位应编制合理的材料采购供应计划。 ②对于半成品或构配件，应按设计文件和图纸要求采购订货，质量应满足有关标准和设计要求，交货期应满足施工及安装进度安排需要。 ③建立合格供应商的资格审查制度，优选材料的生产商或销售代理商；大宗的器材或材料的采购应当实行招标采购的方式。 ④供货商应提供质量文件，用以表明其提供的货物能够完全达到需方提出的质量要求
		（3）进场材料、构配件检验	①工程采用的主要材料、半成品、成品、构配件、器具和设备应进行进场检验。涉及安全、节能、环境保护和主要使用功能的重要材料、产品应按各专业相关规定进行复验，并应经项目监理机构检查认可。 ②对涉及结构安全、节能、环境保护和主要使用功能的试块、试件及材料，应按规定进行见证检验。见证检验应在建设单位或者项目监理机构的监督下现场取样、封样、送检，检测试样应具有真实性和代表性。 ③进口产品应符合合同规定的质量要求，并附有中文说明书和商检证明，经进场验收合格后方可使用。 ④施工现场的材料、半成品、成品、构配件、器具和设备，在运输和储存时应采取确保其质量和性能不受影响的储存及防护措施。

续表

序号	项目	内容	说明
			⑤装配式建筑混凝土预制件的原材料质量、钢筋加工和连接的力学性能、混凝土强度、构件结构性能、装饰材料、保温材料及拉结件的质量等均应根据国家现行有关标准进行检查和检验，并应严格遵守操作规程和做好质量检验记录。混凝土预制构件出厂时的混凝土强度不得低于设计混凝土强度等级值的75%
		（4）材料、构配件的现场储存和使用	①施工单位必须加强材料、构配件进场后的存储和使用管理。对于材料、半成品、构配件等，应当根据其特点、特性及对防潮、防晒、防锈、防腐蚀、通风、隔热、温度、湿度等方面的不同要求，安排适宜的存放条件，以保证其存放质量。 ②对于按要求存放的材料，施工单位现场材料管理人员应每隔一定时间检查一次，随时掌握材料、构配件的存放质量情况。 ③在材料、器材等使用前，也应对其质量再次检查确认后，方可使用。经检查质量不符合要求的，则不准使用或降低等级使用
5	施工机械配置的控制	（1）要考虑其技术性能、工作效率、可靠性及维修难易、能源消耗，以及安全、灵活等因素，要满足施工生产的实际需求。 （2）要考虑所选择的施工机械设备对施工质量的影响及保证质量的程度。 （3）质量控制主要围绕施工机械设备的选型、机械设备性能参数的确定、机械设备数量、使用操作等方面进行	

考点2　施工过程质量控制

作业技术准备状态的控制

序号	项目	内容	说明
1	质量控制点的设置	（1）含义	①质量控制点是指为保证作业过程质量而确定的重点控制对象、关键部位或薄弱环节。设置质量控制点是保证施工质量达到质量要求的必要前提。 ②施工单位在工程施工前，应根据施工过程质量控制的要求，列出质量控制点明细表，表中详细地列出各质量控制点的名称或控制内容、检验标准及方法等，在此基础上实施质量预控

续表

序号	项目	内容	说明
		（2）质量控制点的设置原则	①施工过程中的关键工序或环节及隐蔽工程，例如预应力结构的张拉工序、钢筋混凝土结构中的钢筋架立等。 ②施工中的薄弱环节或质量不稳定的工序、部位或对象，例如地下防水层施工等。 ③对后续工程施工或对后续工序质量或安全有重大影响的工序、部位或对象，例如预应力结构中的预应力钢筋质量、模板的支撑与固定等。 ④采用新技术、新工艺、新材料的部位或环节。 ⑤施工无足够把握、施工条件困难或技术难度大的工序或环节，例如复杂曲线模板的放样等。 注意：是否设置为质量控制点，主要是视其对质量特性影响的大小、可能造成的危害程度及质量保证难度大小而定
		（3）质量控制点的监控对象	①人的行为。对某些操作或工序，应以人为重点控制对象，例如高空、高温、水下、危险作业等，对人的身体素质或心理应有相应要求；技术难度大或精度要求高的作业，如复杂模板放样、精密仪器设备安装，以及大型重型构件吊装等，对人的操作能力和技术水平均有较高的要求。应从人的生理、心理、技术能力等方面进行控制。 ②材料质量与性能。这是直接影响工程质量的重要因素，在某些工程中应作为控制重点。例如钢结构工程中使用的高强度螺栓、某些特殊焊接使用的焊条，都应重点控制。又如水泥质量是直接影响混凝土工程质量的关键因素，施工中就应对进场的水泥质量进行重点控制，必须检查核对其出厂合格证，并按要求进行强度和安定性复试等。 ③施工方法与关键操作。某些直接影响工程质量的关键操作应作为控制重点，如预应力混凝土结构中钢筋的张拉过程及张拉力控制，是建立预应力值和保证预应力构件质量的关键过程。同时，那些易对工程质量产生重大影响的施工方法，也应列为控制重点，如装配式建筑构件吊装过程中的稳定问题。

续表

序号	项目	内容	说明
			④施工技术参数。如混凝土的外加剂掺量、水胶比、坍落度、抗压强度、回填土含水量、防水混凝土抗渗等级、大体积混凝土内外温差及混凝土冬期施工受冻临界强度、装配式混凝土预制构件出厂时的强度等技术参数，都属于应重点控制的质量参数与指标。 ⑤施工顺序。对于某些工序之间必须严格控制施工的先后顺序，比如对冷拉钢筋应当先焊接后冷拉，否则会失去冷强。屋架的安装固定，应采取对角同时施焊方法，否则会由于焊接应力导致校正好的屋架发生倾斜。 ⑥技术间歇。有些工序之间必须留有必要的技术间歇时间，例如砌筑与抹灰之间，应在墙体砌筑后留 6～10 天时间，让墙体充分沉陷、稳定、干燥后再抹灰；抹灰层干燥后，才能喷刷乳胶漆。混凝土浇筑与模板拆除之间，应保证混凝土有一定的硬化时间，达到规定拆模强度后方可拆除等。 ⑦易发生质量通病的施工过程。例如混凝土工程的蜂窝、麻面、空洞，墙、地面、屋面防水工程渗水、漏水、空鼓、起砂、裂缝等，都与工序操作有关，均应事先研究对策，提出预防措施。 ⑧新技术、新材料及新工艺的应用。由于缺乏经验，施工时应将其作为重点进行控制。 ⑨产品质量不稳定和不合格率较高的工序应列为重点，认真分析、严格控制。 ⑩特殊地基或特种结构。对于湿陷性黄土、膨胀土、红黏土等特殊土地基的处理，以及大跨度结构、高耸结构等技术难度较大的施工环节和重要部位，均应予以特别重视
2	作业技术交底控制	（1）每一分项工程开始实施前均要进行交底。 （2）为做好技术交底，应由项目技术人员编制技术交底书，并经项目技术负责人批准。 （3）技术交底书的内容主要包括：施工方法、质量要求和验收标准、施工过程中需注意的问题、可能出现意外情况的应急方案等。 （4）技术交底要紧紧围绕和具体施工有关的操作者、机械设备、使用的材料、构配件、工艺、工法、施工环境、具体管理措施等方面进行，交底中要明确做什么、谁来做、如何做、作业标准和要求、什么时间完成等。	

续表

序号	项目	内容	说明
		（5）关键部位，或技术难度大、施工复杂的检验批，在分项工程施工前，施工单位的技术交底书（或作业指导书）要报项目监理机构。经项目监理机构审查后，如技术交底书不能保证作业活动的质量要求，施工单位要进行修改补充。 （6）没有做好技术交底的工序或分项工程，不得进入正式实施	
3	进场材料、构配件质量控制	（1）凡运到施工现场的原材料、半成品或构配件，必须附有产品出厂合格证及技术说明书。施工单位按规定要求进行检验的检验或试验报告，经项目监理机构审查并确认其质量合格后，方准进场。 （2）进口材料设备的检查、验收，应会同国家商检部门进行。如在检验中发现质量问题或数量不符合规定要求时，应取得供货方及商检人员签署的商务记录，在规定的索赔期内进行索赔。 （3）材料构配件存放条件的控制。质量合格的材料、构配件进场后，到其使用或安装时通常都要经过一定的时间间隔。在此时间内，如果对材料的存放、保管不良，可能导致质量状况的恶化，如损伤、变质、损坏，甚至不能使用。因此，施工单位要做好材料、半成品、构配件的存放、保管、巡查等工作。 （4）对于某些当地材料及现场配制的制品，施工单位事先要进行试验，达到要求的标准方准施工。除应达到规定的力学强度等指标外，还应注意材料的化学成分对工程质量的影响，充分考虑到施工现场加工条件与设计、试验条件不同而可能导致的材料或半成品质量差异	
4	作业环境状态控制	（1）施工作业环境控制。作业环境条件主要是指水电供应、施工照明、安全防护设备、施工场地空间条件和通道、交通运输和道路条件等。施工单位要对施工作业环境条件做好预先安排并准备妥当。当确认其准备可靠、有效后，方准许进行施工作业。 （2）施工质量管理环境控制。施工质量管理环境主要是指施工单位的质量管理体系和质量控制自检系统是否处于良好状态；项目管理组织结构、管理制度、检测制度、检测标准、人员配备等方面是否完善和明确；质量责任制是否落实。项目监理机构要对施工单位施工质量管理环境进行检查并督促其落实，是保证施工作业效果的重要前提。 （3）现场自然环境条件控制。施工单位对于未来施工期间，可能出现对施工作业质量不利影响的自然环境条件，要有充分的认识并做好充足的准备和制定有效预防措施与对策，以保证工程质量。例如，对严寒季节的防冻；夏季的防高温；高地下水位情况下基坑施工的排水或细砂地基防止流砂；施工场地的防洪与排水；风浪对水上打桩或沉箱施工质量影响的防范等	

续表

序号	项目	内容	说明
5	进场施工机械设备性能及工作状态控制	（1）施工机械设备的进场检查。施工机械设备进场前，施工单位应向项目监理机构报送进场设备清单，列出进场机械设备型号、规格、数量、技术性能（技术参数）、设备状况、进场时间等。施工机械设备进场后，项目监理机构需要根据施工单位报送的清单进行现场核对，核对是否与施工组织设计中所列的内容相符。 （2）机械设备工作状态的检查。施工单位要检查进场施工机械的使用、保养记录，判断其工作状况。对重要的工程机械，如大马力推土机等，施工单位应在现场实际复验，以保证投入作业的机械设备状态良好。 （3）特殊设备安全运行的审核。对于现场使用的塔式起重机及有特殊安全要求的设备，投入使用前，必须经当地劳动安全部门鉴定，符合要求并办好相关手续后方允许投入使用。 （4）大型临时设备的检查。在大型工程项目施工中，施工单位经常会在现场组装大型临时设备，如门式起重机、悬灌施工中的挂篮、架梁起重机、吊索塔架、缆索起重机等。这些设备使用前，施工单位必须取得本单位上级安全主管部门的审查批准，办好相关手续后，经项目监理机构批准后方可投入使用	
6	施工测量及计量器具性能、精度的控制	（1）施工测量开始前，施工单位应向项目监理机构提交测量仪器的型号、技术指标、精度等级、法定计量部门的标定证明、测量工的上岗证明，经项目监理机构审核确认后，方可进行正式测量作业。 （2）在作业过程中应经常检查了解计量仪器、测量设备的性能、精度，使其处于良好状态之中	
7	施工现场劳动组织及作业人员上岗资格的控制	（1）劳动组织涉及从事作业活动的操作者及管理者，以及相应的各种制度。 （2）施工现场从事作业活动的操作者数量必须满足作业需要，相应工种配置能保证作业有序连续进行，不能因人员数量及工种配置不合理而造成停顿。 （3）作业活动的负责人（包括技术负责人）、专职质检人员、安全员、与作业活动有关的测量人员、材料员、试验员必须在岗。 （4）各种相关制度要健全：如各类人员的岗位职责；作业活动现场的安全、消防规定；作业活动中环保规定；试验室及现场试验检测的有关规定；紧急情况的应急处理规定等。 （5）从事特殊作业的人员（如电焊工、电工、起重工、架子工、爆破工）必须持证上岗	

注：作业技术准备状态是指在正式开展施工作业前，各项施工准备工作是否按预先计划的安排落实到位的状况，包括配置的人员、材料、机具、施工环境、通风、照明、安全设施等。

作业技术活动过程质量控制

序号	项目	内容	说明
1	施工单位“三检”制度	（1）施工单位必须有整套的制度及工作程序，即“三检制度”：作业活动结束后，作业者必须自检；不同工序交接，相关人员必须进行交接检查；施工单位专职质检员的专检。 （2）要具有相应的试验设备及检测仪器，配备数量满足需要的专职质检人员及试验检测人员	①项目监理机构的质量检查与验收，是对施工单位作业活动质量的复核与确认；项目监理机构的检查决不能代替施工单位的自检。 ②项目监理机构的检查必须是在施工单位自检并确认合格的基础上进行的。专职质检员未检查或检查不合格不能报项目监理机构。不符合上述规定，项目监理机构一律拒绝进行检查
2	技术复核工作	凡涉及施工作业技术活动基准和依据的技术工作，都应该严格进行专人负责的复核性检查，以避免基准失误给整个工程质量带来难以补救或全局性危害	技术复核是施工单位应履行的技术工作责任，其复核结果应报送项目监理机构复验确认后，才能进行后续相关工序施工
3	见证取样、送检	（1）施工单位在对工程施工中使用的材料、半成品、构配件进行现场取样、工序活动效果检查时，由监理人员进行全程见证。 （2）施工单位在对进场材料、试块、试件、钢筋接头等实施见证取样前，要通知负责见证取样的监理人员	①在监理人员现场监督下，施工单位按相关规范要求，完成材料、试块、试件等的取样过程。 ②完成取样后，施工单位将送检样品装入木箱，由监理人员加封。不能装入箱中的试件，如钢筋样品、钢筋接头，则贴上专用加封标志，然后送往试验室
4	工程变更控制	工程变更要求可能来自建设单位、设计单位或施工单位	为确保工程质量，不同情况下，工程变更的实施，设计图纸的澄清、修改有不同的工作程序
5	质量记录资料	质量记录资料是施工单位进行工程施工或安装期间，实施质量控制活动的记录，还包括项目监理机构对这些质量控制活动的意见及施工单位对这些意见的答复	质量记录资料不仅在工程施工期间对工程质量控制有重要作用，而且在工程竣工和投入运行后，对于查询和了解工程建设质量情况及工程维修和管理也能提供大量有用的资料和信息

注：保证作业活动的效果与质量是施工过程质量控制的基础。

不同主体的变更要求及处理

<table>
<tr><th>序号</th><th>项目</th><th>内容</th><th>说明</th></tr>
<tr><td rowspan="2">1</td><td rowspan="2">施工单位的变更要求及处理</td><td>（1）技术修改</td><td>①施工单位根据施工现场具体条件和自身的技术、经验和施工设备等条件，在不改变原设计图纸和技术文件的前提下，提出对设计图纸和技术文件进行某些技术上的修改。
②在此情形下，施工单位应向项目监理机构提交《工程变更单》，说明要求修改的内容及原因或理由，并附图纸和有关文件。
③技术修改问题通常可由专业监理工程师组织，施工单位和现场设计代表参加，经各方同意后签字并形成纪要，作为工程变更单附件，经总监理工程师批准后实施</td></tr>
<tr><td>（2）工程变更</td><td>①工程变更是指施工期间，对于设计单位在设计图纸和设计文件中所表达的设计标准状态的改变和修改。
②在此情形下，施工单位就要求变更的问题填写《工程变更单》，送交项目监理机构。
③总监理工程师根据施工单位的申请，经与设计、建设、施工单位研究并作出变更决定后，签发《工程变更单》，并附设计单位提出的变更设计图纸。
④施工单位签收后按变更后的图纸施工。
⑤如果工程变更涉及结构主体及安全，该工程变更还要按有关规定报送施工图原审查单位进行审查，否则变更不能实施</td></tr>
<tr><td>2</td><td>设计单位提出变更的处理</td><td colspan="2">（1）设计单位首先将“设计变更通知”及有关附件报送建设单位。
（2）建设单位会同项目监理机构、施工单位对设计单位提交的“设计变更通知”进行研究。必要时，设计单位尚需进一步提供资料，以便对变更作出决定。
（3）总监理工程师签发《工程变更单》，并将设计单位提交的“设计变更通知”作为工程变更单附件。施工单位变更后并经审图机构审查的施工图实施</td></tr>
<tr><td>3</td><td>建设单位（项目监理机构）要求变更的处理</td><td colspan="2">（1）建设单位将变更要求及建议通知设计单位。
（2）设计单位对工程变更要求进行研究，并分析建设单位或项目监理机构提出的建议或解决方案（如果有的话），并将工程变更方案提交建设单位。</td></tr>
</table>

续表

序号	项目	内容	说明
		（3）项目监理机构对工程变更费用及工期影响进行评估，并在此基础上组织建设单位、施工单位等共同协商确定工程变更费用及工期变化，会签《工程变更单》。 （4）施工单位按《工程变更单》要求组织施工	

作业技术活动结果控制

序号	项目	内容	说明
1	工序质量检验	（1）工序质量是基础，直接影响工程项目整体质量。 （2）工序质量的检验就是利用一定的方法和手段，对工序操作及其完成产品的质量进行实际而及时的测定、查看和检查，并将所测得的结果与该工序的操作规程及形成质量特性的技术标准进行比较，从而判断是否合格或是否优良。 （3）在工程施工过程中，施工管理人员要坚持做到：上道工序不合格，不准进入下道工序施工；不合格的材料、构配件、半成品不准进入施工现场且不允许使用，已经进场的不合格品应及时做出标识、记录，指定专人看管，避免用错，并限期清理出现场；不合格的工序或工程产品，不予计价	工序质量检验主要包括以下内容： （1）标准具体化。标准具体化就是把设计要求、技术标准、工艺操作规程等转换成具体而明确的质量要求，并在质量检验中正确执行这些技术法规。 （2）度量。度量是指对工程或产品的质量特性进行检测度量。其中包括检查人员的感观度量、机械器具的测量和仪表仪器的测试，以及化验与分析等。通过度量，提出工程或产品质量特征值的数据报告。 （3）比较。比较是指将度量出来的质量特征值与该工程或产品的质量技术标准进行比较，判断有何差异。 （4）判定。判定是指根据比较结果来判断工程或产品质量是否符合规程、标准要求，并做出结论。判定要用事实、数据说话，防止主观、片面，真正做到以事实、数据为依据，以标准、规范为准绳。 （5）处理。处理是指根据判定结果，对质量合格与优良的工程或产品予以认证。对不合格的工程或产品，则要寻找原因，采取对策措施，予以调整纠偏或返工。 （6）记录。记录要贯穿于整个质量检验全过程，把度量出来的质量特征值完整、准确、及时地记录下来，以供统计、分析、判定、审核和备查

续表

序号	项目	内容	说明
2	隐蔽工程验收	（1）隐蔽工程施工完毕，施工单位按有关技术规程、规范、施工图纸进行自检。自检合格后，填写《隐蔽工程报验申请表》，并附隐蔽工程检查记录及有关证明材料，报送项目监理机构。 （2）项目监理机构收到报验申请后，对质量证明资料进行审查，并在合同规定的时间内到现场检查（检测或核查），施工单位的专职质检员及相关施工人员随同。 （3）经项目监理机构现场检查确认质量符合隐蔽要求，在《隐蔽工程报验申请表》上签字确认，准予施工单位隐蔽、覆盖，进入下一道工序施工。 （4）如经现场检查发现隐蔽工程质量不合格，项目监理机构签发"不合格项目通知"，指令施工单位整改，整改后自检合格再报项目监理机构复查	（1）隐蔽工程验收是指将被其后工程施工所隐蔽的分项、分部工程，在隐蔽前所进行的检查验收。 （2）隐蔽工程验收是对一些已完分项、分部工程质量的最后一道检查。由于检查对象将要被其他工程覆盖，给以后的检查整改造成障碍，故显得尤为重要，隐蔽工程验收是质量控制的一个关键环节
3	工序交接验收	（1）上道工序应满足下道工序的施工条件和要求。对相关专业工序之间也是如此。 （2）通过工序间交接验收，使各工序间和相关专业工程间形成一个有机整体	工序交接验收是指作业活动中一种必要的技术停顿、作业方式转换及作业活动效果的中间确认

注：作业活动结果，泛指作业工序的产出品、分项分部工程的已完施工及已完准备交验的单位工程等。作业技术活动结果控制是施工过程中间产品及最终产品质量控制的方式，只有作业活动的中间产品质量都符合要求，才能保证最终工程的质量。

考点 3　施工质量检查验收

施工质量验收一般规定

序号	项目	内容
1	施工质量验收层次	（1）施工质量验收应包括单位工程、分部工程、分项工程和检验批施工质量验收，并应符合下列规定： ①检验批应根据施工组织、质量控制和专业验收需要，按工程量、楼层、施工段划分，检验批抽样数量应符合有关专业验收标准的规定。 ②分项工程应根据工种、材料、施工工艺、设备类别划分。 ③分部工程应根据专业性质、工程部位划分。 ④单位工程应为具备独立使用功能的建筑物或构筑物。 （2）工程施工前，应由施工单位制定单位工程、分部工程、分项工程和检验批的划分方案，并应由项目监理机构审核、建设单位确认后实施
2	工程文件资料管理要求	（1）应建立工程质量信息公示制度。工程竣工验收合格后，建设单位应在建（构）筑物的明显位置设置有关工程质量责任主体的永久性标牌。 （2）工程文件资料的形成和积累应随工程建设进度同步形成，并应纳入工程建设管理各个环节和有关人员职责范围

施工质量验收要求

序号	项目	验收组织	验收要求
1	检验批	检验批应由专业监理工程师组织施工单位项目专业质量检查员、专业工长等进行验收	（1）检验批质量应按主控项目和一般项目验收，并应符合下列规定： ①主控项目和一般项目的确定应符合国家现行强制性工程建设标准和现行相关标准的规定。 ②主控项目的质量经抽样检验应全部合格。 ③一般项目的质量应符合国家现行相关标准的规定。 ④应具有完整的施工操作依据和质量验收记录。 （2）当检验批施工质量不符合验收标准时，应按下列规定进行处理： ①经返工或返修的检验批，应重新进行验收。

续表

序号	项目	验收组织	验收要求
			②经有资质的检测机构检测能够达到设计要求的检验批，应予以验收。 ③经有资质的检测机构检测达不到设计要求，但经原设计单位核算认可能够满足安全和使用功能的检验批，应予以验收
2	分项工程	分项工程应由专业监理工程师组织施工单位项目专业技术负责人等进行验收	分项工程质量验收合格应符合下列规定： (1)所含检验批的质量应验收合格。 (2)所含检验批的质量验收记录应完整、真实
3	分部工程	(1)分部工程应由总监理工程师组织施工单位项目负责人和项目技术负责人等进行验收。 (2)勘察、设计单位项目负责人和施工单位技术、质量部门负责人应参加地基与基础分部工程的验收。 (3)设计单位项目负责人和施工单位技术、质量部门负责人应参加主体结构、节能分部工程的验收	分部工程质量验收合格应符合下列规定： (1)所含分项工程的质量应验收合格。 (2)质量控制资料应完整、真实。 (3)有关安全、节能、环境保护和主要使用功能的抽样检验结果应符合要求。 (4)观感质量应符合要求
4	单位工程	单位工程完工后，各相关单位应按下列要求进行工程竣工验收： (1)勘察单位应编制勘察工程质量检查报告，按规定程序审批后向建设单位提交。 (2)设计单位应对设计文件及施工过程的设计变更进行检查，并应编制设计工程质量检查报告，按规定程序审批后向建设单位提交。 (3)施工单位应自检合格，并应编制工程竣工报告，按规定程序审批后向建设单位提交。	单位工程质量验收合格应符合下列规定： (1)所含分部工程的质量应全部验收合格。 (2)质量控制资料应完整、真实。 (3)所含分部工程中有关安全、节能、环境保护和主要使用功能的检验资料应完整。

续表

序号	项目	验收组织	验收要求
		（4）项目监理机构应在施工单位自检合格后组织工程竣工预验收，预验收合格后应编制工程质量评估报告，按规定程序审批后向建设单位提交。 （5）建设单位应在竣工预验收合格后组织监理、施工、设计、勘察单位等相关单位项目负责人进行工程竣工验收	（4）主要使用功能的抽查结果应符合国家现行强制性工程建设标准规定。 （5）观感质量应符合要求

注：（1）工程施工质量应符合国家现行强制性工程建设标准规定，并应符合工程勘察设计文件要求和合同约定。（2）当经返修或加固处理的分项工程、分部工程，确认能够满足安全及使用功能要求时，应按技术处理方案和协商文件的要求予以验收。（3）经返修或加固处理仍不能满足安全或重要使用功能要求的分部工程及单位工程，严禁验收。

工程质量保修

序号	项目	内容
1	工程使用说明书	（1）对于建筑工程，施工单位应编制工程使用说明书。 （2）工程使用说明书应包括下列内容： ①工程概况。 ②工程设计合理使用年限、性能指标及保修期限。 ③主体结构位置示意图、房屋上下水布置示意图、房屋电气线路布置示意图及复杂设备的使用说明。 ④使用维护注意事项
2	质量保修要求	（1）建设单位应建立工程质量回访和质量投诉处理机制。 （2）施工单位应履行工程质量保修义务，并应与建设单位签署施工质量保修书，施工质量保修书中应明确保修范围、保修期限和保修责任
3	质量缺陷处理	（1）当工程在保修期内出现一般质量缺陷时，建设单位应向施工单位发出保修通知，施工单位应进行现场勘察、制定保修方案，并及时进行修复。 （2）当工程在保修期内出现涉及结构安全或影响使用功能的严重质量缺陷时，应由原设计单位或相应资质等级的设计单位提出保修设计方案，施工单位实施保修。保修完成后，工程应符合原设计要求
4	其他规定	建设单位、施工单位或受委托的其他单位在保修期内应明确保修和质量投诉受理部门、人员及联系方式，并建立相关工作记录文件

5.4 施工质量事故预防与调查处理

考点1 施工质量事故分类

基本概念

序号	项目	内容
1	质量不合格	凡产品未满足要求（明示的、通常隐含的或必须履行的需求或期望），就称之为质量不合格
2	质量缺陷	与预期或规定用途有关的不合格，称为质量缺陷
3	质量问题	凡是工程质量不合格，必须进行反修、加固或报废处理，由此造成直接经济损失低于规定限额以下的，称为质量问题
4	质量事故	质量事故则是指由于建设、勘察、设计、施工、监理等单位违反工程质量有关法律法规和工程建设标准，使工程产生结构安全、重要使用功能等方面的质量缺陷，造成人身伤亡或者重大经济损失的事故

事故分类

序号	项目	内容	说明
1	按事故造成后果分类	（1）未遂事故	出现了质量问题，经及时采取措施，未造成经济损失、延误工期或其他不良后果，均属于未遂事故
		（2）已遂事故	凡出现不符合质量标准或设计要求，造成经济损失、工期延误或其他不良后果，均属于已遂事故
2	按事故责任分类	（1）指导责任事故	①工程施工过程中，由于指导或领导失误而造成的质量事故。 ②如工程负责人不按规范规程组织施工、盲目赶工、强令他人违章作业、降低工程质量标准等造成的质量事故
		（2）操作责任事故	①工程施工过程中，由于操作人员违规操作造成的质量事故。 ②如土方工程中不按规定的填土含水率和碾压遍数施工；浇筑混凝土时随意加水；工序操作中不按操作规程进行操作等原因造成的质量事故
3	按事故产生原因分类	（1）因技术原因引发的质量事故	①在工程实施过程中，由于设计、施工技术上的失误而造成的质量事故。

续表

序号	项目	内容	说明
			②主要包括：结构设计计算错误；地质情况估计错误；盲目采用技术上未成熟、实际应用中未得到充分实践检验验证其可靠的新技术；采用不适宜的施工方法或工艺等引发的质量事故
		（2）因管理原因引发的质量事故	①由于管理不完善或失误而引发的质量事故。 ②主要包括：施工单位的质量管理体系不完善；质量检验制度不严密，质量控制不严；质量管理措施落实不力；检测仪器设备管理不善而失准；进料检验不严格等引发的质量事故
		（3）社会、经济原因引发的质量事故	由于社会、经济因素及社会上存在的弊端和不良风气引起建设中的错误行为，导致出现质量事故
4	按事故严重程度分类	（1）特别重大事故	是指造成 30 人及以上死亡，或者 100 人及以上重伤，或者 1 亿元及以上直接经济损失的事故
		（2）重大事故	是指造成 10 人及以上 30 人以下死亡，或者 50 人及以上 100 人以下重伤，或者 5000 万元及以上 1 亿元以下直接经济损失的事故
		（3）较大事故	是指造成 3 人及以上 10 人以下死亡，或者 10 人及以上 50 人以下重伤，或者 1000 万元及以上 5000 万元以下直接经济损失的事故
		（4）一般事故	是指造成 3 人以下死亡，或者 10 人以下重伤，或者 100 万元及以上 1000 万元以下直接经济损失的事故

考点 2　施工质量事故预防

施工质量事故的成因分析

序号	项目	内容	说明
1	违背工程建设基本规律	（1）违反工程建设程序	未经可行性研究、不做调查分析就拍板定案；未搞清工程地质、水文情况等条件就仓促开工；边设计、边施工，任意修改设计，不按图纸施工；工程竣工不进行试车运行，未经验收就交付使用等

续表

序号	项目	内容	说明
		（2）违反有关法规和工程合同规定	无证设计、无证施工、越级设计、越级施工，工程招标投标中不公平竞争，超低价中标，违法转包或分包，擅自修改设计，不按图纸施工等
2	工程地质勘察失误或地基处理失误	（1）工程地质勘察失误	未认真进行地质勘察或勘探时钻孔深度、间距范围不符合规定要求，地质勘察报告不详细、不准确、不能全面反映地基实际情况等，从而使得地下情况不清，或对基岩起伏、土层分布误判，或未查清地下软土层、墓穴、孔洞等。这些均会导致采用不恰当或错误的基础方案，造成地基不均匀沉降、失稳，使上部结构或墙体开裂、破坏，或引发建筑物倾斜、倒塌等质量事故
		（2）地基处理失误	对软弱土、杂填土、冲填土、大孔性土或湿陷性黄土、膨胀土、红黏土、熔岩、土洞、岩层出露不均匀地基未进行处理或处理不当，也是导致重大质量事故的原因
3	设计计算失误	盲目套用图纸，采用不正确的结构方案，计算简图与实际受力情况不符，荷载取值过小，内力分析有误，沉降缝或变形缝设置不当，悬挑结构未进行抗倾覆验算以及计算错误等，都是引发质量事故的隐患	
4	材料构配件不合格	钢筋物理力学性能不良会导致钢筋混凝土结构产生裂缝或脆性破坏；集料中活性氧化硅会导致碱集料反应，使混凝土产生裂缝；水泥安定性不良，会造成混凝土爆裂；预制构件断面尺寸不足，支承锚固长度不足，未可靠地建立预应力值，漏放或少放钢筋，板面开裂等，均可能出现断裂、坍塌事故	
5	施工与管理失控	（1）未经设计单位同意，擅自修改设计或不按图施工	将铰接做成刚接，将简支梁做成连续梁；用光圆钢筋代替异形钢筋等，导致结构破坏。挡土墙不按图设滤水层、排水孔，导致压力增大，墙体破坏或倾覆
		（2）图纸有关问题	图纸未经会审即仓促施工；或不熟图纸，盲目施工
		（3）不按有关施工规范和操作规程施工	浇筑混凝土时振捣不良，造成薄弱部位；砖砌体包心砌筑，上下通缝，灰浆不均匀饱满等，均能导致砖墙或砖柱破坏
		（4）不懂装懂，蛮干施工	将钢筋混凝土预制梁倒置吊装；将悬挑结构钢筋放在受压区等，均会导致结构破坏，造成严重后果
		（5）管理混乱	施工方案考虑不周，施工顺序错误，技术交底不清，违章作业，疏于检查、验收等，均可能导致质量事故
6	自然条件影响	温度、湿度、日照、雷电、大风、暴雨或其他不可抗力都可能成为施工质量事故的诱因	

施工质量事故预防措施

序号	项目	内容
1	坚持按工程建设程序办事	（1）严格遵循和坚持按工程建设程序办事是提高工程建设质量和经济效果的必要保证。 （2）要做好项目建设前期的可行性论证，杜绝未经深入的调查分析和科学论证就盲目拍板定案；要彻底搞清工程地质水文条件方可开工；杜绝无证设计、无图施工；禁止任意修改设计和不按图纸施工；工程竣工不进行试车运转、不经验收不得交付使用
2	做好必要的技术复核、技术核定工作	（1）技术复核。对工程实施全过程中的关键过程、关键工序和特殊过程及容易发生质量问题的部位，进行技术复核是保证工程质量、满足设计和合同规定的重要手段。如图纸会审或设计交底，工程定位引测点的复测，钢筋混凝土结构中钢筋的安装位置、规格、数量、连接及锚固情况的复核等，都属于技术复核的工作内容。 （2）技术核定。技术核定是指为顺利完成工程施工，由施工单位所出具，涉及合理施工措施（方案、方法、工艺、措施）等技术事宜，并经建设单位和有关单位共同核定的凭证
3	严格把好建筑材料及制品的质量关	从编制材料需求计划、采购订货、进场验收、质量复验、存储和使用等环节，严格控制建筑材料及制品的质量，防止不合格或是变质、损坏的材料和制品用到工程中
4	加强质量培训教育，提高全员质量意识	以技能实践教育为主，理论知识教育为辅，利用各种机会，采用多种形式对施工单位各层次人员进行分期分批培训教育，未参加培训或培训不合格人员不得上岗作业，以此提高全员质量意识
5	加强施工过程组织管理	施工人员要熟悉图纸，对工程的难点和关键工序、关键部位，应编制专项施工方案并严格执行；施工作业必须按照图纸和施工验收规范、操作规程进行；施工技术措施要正确，施工顺序不可搞错；脚手架和楼面不可超载堆放构件和材料；要严格按照制度进行质量检查和验收
6	做好应对不利施工条件和各种灾害的预案	要根据当地气象资料的分析和预测，事先针对可能出现的风、雨雪、高温、严寒、雷电等不利施工条件，制定相应的施工技术措施；还要对不可预见的人为事故和严重自然灾害做好应急预案，并有相应的人力、物力储备
7	加强施工安全与环境管理	施工安全和环境施工通常会连带发生质量事故，加强施工安全与环境管理，也是预防施工质量事故的主要措施

考点 3　施工质量事故调查处理

施工质量事故处理要求及依据

序号	项目	内容
1	施工质量事故处理基本要求	（1）事故处理要达到安全可靠、不留隐患、满足生产和使用要求、施工方便、经济合理的目的。 （2）要重视消除造成质量事故的原因，注意综合治理。 （3）要合理确定处理范围和正确选择处理的时机和方法。 （4）要加强事故处理的检查验收工作，认真复查事故处理的实际情况。 （5）要确保事故处理期间的安全
2	施工质量事故处理依据	（1）法律法规。 （2）合同文件。 （3）工程建设标准。 （4）企业内部管理制度

施工质量事故处理程序——事故报告

序号	项目	内容
1	现场人员报告要求	（1）工程质量事故发生后，事故现场有关人员应当立即向本单位负责人报告；单位负责人接到报告后，应于 1h 内向事故发生地县级以上人民政府住房和城乡建设主管部门及有关部门报告。 （2）情况紧急时，事故现场有关人员可直接向事故发生地县级以上人民政府住房和城乡建设主管部门报告
2	行政机关报告要求	住房和城乡建设主管部门接到事故报告后，应当依照下列规定上报事故情况，并同时通知公安、监察机关等有关部门： （1）较大、重大及特别重大事故逐级上报至国务院住房和城乡建设主管部门，一般事故逐级上报至省级人民政府住房和城乡建设主管部门，必要时可以越级上报事故情况。 （2）住房和城乡建设主管部门上报事故情况，应当同时报告本级人民政府；国务院住房和城乡建设主管部门接到重大和特别重大事故的报告后，应当立即报告国务院。 （3）住房和城乡建设主管部门逐级上报事故情况时，每级上报时间不得超过 2h。 （4）事故报告后出现新情况，以及事故发生之日起 30 日内伤亡人数发生变化的，应当及时补报
3	事故报告内容	（1）事故发生单位概况。 （2）事故发生的时间、地点以及事故现场情况。 （3）事故的简要经过。

续表

序号	项目	内容
		（4）事故已经造成或者可能造成的伤亡人数（包括下落不明的人数）和初步估计的直接经济损失。 （5）已经采取的措施。 （6）其他应当报告的情况

施工质量事故处理程序——事故调查

序号	项目	内容
1	事故调查组组成	（1）工程质量事故调查组由事故发生地的市、县以上住房和城乡建设主管部门或国务院有关主管部门组织成立。 （2）特别重大事故由国务院或国务院授权有关部门组织事故调查组进行调查。 （3）重大事故、较大事故、一般事故分别由事故发生地省级人民政府、设区的市级人民政府、县级人民政府负责调查。 （4）省级人民政府、设区的市级人民政府、县级人民政府可以直接组织事故调查组进行调查，也可以授权或委托有关部门组织事故调查组进行调查。 （5）未造成人员伤亡的一般事故，县级人民政府也可以委托事故发生单位组织事故调查组进行调查。 （6）根据事故的具体情况，事故调查组由有关人民政府、应急管理部门、负有安全生产监督管理职责的有关部门、监察机关、公安机关以及工会派人组成，并应当邀请人民检察院派人参加。事故调查组可以聘请有关专家参与调查
2	事故调查组职责	（1）查明事故发生的经过、原因、人员伤亡情况及直接经济损失。 （2）认定事故的性质和事故责任。 （3）提出对事故责任者的处理建议。 （4）总结事故教训，提出防范和整改措施。 （5）提交事故调查报告
3	事故调查报告	（1）事故调查报告应包括下列内容： ①事故发生单位概况。 ②事故发生经过和事故救援情况。 ③事故造成的人员伤亡和直接经济损失。 ④事故发生的原因和事故性质。 ⑤事故责任的认定和事故责任者的处理建议。 ⑥事故防范和整改措施。 （2）事故调查报告应当附具有关证据材料，如有关质量检测报告和技术分析文件。事故调查组成员应当在事故调查报告上签名

续表

序号	项目	内容
4	事故原因分析	（1）质量事故原因分析一般按以下步骤进行： ①收集事故信息：了解事故的详细情况，包括时间、地点、受影响的产品或服务、受影响的客户等。 ②确定受影响的因素：了解事故所涉及的所有因素，例如人员、设备、材料、环境和管理等。 ③制定分析计划：制定详细的分析计划，包括使用的方法和工具，以及需要的资源和时间。 ④进行原因分析：使用适当的工具和方法，例如调查表法、排列图法、因果分析图法、控制图法等，确定导致质量事故发生的根本原因。 （2）事故原因分析要建立在事故情况调查的基础上，应避免情况不明就主观推断事故原因。特别是对涉及勘察、设计、施工、材料和管理等方面的质量事故，往往事故的原因错综复杂。因此，必须对调查得到的数据、资料进行仔细的分析，去伪存真，找出造成事故的真正原因和主要原因

施工质量事故处理程序——事故处理

序号	项目	内容
1	事故责任者处理	（1）政府主管部门应依据有关人民政府对事故调查报告的批复和有关法律法规规定，对事故相关责任者实施行政处罚。 （2）对事故负有责任的建设、勘察、设计、施工、监理等单位和施工图审查、质量检测等有关单位分别给予罚款、停业整顿、降低资质等级、吊销资质证书其中一项或多项处罚。 （3）对事故负有责任的注册执业人员分别给予罚款、停止执业、吊销执业资格证书、终身不予注册其中一项或多项处罚
2	事故处理的技术方案	（1）事故单位在接到事故调查组提出的技术处理意见后，在正确地分析和判断事故原因的基础上，并广泛听取专家及有关方面的意见建议，经科学论证，完成事故技术处理方案。 （2）质量事故技术处理方案，一般应委托原设计单位提出，由其他单位提供的技术处理方案，应经原设计单位同意签认。 （3）技术处理方案的制定，应征求建设单位意见。 （4）技术处理方案必须依据充分，应在质量事故的部位、原因全部查清的基础上，必要时，应委托工程质量检测机构进行质量鉴定或请专家论证，以确保技术处理方案可靠、可行、保证结构安全和使用功能

续表

序号	项目	内容
3	工程质量缺陷及事故处理的基本方法	（1）返修处理 ①当工程某些部分的质量虽未达到规范、标准或设计规定的要求，存在一定缺陷，但经过返修后可以达到要求的质量标准，又不影响使用功能或外观要求时，可采取返修处理的方法。 ②例如，某些混凝土结构表面出现蜂窝、麻面，经调查分析，该部位经返修处理后，不会影响其使用及外观；对混凝土结构局部出现的损伤，如结构受撞击、局部未振实、冻害、火灾、酸类腐蚀、碱集料反应等，当这些损伤仅在结构的表面或局部，不影响其使用和外观，可进行返修处理。 ③再如对混凝土结构出现的裂缝，经分析研究后如果不影响结构的安全和使用时，也可采取返修处理。例如，当裂缝宽度不大于0.2mm时，可采用表面密封法；当裂缝宽度大于0.3mm时，可采用嵌缝密闭法；当裂缝较深时，则应采取灌浆修补的方法。 （2）加固处理 ①主要是针对危及承载力的质量缺陷的处理。 ②通过对缺陷的加固处理，使建筑结构恢复或提高承载力，重新满足结构安全性及可靠性的要求，使结构能继续使用或改作其他用途。 ③对混凝土结构常用加固的方法主要有：增大截面加固法、外包角钢加固法、粘钢加固法、增设支点加固法、增设剪力墙加固法和预应力加固法等。 （3）返工处理 ①当工程质量缺陷经过返修处理后仍不能满足规定的质量标准要求，或不具备补救可能性，则必须实行返工处理。 ②例如，某防洪堤坝填筑压实后，其压实土的干密度未达到规定值，经核算将影响土体的稳定且不满足抗渗能力的要求，须挖除不合格土，重新填筑，进行返工处理。某公路桥梁工程预应力按规定张拉系数为1.3，而实际仅为0.8，属严重的质量缺陷，也无法返修，只能返工处理。 ③再如，某工厂设备基础的混凝土浇筑时掺入木质素磺酸钙减水剂，因施工管理不善，掺量多于规定的7倍，导致混凝土坍落度大于180mm，石子下沉，混凝土结构不均匀，浇筑后5天仍未凝固硬化，28天的混凝土实际强度不到规定强度的32%，不得不返工重浇。

续表

序号	项目	内容
		（4）限制使用 当工程质量缺陷按返修方法处理后无法保证达到规定的使用要求和安全要求，而又无法返工处理的情况下，不得已时可做出诸如结构卸荷或减荷以及限制使用的决定。 （5）不作处理 ①某些工程质量问题虽然达不到规定的要求或标准，但其情况不严重，对工程或结构的使用及安全影响很小，经过分析论证、法定检测单位鉴定和设计单位等认可后，可不专门作处理。 ②一般可不作专门处理的情况有以下几种： A. 不影响结构安全、生产工艺和使用要求的质量缺陷。例如，有的工业建筑物出现放线定位偏差，且严重超过规范规定，若要纠正会造成重大经济损失，但经分析论证，其偏差不影响生产工艺和正常使用，在外观上也无明显影响，可不作处理。又如，某些部位的混凝土表面裂缝，经检查分析，属于表面养护不够的干缩微裂，不影响使用和外观，也可不作处理。 B. 下一道工序可以弥补的质量缺陷。例如，混凝土结构表面的轻微麻面，可通过后续的抹灰、刮涂、喷涂等弥补，也可不作处理。再如，混凝土现浇楼面的平整度偏差达到 10mm，但由于后续垫层和面层的施工可以弥补，所以也可不作处理。 C. 法定检测单位鉴定合格的工程。例如，某检验批混凝土试块强度值不满足规范要求，强度不足，但经法定检测单位对混凝土实体强度进行实际检测后，其实际强度达到规范允许和设计要求值时，可不作处理。对经检测未达到要求值，但相差不多，经分析论证，只要使用前经再次检测达到设计强度，也可不作处理，但应严格控制施工荷载。 D. 出现质量缺陷的工程，经检测鉴定达不到设计要求，但经原设计单位核算，仍能满足结构安全和使用功能的。例如，某一结构构件截面尺寸不足，或材料强度不足，影响结构承载力，但按实际情况进行复核验算后仍能满足设计要求的承载力时，可不进行专门处理。这种做法实际上是挖掘设计潜力或降低设计的安全系数，应谨慎处理。 （6）报废处理 出现质量事故的工程，通过分析或试验，采取上述处理方法后仍不能满足规定的质量要求或标准，则必须予以报废处理

施工质量事故处理程序——收尾程序

序号	项目	内容
1	事故处理的鉴定验收	（1）质量事故的处理是否达到预期目的，是否仍留有隐患，应通过检查鉴定和验收作出确认。 （2）事故处理的质量检查鉴定，应严格按施工验收规范和相关质量标准的规定进行。 （3）必要时，还应通过实际测量、试验和仪表检测等方法获取必要的数据，以便准确地对事故处理结果作出鉴定，最终形成结论
2	提交处理报告	（1）事故处理结束后，还必须向主管部门和相关单位提交事故处理报告。 （2）内容包括： ①事故调查报告。 ②事故原因分析。 ③事故处理依据。 ④事故处理方案、方法及技术措施。 ⑤处理过程中的各种原始记录资料，检查验收记录。 ⑥事故处理结论等

第6章 建设工程成本管理

6.1 工程成本影响因素及管理流程

考点1 工程成本分类及影响因素

工程成本分类

序号	项目	内容
1	按工程成本对象的范围分类	工程成本分为建设工程项目总成本、单项工程成本、单位工程成本、分部工程成本和分项工程成本
2	按工程成本发生的阶段分类	工程成本分为投标成本、勘察设计成本、采购成本、施工成本及竣工验收成本
3	按生产费用计入工程成本的方法分类	(1)直接成本。直接成本是指在工程项目实施过程中直接耗费的构成工程实体或有助于工程形成的各项支出，包括人工费、材料费、机械使用费和其他直接费。 (2)间接成本。间接成本是指工程承包单位为工程设计、采购、施工准备、组织和管理施工生产所发生的全部施工间接费支出，包括勘察设计费、采购成本、现场管理人员的人工费、资产使用费、工具用具使用费、保险费、检验试验费、工程保修费以及其他费用等
4	按工程成本与工程数量的关系分类	(1)固定成本是指在一定的期间和一定的工程量范围内不受工程量增减变动影响的成本，如办公设施的折旧费、管理人员工资等。 (2)变动成本是随着工程量的增减变化而成正比例变化的各项成本，如材料费、计件工资等
5	按成本形成的时间划分	(1)预算成本。预算成本是建设单位和工程承包单位通过招投标签订的工程建设合同时确定的工程成本。该成本是工程承包单位根据建设单位招标文件要求的要求以及自身的管理水平确定的完成全部合同工程消耗的费用总和。

续表

序号	项目	内容
		（2）计划成本。计划成本是工程承包单位根据工程合同要求，完成相应的设计、采购、施工等工作，结合项目实际及本单位的管理水平和生产力水平而计算确定的工程项目最低的资源消耗和费用总和。该计划成本是工程项目成本控制和考核的基本依据。 （3）实际成本。实际成本是工程承包单位在项目实施期内实际发生的各项费用的总和，包括设计成本、采购成本、施工成本等。它受工程承包单位本的设计能力、生产技术、施工条件及生产经营管理水平的制约
6	按工程成本的可控性分类	（1）可控成本是指能够为特定部门的职能权限所控制的成本。 （2）不可控成本是由于工程部门无法控制材料价格，由于价格变动引起的材料成本的变动
7	按工程成本要素构成划分	（1）工期成本。工程项目施工工期与成本之间有着密切关系。在一般情况下，直接成本会随着工期缩短而增加，间接成本会随着工期缩短而减少。为了控制工期成本，需要比选各施工进度计划方案，从中找出施工总成本最低时的工期安排。可采用工程网络计划技术中的工期-成本优化方法。 （2）质量成本。质量成本是指为实现工程质量目标而采取的预防和控制措施所产生的费用，以及因不能达到质量水平而造成的各项损失费用之和。质量成本可分为控制成本和损失成本两部分：①控制成本，可分为预防成本和鉴定成本；②损失成本，可分为内部损失成本和外部损失成本。 （3）安全成本。安全成本是指为保证安全生产而支出的费用和因安全事故而产生的损失费用之和。安全成本可分为安全生产保障成本和安全事故损失成本两部分。安全生产保障成本包括安全防护工程费用、安全防护措施费用、安全教育培训费用等；安全事故损失成本包括企业内部损失成本和企业外部损失成本。 （4）绿色成本。绿色成本是指按照绿色低碳发展要求，在工程施工中所采取的绿色建造措施成本，以及因绿色建造不善造成的损失费用之和。绿色成本也可分为绿色建造成本和事故损失成本两部分

工程成本影响因素

序号	项目	内容
1	项目范围	项目范围与工程成本密切相关，任何项目范围的变化均会导致工程量的变化，从而导致工程成本的变化，应在合同中对于项目范围进行清晰明确的约定

续表

序号	项目	内容
2	工程设计	（1）工程设计是项目管理范围的具体体现，是决策之后影响工程成本最重要的阶段。 （2）工程设计通常分初步设计和施工图设计两个阶段，称为“两阶段设计”；对于技术上复杂而又缺乏设计经验的项目，可按初步设计、技术设计和施工图设计三个阶段进行，称为“三阶段设计”。对于特殊的大型项目，事先还要进行总体设计。 （3）工程设计对工程成本的影响主要通过设计标准、设计方案及设计质量方面
3	工程施工	（1）劳动力成本影响。劳动力成本是影响施工阶段工程成本的重要因素，而影响劳动力成本的因素主要有薪酬水平、市场上劳动力供需关系及技能水平：①薪酬水平；②劳动力供需关系；③技能水平。 （2）材料和设备成本影响：①价格波动；②供应链问题。 （3）施工机具设备成本影响：①租赁费用；②维护费用；③燃料费用。 （4）现场管理能力的影响：现场管理能力高低直接关系到施工成本，现场管理能力低，容易引起返工、返修、材料浪费、工人窝工、机械闲置等现象，导致施工成本增加。 （5）施工方法的影响：施工方法的可行性和经济性会影响施工成本，采用特殊的施工技术或先进的绿色建筑技术可能需要额外增加成本。 （6）施工工期的影响：延长施工工期会对施工成本产生影响。施工的直接成本会随着工期的缩短而增加，当压缩工期时，会投入必要的相关费用；间接成本会随着工期的缩短而减少。在考虑施工总成本时，还应考虑工期变化带来的其他损益，包括效益增量和资金的时间价值等。为了控制工期成本，应选择总成本最低的工期安排。 （7）施工质量的影响：施工质量的不达标或低质量将增加修复和重建成本、返工和修正成本、额外监测和测试费用、低效和浪费成本、维护和修理成本，以及客户满意度和声誉成本。 （8）施工安全的影响：通过合理的安全计划和管理，可以减少安全风险、降低事故发生概率，并最终降低施工安全成本。施工安全的忽视或不当管理可能导致人员伤害和医疗费用、保险费用、安全培训和教育成本、额外的安全设备和措施成本、审核和监督成本、延误和重新计划成本，以及法律责任和罚款成本的增加。 （9）环境的影响：按照可持续发展原则，本着绿色低碳发展和对环境负责的态度，在施工过程中需要采取或被要求采取绿色建造及施工环境保护措施，也会增加施工成本

考点 2　工程成本管理流程

工程成本管理流程

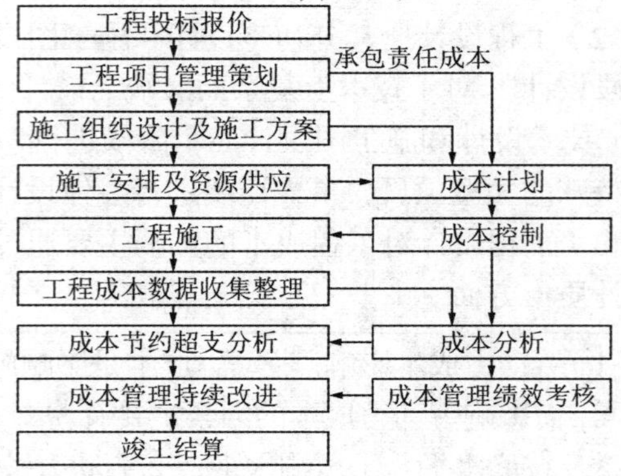

6.2　施工成本计划

考点 1　施工责任成本构成

施工责任成本

序号	项目	内容	说明
1	含义	（1）施工责任成本是以履行施工合同为前提，依据施工项目预算成本，经过施工单位和项目管理机构协商确定的由项目管理机构控制的成本总额。 （2）施工责任成本是以责任中心为对象来进行归集的可控成本，将企业成本管理中的经济责任进行明确划分，体现出“分级控制”与“责权利一体”的现代企业管理理念	（1）预算成本是在既定的市场环境下，根据企业管理水平和管理特点，按企业费用支出标准、资源市场价格信息和工程实际情况，测算的项目各项费用总和。 （2）可控成本是指可以被责任中心控制的成本，且控制水平的高低会对成本支出造成一定影响
2	责任成本构成条件	（1）可考核性。责任中心能够实时考核责任成本的执行过程及结果。 （2）可预计性。责任中心能够知晓责任成本的发生与发展。 （3）可计量性。责任中心能够计量责任成本的大小。 （4）可控制性。责任中心能够有效调节、控制责任成本	施工责任成本管控是指在工程项目施工全过程中，对工程项目的责任成本进行分解，明确各相关部门的成本责任，并结合施工单位的实际情况科学制定一套激励考核方案，从而实现全方位的成本控制

续表

序号	项目	内容	说明
3	施工责任成本构成	（1）施工责任成本由人工费、材料费、施工机具使用费、专业分包费、措施费、间接费、其他费用组成。 （2）施工责任成本应以施工合同、施工图纸、中标清单、企业内部施工定额、施工组织设计、施工方案、施工进度计划、市场价格信息等为依据，按照一定方法从中标价（合同价）中分离出来。 （3）中标后，投标负责人组织对编制、审核标价分离相关人员进行投标交底。具体如下： ①商务部门组织进行标价分离、完成施工成本测算，协调相关部门编制施工成本降低率。 ②技术部门配合完成施工方案、周转工具用量、机械设备配置的合理化及费用测算。 ③工程部门配合完成工期优化效益测算。 ④物资采购部门配合完成材料费、周转工具费及采购效益测算。 ⑤安全管理部门配合完成安全文明施工费测算。 ⑥人力资源部门配合完成项目管理人员配置及岗位薪酬标准测算。 ⑦财务部门配合完成项目管理费、规费及各项费用标准测算。 ⑧项目商务经理、技术负责人配合参与编制。 ⑨标价分离完成后，根据项目综合情况，施工单位管理部门与施工项目经理共同确认标价分离、成本降低率，商务部门完成施工责任成本分解	（1）施工责任成本＝预计结算收入－税金－项目目标利润。 （2）施工责任成本降低额＝施工责任成本－项目实际成本。 （3）施工责任成本降低率＝施工责任成本降低额/施工责任成本

考点 2　施工成本计划编制

施工成本计划的类型

序号	项目	内容
1	竞争性成本计划	（1）竞争性成本计划是指在施工投标及签订合同阶段的估算成本计划。 （2）竞争性成本计划以招标文件中的合同条件、投标者须知、技术规范、设计图纸和工程量清单为依据，以有关价格条件说明为基础，结合调研、现场踏勘、答疑等情况，根据施工企业自身的工料消耗标准、水平、价格资料和费用指标等，对完成投标工程所需支出的全部费用进行估算。 （3）在投标报价过程中，虽也着重考虑降低成本的途径和措施，但总体上较为粗略
2	指导性成本计划	（1）指导性成本计划是指在选派项目经理阶段的预算成本计划，是项目经理的责任成本目标。 （2）指导性成本计划是以合同价为依据，按照企业定额标准制定的施工成本计划，用以确定施工责任成本
3	实施性成本计划	实施性成本计划是指在工程项目施工准备阶段，以项目实施方案为依据，以落实项目经理责任目标为出发点，根据企业施工定额编制的施工成本计划

注：以上三类成本计划相互衔接、不断深化，构成整个工程项目的施工成本计划过程。其中，竞争性成本计划带有成本战略性质，是施工投标阶段商务标书的基础。指导性成本计划和实施性成本计划，都是战略性成本计划的进一步开展和深化，是对战略性成本计划的战术安排。

施工成本计划的编制依据和程序

序号	项目	内容	说明
1	编制依据	（1）合同文件。 （2）项目管理实施规划。 （3）相关设计文件。 （4）价格信息。 （5）相关定额。 （6）类似项目成本资料等	目标总成本确定后，应将总目标分解落实到各级部门，以便有效地进行控制，然后，通过综合平衡，编制完成施工成本计划

续表

序号	项目	内容	说明
2	编制程序	（1）预测项目成本。 （2）确定项目总体成本目标。 （3）编制项目总体成本计划。 （4）项目管理机构与企业职能部门根据其责任成本范围，分别确定各自成本目标，并编制相应的成本计划。 （5）针对成本计划制定相应的控制措施。 （6）由项目管理机构与企业职能部门负责人分别审批相应的成本计划	项目管理机构应通过系统的成本策划，按成本组成、项目结构和工程实施阶段编制施工成本计划
3	编制规定	（1）施工成本计划由项目管理机构负责组织编制。 （2）项目成本计划对项目成本控制具有指导性。 （3）各成本项目指标和降低成本指标明确	（1）施工成本计划的编制应以成本预测为基础，关键是确定目标成本。 （2）施工成本计划的编制需要结合施工组织设计的编制过程，通过不断优化施工方案和合理配置生产要素，进行工、料、机消耗分析，并制定一系列节约成本的措施。 （3）施工成本总额应控制在目标成本范围内，并建立在切实可行的基础上。 （4）施工总成本目标确定后，还需通过编制详细的实施性成本计划把目标成本层层分解，落实到施工过程的各个环节

施工成本计划编制方法

序号	项目	内容	图示
1	按成本组成编制施工成本计划的方法	按成本构成分解，施工成本可分为人工费、材料费、施工机具使用费和企业管理费等。在此基础上，可编制按成本构成分解的成本计划	施工成本 人工费　材料费　施工机具使用费　企业管理费　……

续表

序号	项目	内容	图示
2	按项目结构编制施工成本计划的方法	（1）要把项目总成本分解到单项工程和单位工程中，再进一步分解到分部工程和分项工程中。 （2）完成施工项目成本目标分解后，接下来便可具体地分配成本，编制分项工程成本支出计划，从而形成详细的分项工程施工成本计划表。 （3）在编制成本支出计划时，要在项目总体层面上考虑总的预备费，也要在主要分项工程中安排适当的不可预见费，避免在具体编制成本计划时，可能发生个别单位工程或工程量表中某项内容的工程量计算有较大出入，偏离原来计划成本	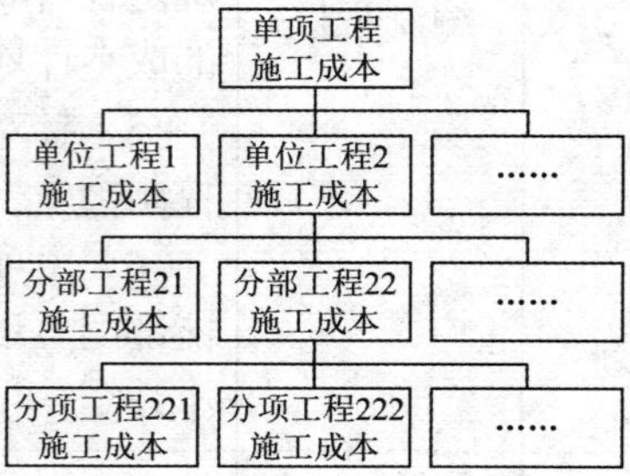 单项工程施工成本 单位工程1施工成本 单位工程2施工成本 …… 分部工程21施工成本 分部工程22施工成本 …… 分项工程221施工成本 分项工程222施工成本 ……
3	按工程实施阶段编制施工成本计划的方法	（1）施工成本计划可按工程实施阶段（如基础、主体、安装、装饰装修等工程施工）或按月、季、年等实施进度进行编制。 （2）通过将施工成本目标按时间进行分解，在网络计划基础上，可获得施工进度计划图，并在此基础上编制成本计划。其表示方式有两种：一种是根据时标网络计划按月编制施工成本计划；另一种是用时间-成本累积曲线（S 曲线）。 （3）按工程实施阶段编制施工成本计划的步骤如下： ①编制工程项目施工进度时标网络计划。	图 1：根据时标网络计划按月编制施工成本计划 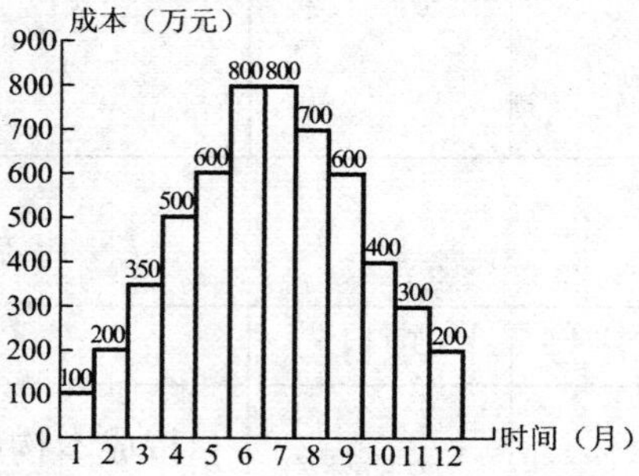 成本（万元） 900 800 700 600 500 400 300 200 100 0 100 200 350 500 600 800 800 700 600 400 300 200 1 2 3 4 5 6 7 8 9 10 11 12 时间（月）

续表

序号	项目	内容	图示
		②根据施工进度计划中每项工作在单位时间内完成的实物工程量或投入的人力、物力和财力，计算单位时间（月或旬）施工成本，并在时标网络计划中按时间（月或旬）编制成本支出计划。 ③计算规定时间t计划累计支出的成本额。其计算方法为：将各单位时间计划完成的成本额累加求和计算： $$Q_t = \sum_{n=1}^{t} q_n$$ 式中 Q_t——某时间t内计划累计支出成本额； q_n——单位时间n的计划支出成本额； t——某规定时刻。 ④按各规定时间的Q_t值，即可绘制S曲线。 （4）S曲线必然被包络在由全部工作均按最早开始时间开始和全部工作均按最迟开始时间开始的两条S曲线所组成的“香蕉图”内。 （5）对施工单位而言，施工进度网络计划中的所有工作均按最早开始时间开始、按最早完成时间完成，可以尽早获得工程进度款支付，同时也能提高工程按期竣工的保证率，但同时也会占用施工单位大量资金	图 2：用时间-成本累积曲线（S曲线）表示施工成本计划 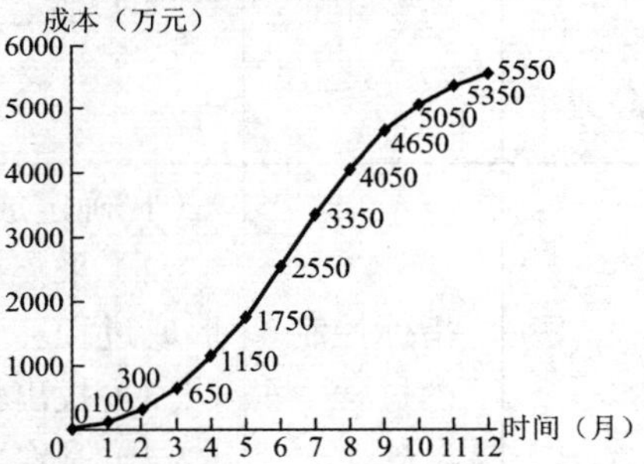 成本（万元） 6000 5000 4000 3000 2000 1000 0 0 100 300 650 1150 1750 2550 3350 4050 4650 5050 5350 5550 0 1 2 3 4 5 6 7 8 9 10 11 12 时间（月）

注：以上三种编制施工成本计划的方式并不是相互独立的。在工程实践中，往往结合起来使用，发挥各自优势。例如：横向按成本构成分解施工总成本，纵向按项目结构分解施工总成本，这种结合方式有助于检查各分部分项工程成本构成是否完整，有无重复计算或漏算；同时还有助于检查各项具体的成本支出对象是否明确或落实。或者将按项目结构分解与按时间分解施工总成本结合起来，纵向按项目结构分解施工总成本，横向按时间分解施工总成本等。

6.3 施工成本控制

考点1 施工成本控制过程

施工成本控制过程

序号	项目	内容	说明
1	管理行为控制过程	（1）建立项目成本管理体系的评审组织和评审程序。 （2）建立项目成本管理体系运行的评审组织和评审程序。 （3）目标考核，定期检查。 （4）制定对策，纠正偏差	管理行为控制的目的是确保每个岗位人员在成本管理过程中的管理行为符合事先确定的程序和方法的要求。从这个意义上讲，首先要清楚企业建立的成本管理体系是否能有效控制成本的形成过程，其次要考察体系是否处于有效的运行状态。管理行为控制过程是为规范项目成本管理行为而制定的约束和激励体系
2	指标控制过程	（1）确定成本管理分层次目标。 （2）采集成本数据，监测成本形成过程。 （3）找出偏差，分析原因。 （4）制定对策，纠正偏差。 （5）调整改进成本管理方法	能否达到施工成本目标，是成本控制成功的关键。对各岗位人员的成本管理行为进行控制，就是为了保证成本目标的实现

注：施工成本控制过程可分为两类：一是管理行为控制过程；二是指标控制过程。管理行为控制是对施工成本全过程控制的基础，指标控制则是成本控制的重点。两个过程既相对独立又相互联系，既相互补充又相互制约。

考点2 施工成本控制方法

人工费的控制

序号	项目	内容
1	科学制定和实施劳动定额和分配制度	（1）制定先进合理的企业内部劳动定额，严格执行劳动定额，并将安全生产、文明施工及零星用工下达到作业队进行控制。 （2）全面推行全额计件的劳动管理办法和单项工程集体承包的经济管理办法，以不超出责任成本人工费指标为控制目标，实行工资包干制度。 （3）认真执行按劳分配的原则，使职工个人所得与劳动贡献相一致，充分调动广大职工的劳动积极性，以提高劳动效率。

续表

序号	项目	内容
		（4）把项目的进度、安全、质量等指标与定额管理结合起来，提高劳动者的综合能力，实行奖励制度
2	提高生产工人的技术水平和作业队的组织管理水平	（1）提高生产工人的技术水平和作业队的组织管理水平，根据施工进度、技术要求，合理搭配各工种工人的数量，减少和避免无效劳动。 （2）不断地改善劳动组织，创造良好的工作环境，改善工人的劳动条件，提高劳动效率。 （3）合理调节各工序人数安排情况，安排劳动力时，尽量做到技术工不做普通工的工作，高级工不做低级工的工作，避免技术上的浪费，既要加快工程进度，又要节约人工费用
3	加快自有建筑工人队伍建设	（1）加强对装配式建筑、机器人建造等新型建造方式和建造科技的探索和应用，提升智能建造水平，通过技术升级推动建筑工人从传统建造方式向新型建造方式转变。 （2）通过培育自有建筑工人、吸纳高技能技术工人和职业院校毕业生等方式，建立相对稳定的核心技术工人队伍。 （3）有条件的企业应建立首席技师制度、劳模和工匠人才（职工）创新工作室、技能大师工作室和高技能人才库，切实加强技能人才队伍建设
4	完善职业技能培训体系	完善建筑工人技能培训组织实施体系，开展智能建造相关培训，加大对装配式建筑、建筑信息模型（BIM）等新兴职业（工种）建筑工人培养，增加高技能人才供给
5	建立技能导向的激励机制	（1）根据项目施工特点制定施工现场技能工人基本配备标准，明确施工现场各职业（工种）技能工人技能等级的配备比例要求，逐步提高基本配备标准。 （2）应不断提高建筑工人技能水平。应将薪酬与建筑工人技能等级挂钩，完善激励措施，实现技高者多得、多劳者多得
6	规范劳动用工制度	（1）用人单位应与招用的建筑工人依法签订劳动合同，严禁用劳务合同代替劳动合同，依法规范劳务派遣用工。 （2）施工总承包单位或者分包单位不得安排未订立劳动合同并实名登记的建筑工人进入项目现场施工

注：人工费的控制实行“量价分离”的方法，将作业用工及零星用工按定额工日的一定比例综合确定用工数量与单价，通过专业作业分包合同进行控制。加强劳动定额管理，提高劳动生产率，降低工程耗用人工工日，是控制人工费支出的主要手段。

材料费的控制

序号	项目	方法	说明
1	材料用量的控制	（1）定额控制	①限额领料制度 对于有消耗定额的材料，以消耗定额为依据，实行限额领料制度。按分项工程实行限额领料：就是按照分项工程进行限额，如钢筋绑扎、混凝土浇筑、砌筑、抹灰等，它是以施工班组为对象进行的限额领料。按工程部位实行限额领料：如按工程施工工序分为基础工程、结构工程和装饰工程，它是以施工专业队为对象进行的限额领料。按单位工程实行限额领料：就是对一个单位工程从开工到竣工全过程的用料实行的限额领料，它是以项目管理机构或分包单位为对象开展的限额领料。 ②限额领料的依据 准确的工程量，它是按工程施工图纸计算的正常施工条件下的数量，是计算限额领料量的基础；施工定额；施工组织设计，是计算和调整非实体性消耗材料的基础；施工过程中发包人认可的变更洽商单，是调整限额量的依据。 ③限额领料的实施 确定限额领料的形式，施工前，根据工程的分包形式，与使用单位确定限额领料的形式；签发限额领料单，根据双方确定的限额领料形式，根据施工预算和施工组织设计，将所需材料数量汇总后编制材料限额数量，经双方确认后下发；限额量的调整，在限额领料的执行过程中，影响材料使用的因素很多，如：工程变更、环境因素等。限额领料的主管部门要深入施工现场，了解用料情况，根据实际情况及时调整限额数量，以保证施工生产的顺利进行和限额领料制度的连续性、完整性；限额领料的核算，根据限额领料形式，工程完工后，双方应及时办理结算手续，检查限额领料的执行情况，对用料情况进行分析，按双方约定的合同，对用料节超进行奖罚兑现
		（2）指标控制	对于没有消耗定额的材料，则实行计划管理和按指标控制的办法。根据以往项目的实际耗用情况，结合具体施工项目的内容和要求，制定领用材料指标，以控制发料。超过指标的材料，必须经过一定的审批手续方可领用
		（3）计量控制	准确做好材料物资的收发计量检查和投料计量检查

续表

序号	项目	方法	说明
		（4）包干控制	在材料使用过程中，对部分小型及零星材料（如钢钉、钢丝等）根据工程量计算出所需材料量，将其折算成费用，由作业者包干使用
2	材料价格的控制	（1）材料价格主要由材料采购部门控制。 （2）主要是通过掌握市场信息，应用招标和询价等方式控制材料、设备的采购价格	

注：材料费控制同样按照“量价分离”原则，控制材料用量和材料价格。

施工机具使用费的控制

序号	项目	内容
1	台班数量	（1）根据施工方案和现场实际情况，选择适合项目施工特点的施工机械，制定设备需求计划，合理安排施工生产，充分利用现有机械设备，加强内部调配，提高机械设备的利用率。 （2）保证施工机械设备的作业时间，安排好生产工序的衔接，尽量避免停工、窝工，尽量减少施工中所消耗的机械台班数量。 （3）核定设备台班定额产量，实行超产奖励办法，加快施工生产进度，提高机械设备单位时间的生产效率和利用率。 （4）加强设备租赁计划管理，减少不必要的设备闲置和浪费，充分利用社会闲置机械资源
2	台班单价	（1）加强现场设备的维修、保养工作。降低大修、经常性修理等各项费用的开支，提高机械设备的完好率，最大限度地提高机械设备的利用率，避免因使用不当造成机械设备的停置。 （2）加强机械操作人员的培训工作。不断提高操作技能，提高施工机械台班的生产效率。 （3）加强配件的管理。建立健全配件领发料制度，严格按油料消耗定额控制油料消耗，做到修理有记录，消耗有定额，统计有报表，损耗有分析。通过经常分析总结，提高修理质量，降低配件消耗，减少修理费用的支出。 （4）降低材料成本。做好施工机械配件和工程材料采购计划，降低材料成本。 （5）成立设备管理领导小组，负责设备调度、检查、维修、评估等具体事宜。对主要部件及其保养情况建立档案，分清责任，便于尽早发现问题，找到解决问题的办法

注：合理选择施工机械设备，合理使用施工机械设备对成本控制具有十分重要的意义。施工机具使用费主要由台班数量和台班单价两方面决定，因此为有效控制施工机具使用费，应主要从两个方面进行控制。

施工分包费用的控制

（1）施工成本控制的重要工作之一是对分包价格的控制。

（2）项目管理机构应在确定施工方案的初期就要确定需要分包的工程范围，决定分包范围的因素主要是施工项目的专业性和项目规模。

（3）对分包费用的控制，主要是做好分包工程的询价、订立平等互利的分包合同、建立稳定的分包关系网络、加强施工验收和分包结算等工作。

成本动态监控方法——挣值法

序号	项目	内容	说明
1	挣值法的三个基本参数	（1）已完工程预算费用	已完工程预算费用（*BCWP*，Budgeted Cost for Work Performed）是指在工程开工后的某一时刻已经完成的工程（或部分工程），以批准认可的预算为标准所需要的费用总额。由于发包人正是根据此值为施工承包单位完成的工程量支付相应费用，也就是施工承包单位获得（挣得）的金额，故称为赢得值或挣值。 已完工程预算费用（*BCWP*）= ∑(已完工程量 × 预算单价)
		（2）拟完工程预算费用	拟完工程预算费用（*BCWS*，Budgeted Cost for Work Scheduled）是指根据进度计划，在某一时刻应完成的工程（或部分工程），以预算为标准所需要的费用总额。除非合同有变更，否则，拟完工程预算费用在工程实施过程中应保持不变。 拟完工程预算费用（*BCWS*）= ∑(计划工程量 × 预算单价)
		（3）已完工程实际费用	已完工程实际费用（*ACWP*，Actual Cost for Work Performed）是指截至某一时刻，已完成工程（或部分工程）实际所花费的费用。 已完工程实际费用（*ACWP*）= ∑(已完成工程量 × 实际单价)
2	挣值法的四个评价指标	（1）费用偏差（*CV*，Cost Variance）	①计算公式 费用偏差（*CV*）= 已完工程预算费用（*BCWP*）− 已完工程实际费用（*ACWP*） ②判定规则 A. 当费用偏差*CV*为负值时，表明实际费用超支。 B. 当费用偏差*CV*为正值时，表明实际费用节约。 C. *CV* = 0 时，表明实际费用按预算支出

续表

序号	项目	内容	说明
		（2）进度偏差（*SV*，Schedule Variance）	①计算公式 进度偏差（*SV*）=已完工程预算费用（*BCWP*）–拟完工程预算费用（*BCWS*） ②判定规则 A. 当进度偏差*SV*为负值时，表明实际进度拖后。 B. 当进度偏差*SV*为正值时，表明实际进度提前。 C. *SV* = 0时，表明实际进度正常
		（3）费用绩效指数（*CPI*，Cost Performance Index）	①计算公式 费用绩效指数（*CPI*）= 已完工程预算费用（*BCWP*）/已完工程实际费用（*ACWP*） ②判定规则 A. 当费用绩效指数（*CPI*）< 1时，表明实际费用超支。 B. 当费用绩效指数（*CPI*）> 1时，表明实际费用节约。 C. *CPI* = 1时，表明实际费用按预算支出
		（4）进度绩效指数（*SPI*，Schedule Performance Index）	①计算公式 进度绩效指数（*SPI*）= 已完工程预算费用（*BCWP*）/拟完工程预算费用（*BCWS*） ②判定规则 A. 当进度绩效指数（*SPI*）< 1时，表明实际进度拖后。 B. 当进度绩效指数（*SPI*）> 1时，表明实际进度提前。 C. *SPI* = 1时，表明实际进度正常

注：（1）在工程施工阶段，施工单位要进行实际成本（费用）与计划成本（费用）的动态比较，分析成本（费用）偏差产生的原因，并采取有效措施控制成本（费用）偏差。目前，国际上已普遍采用挣值法进行工程项目费用、进度综合分析控制。引入挣值法可定量地判断进度、费用的执行效果。（2）费用（进度）偏差反映的是绝对偏差，结果很直观，有助于成本管理人员了解项目费用出现偏差的绝对数额，并依此采取一定措施，制定或调整费用支出计划。但绝对偏差有其不容忽视的局限性。费用（进度）偏差仅适合于对同一项目进行偏差分析。费用（进度）绩效指数反映的是相对偏差，它不受项目层次的限制，也不受项目实施时间的限制，因而在同一项目和不同项目比较中均可采用。

成本偏差的表达方法

序号	项目	内容	说明
1	横道图法	采用横道图法表达施工成本偏差，是指用不同的横道标识已完工程预算费用（*BCWP*）、拟完工程预算费用（*BCWS*）和已完工程实际费用（*ACWP*），横道的长度与其金额成正比	横道图法能够形象、直观、准确地表达费用的绝对偏差，而且能直观地表明费用偏差的严重性。但这种方法反映的信息量少，一般在项目较高管理层应用
2	表格法	表格法是指将项目编号、名称、各费用参数及费用偏差数综合归纳在一张表格中，直接在表格中进行费用偏差分析	由于各偏差参数都在表中列出，使得费用管理者能够综合了解并处理这些数据
3	曲线法	（1）在施工项目实施过程中，根据三个参数可以形成挣值分析曲线，即拟完工程预算费用（*BCWS*）、已完工程预算费用（*BCWP*）、已完工程实际费用（*ACWP*）三条曲线。 （2）采用挣值法时，还可预测项目结束时的进度、费用情况	项目完工预算（*BAC*, Budget at Completion）是指编制计划时预计的项目完工费用，预测的项目完工估算（*EAC*, Estimate at Completion）则是指计划执行过程中根据当前进度、费用偏差情况预测的项目完工总费用。这样，便可预测项目完工时的费用偏差（*VAC*, Variance at Completion）。计算公式如下： 项目完工时的费用偏差（VAC）$= BAC - EAC$

施工成本偏差原因分析与纠偏措施

序号	项目	内容	说明
1	施工成本偏差原因分析	在施工项目实施过程中，已完工程实际费用（*ACWP*）、拟完工程预算费用（*BCWS*）、已完工程预算费用（*BCWP*）三条曲线比较	最理想的状态是三条曲线靠得很近、平稳上升，表明施工项目按预定计划进行。如果三条曲线离散度不断增加，则可能出现较大的费用偏差

续表

序号	项目	内容	说明
2	施工成本纠偏措施	（1）组织措施	①如实行项目经理责任制，落实成本管理的组织机构和人员，明确各级成本管理人员的任务和职能分工、权利和责任。成本管理不仅是专业成本管理人员的工作，各级项目管理人员都负有成本控制责任。 ②组织措施的另一方面是编制成本管理工作计划、确定合理详细的工作流程。要做好施工采购计划，通过生产要素的优化配置、合理使用、动态管理，有效控制实际成本。组织措施是其他各类措施的前提和保障
		（2）技术措施	运用技术纠偏措施的关键，一是要能提出多个不同的技术方案，二是要对不同的技术方案进行技术经济分析比较，选择最佳方案。具体如下： ①进行技术经济分析，确定最佳的施工方案。 ②结合施工方法，进行材料使用的比选，在满足功能要求的前提下，通过代用、改变配合比、使用外加剂等方法降低材料消耗的费用。 ③确定合适的施工机械、设备使用方案；结合项目的施工组织设计及自然地理条件，降低材料的库存成本和运输成本。 ④应用先进的施工技术，运用新材料，使用先进的机械设备等
		（3）经济措施	通过偏差分析和未完工工程预测，可发现一些潜在的可能引起未完工程成本增加的问题，对这些问题应以主动控制为出发点，及时采取预防措施。因此，经济措施的运用绝不仅限于财务人员。具体如下： ①对成本管理目标进行风险分析，并制定防范性对策。 ②对各种支出，应做好资金的使用计划，并在施工中严格控制各项开支。 ③及时准确地记录、收集、整理、核算实际支出的费用。 ④对各种变更，应及时做好增减账、落实业主签证并结算工程款

续表

序号	项目	内容	说明
		（4）合同措施	①应仔细分析合同中的索赔条款，既要密切注视对方合同执行情况，以寻求合同索赔的机会。 ②同时也要密切关注已方履行合同的情况，以防被对方索赔。 ③一旦出现索赔事件，要认真审查索赔依据是否符合合同规定，索赔计算是否合理等，从主动控制角度，加强日常的合同管理，落实合同规定的责任

6.4 施工成本分析与管理绩效考核

考点 1 施工成本分析

施工成本分析的内容和步骤

序号	项目	内容
1	施工成本分析的依据	（1）会计核算 ①会计核算主要是价值核算。会计是对一定单位的经济业务进行计量、记录、分析和检查，作出预测、参与决策、实行监督，旨在实现最优经济效益的一种管理活动。 ②它通过设置账户、复式记账、填制和审核凭证、登记账簿、成本计算、财产清查和编制会计报表等一系列有组织有系统的方法，来记录企业的一切生产经营活动，并据此提出一些用货币反映的有关各种综合性经济指标的数据，如资产、负债、所有者权益、收入、费用和利润等。由于会计记录具有连续性、系统性、综合性等特点，因此它是成本分析的重要依据。 （2）业务核算 ①业务核算是各业务部门根据业务工作的需要建立的核算制度，包括原始记录和计算登记表，如单位工程及分部分项工程进度登记，质量登记，工效、定额计算登记，物资消耗定额记录，测试记录等。 ②业务核算的范围比会计、统计核算要广。 ③会计和统计核算一般是对已经发生的经济活动进行核算，而业务核算不但可以核算已经完成的项目是否达到原定的目的、取得预期的效果，而且可以对尚未发生或正在发生的经济活动进行核算，以确定该项经济活动是否有经济效果，是否有执行的必要。它的特点是对个别的经济业务进行单项核算，例如各种技术措施、新工艺等项目。

续表

序号	项目	内容
		④业务核算的目的在于迅速取得资料，以便在经济活动中及时采取措施进行调整。 （3）统计核算 ①统计核算是利用会计核算资料和业务核算资料，把企业生产经营活动客观现状的大量数据，按统计方法加以系统整理，以发现其规律性。 ②它的计量尺度比会计宽，可以用货币计算，也可以用实物或劳动量计量。 ③它通过全面调查和抽样调查等特有的方法，不仅能提供绝对数指标，还能提供相对数和平均数指标，可以计算当前的实际水平，还可以确定变动速度以预测发展的趋势
2	施工成本分析的内容	（1）时间节点成本分析。 （2）工作任务分解单元成本分析。 （3）组织单元成本分析。 （4）单项指标成本分析。 （5）综合项目成本分析
3	施工成本分析的步骤	（1）选择成本分析方法。 （2）收集成本信息。 （3）进行成本数据处理。 （4）分析成本形成原因。 （5）确定成本结果

注：施工成本分析的依据包括：项目成本计划；成本核算资料；会计核算、统计核算和业务核算的资料。成本分析的主要依据是会计核算、业务核算和统计核算所提供的资料。

施工成本分析的基本方法

序号	项目	内容	说明
1	比较法	（1）将实际指标与目标指标对比	以此检查目标完成情况，分析影响目标完成的积极因素和消极因素，以便及时采取措施，保证成本目标的实现。在进行实际指标与目标指标对比时，还应注意目标本身有无问题，如果目标本身出现问题，则应调整目标，重新评价实际工作
		（2）本期实际指标与上期实际指标对比	通过本期实际指标与上期实际指标对比，可以看出各项技术经济指标的变动情况，反映施工管理水平的提高程度

续表

序号	项目	内容	说明
		（3）与本行业平均水平、先进水平对比	通过对比，可以反映本项目的技术和经济管理水平与行业的平均及先进水平的差距，进而采取措施提高本项目管理水平
2	因素分析法	因素分析法又称为连环置换法，可用来分析各种因素对成本的影响程度。在分析时，假定众多因素中的一个因素发生了变化，而其他因素不变，然后逐个替换，分别比较其计算结果，以确定各个因素的变化对成本的影响程度	因素分析法的计算步骤如下： （1）确定分析对象，计算实际与目标数的差异。 （2）确定该指标是由哪几个因素组成的，并按其相互关系进行排序（排序规则是：先实物量，后价值量；先绝对值，后相对值）。 （3）以目标数为基础，将各因素的目标数相乘，作为分析替代的基数。 （4）将各个因素的实际数按照已确定的排列顺序进行替换计算，并将替换后的实际数保留下来。 （5）将每次替换计算所得的结果，与前一次的计算结果相比较，两者的差异即为该因素对成本的影响程度。 （6）各个因素的影响程度之和，应与分析对象的总差异相等
3	差额计算法	差额计算法是因素分析法的一种简化形式，它利用各个因素的目标值与实际值的差额计算其对成本的影响程度	—
4	比率法	（1）相关比率法	由于项目经济活动的各个方面是相互联系、相互依存、相互影响的，因而可以将两个性质不同且相关的指标加以对比，求出比率，并以此来考察经营成果的好坏
		（2）构成比率法	又称比重分析法或结构对比分析法。通过构成比率，可以考察成本总量的构成情况及各成本项目占总成本的比重，同时也可看出预算成本、实际成本和降低成本的比例关系，从而寻求降低成本的途径

续表

序号	项目	内容	说明
		（3）动态比率法	动态比率法是将同类指标不同时期的数值进行对比，求出比率，以分析该项指标的发展方向和发展速度。动态比率的计算，通常采用基期指数和环比指数两种方法

注：不同的情况下采取不同的分析方法。除基本的分析方法外，还有综合成本分析方法、成本项目分析方法和专项成本分析方法等。

综合成本分析方法

序号	项目	内容	说明
1	分部分项工程成本分析	（1）分部分项工程成本分析是施工项目成本分析的基础。 （2）分部分项工程成本分析的对象为已完成分部分项工程。 （3）分析的方法是：进行预算成本、目标成本和实际成本的“三算”对比，分别计算实际偏差和目标偏差，分析偏差产生的原因，为今后的分部分项工程成本寻求节约途径	分部分项工程成本分析的资料来源为：预算成本来自投标报价成本，目标成本来自施工预算，实际成本来自施工任务单的实际工程量、实耗人工和限额领料单的实耗材料
2	月（季）度成本分析	（1）月（季）度成本分析，是指对施工项目定期的、经常性的中间成本分析。	月（季）度成本分析的依据是当月（季）的成本报表，分析通常包括以下几个方面： （1）通过实际成本与预算成本的对比，分析当月（季）的成本降低水平；通过累计实际成本与累计预算成本的对比，分析累计的成本降低水平，预测实现项目成本目标的前景。 （2）通过实际成本与目标成本的对比，分析目标成本的落实情况以及目标管理中的问题和不足，进而采取措施，加强成本管理，保证成本目标的实现。

续表

序号	项目	内容	说明
		（2）通过月（季）度成本分析，可以及时发现问题，以便按照成本目标指定的方向进行监督和控制，保证项目成本目标的实现	（3）通过对各成本项目的成本分析，可以了解成本总量的构成比例和成本管理的薄弱环节。例如：在成本分析中，若发现人工费、材料费、施工机具使用费等项目大幅度超支，则应该对这些费用的收支配比关系进行研究，并采取应对措施，防止今后再超支。如果是属于规定的“政策性”亏损，则应从控制支出着手，把超支额压缩到最低限度。 （4）通过主要技术经济指标的实际与目标对比，分析产量、工期、质量、“三材”节约率、机械利用率等对成本的影响。 （5）通过对技术组织措施执行效果的分析，寻求更加有效的节约途径。 （6）分析其他有利条件和不利条件对成本的影响
3	年度成本分析	（1）企业成本要求一年结算一次，不得将本年成本转入下一年度。而项目成本则以项目的建设周期为结算期，要求从开工到竣工直至保修期结束连续计算，最后结算出总成本及其盈亏。 （2）由于项目的施工周期一般较长，除进行月（季）度成本核算和分析外，还要进行年度成本的核算和分析。 （3）是企业汇编年度成本报表的需要，同时也是项目成本管理的需要，通过年度成本的综合分析，可以总结一年来成本管理的成绩和不足，为今后的成本管理提供经验和教训，从而可对项目成本进行更有效的管理	（1）年度成本分析的依据是年度成本报表。 （2）年度成本分析的内容，除了月（季）度成本分析的六个方面以外，重点是针对下一年度的施工进展情况制定切实可行的成本管理措施，以保证施工项目成本目标的实现

续表

序号	项目	内容	说明
4	竣工成本综合分析	（1）凡是包含几个单位工程且单独进行成本核算（即成本核算对象）的施工项目，其竣工成本分析应以各单位工程竣工成本分析资料为基础，再加上项目管理层的经营效益（如资金调度、对外分包等所产生的效益）进行综合分析。 （2）如果施工项目只有一个成本核算对象（单位工程），就以该成本核算对象的竣工成本资料作为成本分析的依据	（1）单位工程竣工成本分析，应包括以下三方面内容： ①竣工成本分析。 ②主要资源节超对比分析。 ③主要技术节约措施及经济效果分析。 （2）通过以上分析，可以全面了解单位工程的成本构成和降低成本的来源，为今后同类工程的成本管理提供参考

注：综合成本是指涉及多种生产要素，并受多种因素影响的成本费用，如分部分项工程成本，月（季）度成本、年度成本等。

成本项目分析方法

序号	项目	内容
1	人工费分析	（1）项目施工需要的人工和人工费，由项目管理机构与作业队签订专业作业分包合同，明确承包范围、承包金额和双方的权利、义务。 （2）除了按合同规定支付劳务费以外，还可能发生一些其他人工费支出，主要有： ①因实物工程量增减而调整的人工和人工费。 ②定额人工以外的计日工工资（如果已按定额人工的一定比例由作业队包干，并已列入承包合同的，不再另行支付）。 ③对在进度、质量、节约、文明施工等方面作出贡献的班组和个人进行奖励的费用。项目管理层应根据上述人工费的增减，结合专业作业分包合同的管理进行分析
2	材料费分析	（1）主要材料和结构件费用的分析 ①主要材料和结构件费用的高低，主要受价格和消耗数量的影响。 ②而材料价格的变动，受采购价格、运输费用、途中损耗、供应不足等因素的影响；材料消耗数量的变动，则受操作损耗、管理损耗和返工损失等因素的影响。 ③可在价格变动较大和数量超用异常的时候再作深入分析。 ④为了分析材料价格和消耗数量的变化对材料和结构件费用的影响程度，可按下列公式计算：

续表

序号	项目	内容
		因材料价格变动对材料费的影响 =(计划单价 − 实际单价) × 实际数量 因消耗数量变动对材料费的影响 =(计划用量 − 实际用量) × 实际价格 （2）周转材料使用费分析 在实行周转材料内部租赁制的情况下，项目周转材料费的节约或超支，取定于材料周转率和损耗率，周转减慢，则材料周转的时间变长，租赁费支出就增加；而超过规定的损耗，则要照价赔偿。 （3）采购保管费分析 ①材料采购保管费属于材料的采购成本，包括：材料采购保管人员的工资、工资附加费、劳动保护费、办公费、差旅费，以及材料采购保管过程中发生的固定资产使用费、工具用具使用费、检验试验费、材料整理及零星运费和材料物资的盘亏及毁损等。 ②材料采购保管费一般应与材料采购数量同步，即材料采购多，采购保管费也会相应增加。应根据每月实际采购的材料数量（金额）和实际发生的材料采购保管费，分析保管费率的变化。 （4）材料储备资金分析 ①材料的储备资金是根据日平均用量、材料单价和储备天数（即从采购到进场所需要的时间）计算的。上述任何一个因素变动，都会影响储备资金的占用量。 ②材料储备资金的分析，可以应用“因素分析法”。材料采购人员应该选择运距短的供应单位，尽可能减少材料采购的中转环节，缩短储备天数
3	施工机具使用费分析	（1）机械设备租用存在两种情况：一是按产量进行承包，并按完成产量计算费用，如土方工程。项目管理机构只要按实际挖掘的土方工程量结算挖土费用，而不必考虑挖土机械的完好程度和利用程度；另一种是按使用时间（台班）计算机械费用的，如塔式起重机、搅拌机、砂浆机等，如果机械完好率低或在使用中调度不当，会影响机械的利用率，从而延长使用时间，增加使用费。因此，项目管理机构应该给予重视。 （2）在机械设备的使用过程中，应以满足施工需要为前提，加强机械设备的平衡调度，充分发挥机械的效用；同时，还要加强平时的机械设备的维修保养工作，提高机械的完好率，保证机械的正常运转
4	管理费分析	管理费分析也应通过预算（或计划）数与实际数的比较来进行

考点 2　施工成本管理绩效考核

施工成本管理绩效考核含义与内容

序号	项目	内容	说明
1	含义	施工成本管理绩效考核是指在施工项目实施过程中或项目完成后，对各级单位施工成本管理的成绩或失误进行总结与评价，考核成本降低的实际成果和成本指标完成情况的过程	通过成本考核，给予责任者相应的奖励或惩罚
2	考核的内容	（1）企业对项目成本的考核包括对施工成本目标(降低额)完成情况的考核和成本管理工作业绩的考核。 （2）企业对项目管理机构可控责任成本的考核包括： ①项目成本目标和阶段成本目标完成情况。 ②建立以项目经理为核心的成本管理责任制的落实情况。 ③成本计划的编制和落实情况。 ④对各部门、各施工队和班组责任成本的检查和考核情况。 ⑤在成本管理中贯彻责权利相结合原则的执行情况	（1）施工成本管理绩效考核应分层进行，包括企业对项目成本的考核、对项目管理机构可控责任成本的考核和项目经理对所属部门、施工队和班组的考核。 （2）施工单位应建立和健全工程项目成本考核制度，作为工程项目成本管理责任体系的组成部分。 （3）考核制度应对考核的目的、时间、范围、对象、方式、依据、指标、组织领导、评价与奖惩原则等作出明确规定

施工成本管理绩效考核指标

序号	项目	内容	说明
1	企业的项目成本考核指标	项目施工成本降低额 = 项目施工合同成本 − 项目实际施工成本	项目施工成本降低率 = 项目施工成本降低额 / 项目施工合同成本 × 100%
2	项目管理机构可控责任成本考核指标	（1)项目经理责任目标总成本降低额和降低率	①目标总成本降低额=项目经理责任目标总成本−项目竣工结算总成本。 ②目标总成本降低率 = 目标总成本降低额/项目经理责任目标总成本 × 100%

续表

序号	项目	内容	说明
		（2）施工责任目标成本实际降低额和降低率	①施工责任目标成本实际降低额＝施工责任目标总成本－工程竣工结算总成本。 ②施工责任目标成本实际降低率＝施工责任目标成本实际降低额/施工责任目标总成本×100%
		（3）施工计划成本实际降低额和降低率	①施工计划成本实际降低额＝施工计划总成本－工程竣工结算总成本。 ②施工计划成本实际降低率＝施工计划成本实际降低额/施工计划总成本×100%
3	项目经理对所属各部门、各施工队和班组的考核	（1）对各部门的考核内容	①本部门、本岗位责任成本的完成情况。 ②本部门、本岗位成本管理责任的执行情况
		（2）对各施工队的考核内容	①对专业作业合同规定的承包范围和承包内容的执行情况。 ②专业作业合同以外的补充收费情况。 ③对班组施工任务单的管理情况，以及班组完成施工任务后的考核情况
		（3）对各班组的考核内容	以分部分项工程成本作为班组的责任成本,以施工任务单和限额领料单的结算资料为依据,与施工预算进行对比,考核班组责任成本完成情况

施工成本管理绩效考核方法

序号	方法	概念	优点	缺点	结论
1	关键绩效指标（Key Performance Indicators，KPIs）	（1）通过设定关键绩效指标，可以衡量企业在成本管理方面的表现和达成特定目标的程度。	（1）明确管理焦点，KPIs 可以明确企业的成本管理目标，并使其专注于成本降低和控制。	（1）指标难界定且缺乏弹性，运用专业化工具和手段才能设定量化指标，一旦设定则短期内无法更改。	KPIs 适用于需要定量化考核且考核周期短的企业，要求企业具有

续表

序号	方法	概念	优点	缺点	结论
1	关键绩效指标（Key Performance Indicators，KPIs）	（2）这些指标可以是量化的指标，如成本控制率、成本偏差、资源利用效率等，也可以是质性的指标，如成本管理团队的能力、成本分析和预测能力、成本优化的创新能力等	（2）提高管理成效，KPIs通过可视化成本数据，可以帮助企业直观地了解成本的投入现状和识别不良的成本趋势，并进行持续优化。 （3）提高考核客观性，KPIs多为量化指标考核，可以反映真实的成本管理水平	（2）适用范围有限，KPIs不适用于难以以具体业绩和数据来考核的职能类部门，也不适用于周期过长的中高层考核。 （3）实施困难，KPIs需要使用大量且复杂多样的成本管理数据，导致实施工作量大	明确的成本管理目标、健全的成本管理流程、完备的成本控制体系，以及较强的数据收集和分析能力
2	360°反馈法	也称为“全视角反馈法”，通过收集来自不同角色和层级的反馈来考核个人的成本管理绩效，汇总上级、同级、下级和客户等多方提供的考核对象在成本管理方面的评价，并从工作能力、工作态度、执行力、心理素质和岗位胜任能力等各方面对考核对象进行考核	（1）提高考核准确性，360°反馈法涵盖了全方位、多角度的考核，能避免个人偏见等主观因素的影响，使考核结果更全面、公正。 （2）促进个体发展，360°反馈法可以使个体获得多角度的反馈和意见，激励个体提高自身全方位的素质和能力。	（1）考核时间和成本较高，360°反馈法需要对众多反馈源进行收集、处理和汇总，往往需要投入大量的时间和人力。 （2）考核标准不明确，360°反馈法多为定性指标，考核的主观性较强，容易沦为“人缘考核”，导致考核结果和实际表现不一致。	360°反馈法适用于需要定性化考核的企业，要求企业具有良好的团队文化、完善的考核指标体系以及较强的数据收集和分析能力，同时部门成员之间相互信任、尊重和共享

续表

序号	方法	概念	优点	缺点	结论
			（3）增强部门合作，360°反馈法中部门员工相互监督、相互考评，促使员工日常要处理好各级关系，增强团队合作意识	（3）存在负面影响，360°反馈法可能由于沟通不到位，导致企业中形成紧张和猜疑的气氛，影响员工的工作积极性和员工关系	
3	PDCA 管理循环法	即计划（Plan）、实施（Do）、检查（Check）、处置（Action）。具体如下： （1）在计划阶段，企业基于施工成本管理的现状制定绩效考核方案。 （2）在实施阶段，企业实施绩效考核方案，并监督、指导和收集信息为下一阶段工作做准备。 （3）在检查阶段，企业检查绩效考核方案的执行情况是否符合计划的预期效果。 （4）在行动阶段，企业根据检查结果采取相应措施，进行经验总结，并将遗留问题转入下一个 PDCA 循环中去	（1）提高管理成效，PDCA 管理循环法可以帮助企业制定明确的成本管理目标，并在成本管理周期中持续帮助企业根据施工成本现状制定优化策略。 （2）增强部门协作，PDCA 管理循环法鼓励企业的各部门协同合作，集体参与到成本管理的过程中	（1）投入成本高，PDCA 管理循环法需要企业制定详细的管理计划，并建立数据收集和分析系统，往往需要投入多方面的成本。 （2）过于强调计划性，PDCA 管理循环法如果计划不够理想或遇到计划外干扰，在成本管理过程中企业可能会遇到阶段性非常严重的问题	PDCA 管理循环法适用于需要周期性考核的企业，要求企业具有良好的团队合作精神和健全的成本管理流程

续表

序号	方法	概念	优点	缺点	结论
4	平衡积分卡	企业可以结合平衡积分卡的四个维度来设定适当的指标。具体如下： （1）财务绩效指标，如成本控制率、成本偏差和利润率等，以评估企业在成本管理方面的财务效果。 （2）客户满意度指标，如项目按预算完成情况和变更管理的效果等，以衡量客户对成本管理的满意程度。 （3）内部流程效率指标，如成本核算流程的准确性、资源利用效率和成本控制流程的执行情况等。 （4）学习与成长方面的指标，如成本分析和预测能力的发展、员工培训和知识管理等	（1）提高考核准确性，平衡积分卡可以帮助企业从多个维度综合考核成本管理绩效，更全面地反映企业的整体情况。 （2）提高管理效率，平衡积分卡将战略目标分解为具体可测的绩效指标，并借助图表展示目标和指标，使考核结果更加直观易懂，更易于指导实际操作。 （3）促进长期发展，平衡积分卡充分考虑了企业的长期效益，并通过四个维度与短期效益相结合，有助于企业长期发展。 （4）激发个体积极性，平衡积分卡为员工提供了直观的激励机制，促进员工参与目标制定和完成任务的积极性	（1）实施难度大且缺乏弹性，平衡积分卡需要专业的团队基于多方面的考虑进行设计，一旦设定很难更改，并且在实施过程中涉及大量的数据收集和分析，一般企业很难进行操作。 （2）实施周期长，平衡积分卡基于企业战略目标设定，实施周期相对较长，短期内很难见到效果	平衡积分卡适用于需要定量化考核且考核周期长的企业，要求企业具有明确的成本管理目标、健全的成本管理流程、先进的成本管理水平，以及较强的数据收集和分析能力

续表

序号	方法	概念	优点	缺点	结论
5	目标管理法(Management by Objectives，MBO)	（1）通过制定明确的施工成本目标来指导项目管理机构和个人的行为和绩效。 （2）在施工成本管理中，企业可以建立成本管理绩效指标体系，如成本控制率、成本偏差、成本效益指标等，通过定期评估成本管理绩效水平，及时了解施工成本目标达成情况，并提供反馈和改进建议	（1）提高管理成效，MBO将企业的战略目标可视化和具体化，有助于绩效目标的制定、度量和分解。 （2）提高考核客观性，MBO采取一系列具体可量化的指标对成本管理绩效进行评估，并保证考核过程的透明化。 （3）考核成本较低，MBO的目标是经过协商达成一致的目标，有利于树立员工的自我管理意识，降低管理成本。 （4）激发个体积极性，MBO需要员工与领导者共同制定目标、共担责任、共享资源，促进了员工之间的沟通交流，也调动了员工的积极性和主动性。	（1）目标设定难度大且协调成本高，MBO需要设定量化的目标，但目标的设定不仅面临内外变化的环境而且需要多方沟通协商达成一致，增加了目标设定的难度和沟通成本。 （2）缺乏过程管理，自我管理意识和能力弱的员工容易误解或在制定目标方面产生偏见，加上过程管控缺位，导致达不到目标或者达到的程度走偏	MBO适用于需要定量化考核的企业，要求企业具有明确的成本管理目标、多部门的组织结构、人性化的企业文化，以及较强的数据收集和分析能力

续表

序号	方法	概念	优点	缺点	结论
			（5）增强部门协作，MBO需要员工和部门之间的交流，了解部门的绩效进度和个人的指标完成状态，促进企业内部的信息流通和团队合作		

第 7 章　建设工程施工安全管理

7.1　施工安全管理基本理论

考点 1　施工生产危险源及其控制

危险源分类及控制

序号	分类	含义	内容	特点	控制
1	第一类危险源	指施工现场或施工生产过程中存在的，可能发生意外释放能量（机械能、电能、势能、化学能、热能等）的根源，包括施工现场或施工生产过程中各种能量或危险物质	（1）能量源 直接产生、供给能量的装置和设备，如变电站、锅炉；具有较高势能的装置、设备、场所，如起重/提升机械、高度差较大的场所；可能发生能量蓄积或突然释放的装置、设备、场所，如压力容器、受压设备、封闭的金属加工空间、炸药/化学物质储存空间等；运行或作业过程中拥有能量的人或物（能量载体），如带电导体、行驶中的车辆、作业中的施工机具。 （2）危险物质 一类是干扰人体与外界能量交换的有害物质，如一氧化碳、氮气；另一类是具有化学能的危险物质，分为可燃烧爆炸危险物质和有毒、有害危险物质两类，如炸药、氯气、苯、二氧化硫等	第一类危险源具有的能量越多，一旦发生事故，其后果越严重，决定了事故后果的严重程度	第一类危险源是固有的能量或危险物质，主要采用技术手段加以控制，包括消除能量源、约束或限制能量（针对生产过程不能完全消除的能量源）、屏蔽隔离、防护等技术手段，同时应落实应急预案的保障措施

续表

序号	分类	含义	内容	特点	控制
2	第二类危险源	指导致能量或危险物质约束或限制措施破坏或失效，以及防护措施缺乏或失效的因素。包括：物的不安全状态（危险状态）、人的不安全行为、环境不良（环境不安全条件）及管理缺陷等因素	（1）物的不安全状态 包括物的缺陷和物件堆放不当。物的缺陷是指设备（含施工机具、装置等）本身及其防护措施与安全装置、个人防护用品与用具由于性能低下甚至缺失而不能实现预定功能的现象。物的缺陷可能是由于设计、制造缺陷造成的，也可能由于维修、选用、使用不当，或磨损、腐蚀、老化等原因造成的。物件堆放不当包括堆放位置和堆放方式不当。物的不安全状态是可能由人的不安全行为、环境不良和管理缺陷引起。 （2）人的不安全行为 人的不安全行为是指人的行为偏离被要求的标准，不能实现预计功能的现象。人的不安全行为包括各类违规操作、违规进入危险区域、行为时注意力不集中等，会造成能量或危险物质控制系统故障，使隔离屏蔽系统破坏或失效，个人防护用品与用具失能，以及出现直接导致事故发生的不安全行为。	第二类危险源出现越频繁，发生事故的可能性越大，决定了事故发生的可能性	第二类危险源主要通过管理手段加以控制，消除人的不安全行为、物的不安全状态，规避环境不良（不安全条件），包括建立健全危险源管理规章制度，做好危险源控制管理基础工作，明确控制责任，加强安全教育，定期开展安全检查和隐患治理，实施考核评价和奖惩等

续表

序号	分类	含义	内容	特点	控制
			（3）环境不良 环境不良是指人和物存在的环境不满足安全生产的要求，环境因素包括施工作业环境中的温度、湿度、噪声、振动、照明、风力风向、作业空间、安全距离、通风换气，以及有毒有害气体等。 （4）管理缺陷 管理缺陷会导致人的不安全行为和物的不安全状态出现。例如，采购管理不当导致个人防护用品安全性能不达标，维修管理不当导致安全装置失效，责任制度不明确和安全交底不清晰导致违章指挥、违规操作等		

注：施工生产危险源是指施工现场及施工生产过程中危险的根源、可能导致危险事件发生的状态或行为，或两者的组合。危险源可分为第一类危险源和第二类危险源。第一类危险源的存在是第二类危险源出现的前提，第二类危险源的出现是第一类危险源导致事故的必要条件。

施工生产常见危险源

序号	项目	含义	主要部位和施工过程	主要危险因素
1	高处坠落事故危险源	凡在坠落高度基准面2m及以上的高处作业面，就存在可能发生高处坠落事故的危险源	预留洞口，作业平台和作业面周边，通道与上下跑道两侧，物料提升设备及施工电梯进料口等部位，攀登作业、交叉作业、悬空作业等环节	作业面脚手板未满铺，未按规范要求设置水平防护和立面防护，或设置了防护但强度、刚度、高度不够或不严密，违规拆除或移动防护，高处悬空作业未系好安全带等

续表

序号	项目	含义	主要部位和施工过程	主要危险因素
2	物体打击事故危险源	施工现场人员受到物体打击造成伤害事故来源于高处物体坠落及物体飞溅	高处作业面层，高处作业通道，垂直运输过程，吊装工艺过程，立体交叉作业，爆破作业、倾覆坍塌和自然灾害引发物体坠落或飞溅等	高处作业面层工具、材料放置不当或无防护坠落措施，作业人员违章高处抛物，垂直运输过程及吊装工艺过程捆绑不牢固，立体交叉作业中物件坠落，爆破作业、自然灾害引发物体坠落，上、下通道未设置防护棚，塔式起重机旋转半径范围内的作业场所无防护棚，高处作业面层未设置挡脚板，水平防护及立面防护不严密，作业人员违规进入限制区域，进入施工现场未戴安全帽等。按照《企业职工伤亡事故分类》GB 6441—1986，物体打击不包括主体机械设备、车辆、起重机械、坍塌等引发的物体打击
3	坍塌倾覆事故危险源		基坑作业，边坡作业，人工挖孔桩施工，脚手架/防护架搭拆，模板工程搭拆，拆除工程施工，挡土墙施工，物料提升机、塔式起重机、滑模、接料平台、移动操作台等	危险性较大的分部分项工程无专项施工方案，土方施工未按规定放坡和支护，基坑/桩孔及边坡护壁未按设计施工，地下水未及时抽取或无降水措施，流砂/泥未及时有效防治，脚手架搭设无设计计算书，起重、吊装、滑模等装置/设备未经验收擅自投入使用，脚手架/防护架架体与建筑物未按规定拉结，未设置剪刀墙，支模架未经设计验算，无足够的强度、刚度、稳定性，拆除工程施工无方案，未按规定顺序拆除，违规进入危险区域，危险区域未设置警示标志、防护措施等

续表

序号	项目	含义	主要部位和施工过程	主要危险因素
4	机械伤害事故危险源	机械伤害是机械设备运动（或静止状态）、机械设备部件、工具、加工件直接与人体接触引起的挤压、碰撞、冲击、剪切、卷入、绞绕、甩出、切割、切断、刺扎等伤害	现场施工过程中的各类机具本体、防护设施/措施、机械违章/违规操作等，如塔式起重机、施工电梯、平刨机、电锯、钢筋加工机械、搅拌机、砂浆拌合机、场内运输工具等	大型机械设备基础不坚固引起倾覆；无资质安装、拆除、维保；机械作业人员无证上岗；各种限位保护装置失灵，机械传动部位无防护罩；起重作业信号不当，指挥不到位；钢丝绳未定期检查；作业人员酒后作业及其他违规违章等。按照《企业职工伤亡事故分类》GB 6441—1986，机械伤害不包括车辆、起重机械引起的伤害
5	触电事故危险源		施工现场涉及用电的机具、配电箱与开关箱、接地与接零保护系统、配电线路、外电防护、配电室与配电装置、现场照明、电杆及支架、用电防护设施、个人使用安全防护品、操作人员的技术熟练程度、操作行为	配电系统不符合规范，配电线路、绝缘保护不符合要求，操作人员技术熟练程度低，无证上岗，操作行为不规范，用电环境不达标，安全距离不满足，超负荷用电，防护设施不满足要求等
6	易发生火灾事故的危险源		易燃可燃材料库房、易燃可燃材料堆场、动火作业场所、变配电设备室、厨房、员工宿舍等，此外，各类用电不规范也是火灾事故危险源	现场临时用房和作业场所的防火设计不符合规范要求，消防通道、消防水源的设置不符合规范要求，灭火器材布局、配置不合理或灭火器材失效，未编制住宿、施工现场火灾逃生、应急疏散预案，未组织进行火灾疏散、应急救援预案实战演练，未办理动火审批手续，动火现场周边存放易燃易爆物品

危险源辨识与风险评价方法

序号	项目	内容	说明
1	危险源辨识	危险源辨识是为了找出施工生产危险源，评价其安全风险，预防危险源引发事故造成职业健康和安全伤害	在职业健康安全管理中，“危险源”构成包括：潜在危险性、存在条件和触发因素三个要件组成，缺一不可。具体如下： ①危险源的潜在危险性是指一旦触发事故，可能带来的危害程度或损失大小，或者说危险源可能释放的能量强度或危险物质量的大小。 ②存在条件是指危险源所处的物理、化学状态和约束条件状态。 ③触发因素不属于危险源的固有属性，但它是危险源转化为事故的外因，而且每一类危险源都有相应的敏感触发因素，因此应作为危险源辨识的要素之一
2	危险源辨识与评价方法	（1）安全检查表法	①安全检查表法是指用检查表方式将一系列检查项目列出进行分析，以确定装置、设备、场所的状态是否符合安全要求，通过检查发现系统中存在的安全隐患，提出改进措施的一种方法。 ②检查项目可以包括场地、周边环境、设施、设备、操作、管理等各方面
		（2）预先危险性分析	①预先危险性分析也称初始危险分析，是指在每项生产活动之前，特别是在设计的开始阶段，对识别和评价对象存在的危险类别、出现条件、事故后果等进行概略分析，尽可能评价出潜在的危险性。 ②《建设工程安全生产管理条例》规定：设计单位应当考虑施工安全操作和防护的需要，对涉及施工安全的重点部位和环节在设计文件中注明，并对防范生产安全事故提出指导意见；采用新结构、新材料、新工艺的建设工程和特殊结构的建设工程，设计单位应当在设计中提出保障施工作业人员安全和预防生产安全事故的措施建议

续表

序号	项目	内容	说明
		（3）危险与可操作性分析	该方法主要用于生产工艺流程分析，可借鉴用于施工生产危险源辨识和评价，其基本过程是以关键词为引导，预先识别、分析和评价工程项目、装置、设备潜在的危险，或通过监控找出工程项目、装置、设备运行过程或状态的变化（即偏差），然后再继续分析造成偏差的原因、后果及可采取对策的方法
		（4）事故树分析法	①事故树分析从一个可能的事故开始，自下而上、一层层地寻找顶事件的直接原因事件和间接原因事件，直到基本原因事件，并用逻辑图将这些事件之间的逻辑关系表达出来的分析方法。 ②实际发生安全生产事故后，施工安全事故分析报告所归纳的事故直接原因、间接原因及根本原因同样有助于危险源识别和评价
		（5）LEC 评价法	①LEC 评价法侧重于风险评价，该方法用与风险有关的三种因素指标值的乘积来评价操作人员伤亡风险的大小。 ②这三种因素分别是 L（Likelihood，事故发生的可能性）、E（Exposure，人员暴露于危险环境中的频繁程度）和 C（Consequence，一旦发生事故可能造成的后果）。 ③给三种因素的不同等级分别确定不同的分值，再以三个分值的乘积 D（Danger，危险性）来评价作业条件危险性的大小

考点 2　安全事故致因理论

安全事故致因理论的概念和主要作用

序号	项目	内容
1	概念	事故致因理论是指通过大量典型安全事故本质原因、发生演变过程和事故后果分析，归纳提炼出的安全事故发生机理及事故模型。这些事故发生机理和事故模型（安全事故致因理论）能够为安全事故的预测、预防及改进安全管理工作提供理论依据
2	主要作用	（1）从本质上阐明事故发生的机理，奠定安全管理的理论基础，为安全管理实践指明方向。 （2）有助于指导事故的调查分析，帮助查明事故原因。

续表

序号	项目	内容
		（3）为系统安全分析、危险性评价和安全管理决策提供信息和依据，增强决策的针对性。 （4）为事故定量分析和预测奠定基础，推进安全管理的科学化。 （5）增加安全管理的理论知识，针对性开展安全教育培训，提高安全教育的水平

安全事故致因的各种理论

序号	项目	内容
1	事故频发倾向理论	（1）事故频发倾向是指个别人容易发生事故的、稳定的、个人的内在倾向。 （2）基于事故频发倾向理论，预防安全事故的措施有：①人员选择，即通过严格的生理、心理检验，选择身体、智力、性格特征及动作特征等方面优秀的人才就业；②人事调整，即把企业中的事故频发倾向者调整岗位或解雇
2	事故因果连锁论	（1）事故因果连锁论认为：事故的发生不是一个孤立事件，是一系列互为因果的原因事件相继发生的结果。海因里希最初提出的事故因果连锁过程包括 5 个因素。5 个因素及其连锁关系是：遗传及社会环境→（诱发）人的缺点→（造成）人的不安全行为或物的不安全状态→（发生）事故→（导致）伤害。他们之间的关系可以用多米诺骨牌形象地描述。 （2）与事故频发倾向理论将事故原因归结于人的因素不同，海因里希事故因果连锁论提出了人的不安全行为和物的不安全状态是导致事故的直接原因这一论断，而安全管理工作的中心就是防止人的不安全行为，消除物的不安全状态，中断事故连锁的进程进而避免事故的发生。 （3）从事故原因看，海因里希认为生产安全事故存在着“88：10：2”的规律，即 100 起事故中，有 88 起纯属人为，有 10 起是物的不安全状态或环境的不安全因素造成的，只有 2 起是难以预防的，即所谓的“天灾”；又因为机器是由人设计制造和维修，环境需要人去改善，所以人的不安全行为在事故发生中占绝对地位。 （4）在海因里希事故因果连锁论基础上，诸多学者对因果连锁论进行了拓展。如博德（F. Bird）提出了反映现代安全观点的事故因果连锁论。其主要观点有：伤害、损坏和损失，事故，直接原因，基本原因，安全管理欠缺
3	能量意外释放理论	（1）吉布森（Gibson）提出事故是一种不正常的或不希望的能量释放，意外释放的各种形式的能量是构成伤害的直接原因。

续表

序号	项目	内容
		（2）在吉布森的研究基础上，1966年哈登（Haddon）完善了能量意外释放理论，认为“人受伤害的原因只能是某种能量的转移”，并根据能量对人体（有机体）的影响将伤害分为两类：第一类伤害是由于对人体施加了局部或全身性损伤阀值的能量引起的（人体接触了超过其抵抗力的某种形式的过量的能量）；第二类伤害是由于影响了人体局部或全身性能量交换引起的（人体与周围环境的正常能量交换受到了干扰），主要指中毒窒息和冻伤。 （3）根据能量意外释放理论，应该通过控制能量或控制作为能量达及人体媒介的能量载体来预防伤害事故。预防安全事故的思路一是防止能量或危险物质的意外释放，二是防止人体与过量的能量或危险物质接触；约束、限制人体与能量接触的措施称为屏蔽。 （4）基本预防措施有：①用安全的能源代替不安全的能源；②限制能量；③防止能量蓄积；④缓慢地释放能量；⑤设置屏蔽设施；⑥在时间和空间上把能量与人体隔离
4	轨迹交叉理论	（1）轨迹交叉理论将事故的发生与发展过程描述为：基本原因→间接原因→直接原因→事故→伤害。这一事故致因过程是人的因素运动轨迹和物的因素运动轨迹交叉的结果。 （2）人的因素运动轨迹导致人的不安全行为（人的事件），其运动轨迹是：生理、心理缺陷→社会环境、企业管理上的缺陷→后天的身体缺陷→视、听、嗅、味、触五官能量分配上的差异→行为失误（不安全行为）。 （3）物的因素运动轨迹导致物的不安全状态（物的事件），其运动轨迹是：设计上的缺陷→制造、工艺流程上的缺陷→维修保养上的缺陷→使用运转上的缺陷→作业场所环境上的缺陷→物的不安全状态。 （4）轨迹交叉论认为，人的因素运动轨迹和物的因素运动轨迹各自存在（不安全因素），并不立即或直接造成事故，人的因素运动轨迹和物的因素运动轨迹交叉才会导致事故的发生，交叉的时间和地点就是发生伤亡事故的时间和空间。 （5）根据轨迹交叉论，在安全管理和安全事故预防中，消除人的不安全行为和物的不安全状态缺一不可。 （6）预防安全事故的措施侧重于：①在设计生产工艺时尽量减少或避免人与物的接触；②避免人的不安全行为与物的不安全状态在时间和空间上同时出现；③严格操作规程

续表

序号	项目	内容
5	系统理论	（1）系统理论将人、机器、环境作为一个整体（系统）进行研究，目标是追求系统安全。所谓系统安全是指在系统寿命周期内应用系统安全管理及系统安全工程原理，识别危险源并使其危险性减至最小，使系统在规定的性能、时间和成本范围内达到最佳的安全程度。换言之，系统安全追求某系统在功能、时间、成本等规定的条件下，人员和设备所受到的伤害和损失为最少。 （2）系统理论已不是单纯的事故致因理论，它基于以下不同于传统安全理论的概念研究系统安全管理。 ①在事故致因理论方面，改变了只注重人（操作员）的不安全行为在事故致因中作用的传统观念，开始考虑如何通过改善物（硬件）的系统可靠性来提高复杂系统的安全性，从而避免事故。 ②没有一种事物是绝对安全的，任何事物中都潜伏着危险因素，通常所说的安全或危险只不过是一种主观的判断。 ③不可能根除一切危险源和危险，可以减少来自现有危险源的危险性，应减少总的危险性而不是只消除几种选定的危险。 ④受认识能力有限，有时不能完全认识危险源和危险，即使认识了现有的危险源，随着生产技术的发展，新技术、新工艺、新材料和新能源的出现，又会产生新的危险源；由于受技术、资金、劳动力等因素的限制，对于认识了的危险源也不可能完全根除，只能把危险降低到可接受的程度，即可接受的危险。安全工作的目标就是控制危险源，努力把事故发生概率降到最低，万一发生事故，把伤害和损失控制在较轻的程度。 （3）两种模型： ①瑟利模型。瑟利模型是一个典型的根据人的认知过程分析事故致因的理论。瑟利模型把事故的发生过程分为危险出现和危险释放两个阶段，两个阶段各自包括感觉、认识和响应（做出对应行为）3 部分和 6 个问题，涵盖了人的信息处理全过程，并且反映了在此过程中有很多发生失误进而导致事故的机会。在危险出现阶段，如果人的信息处理的每个环节都正确，危险就能被消除或得到控制；反之，就会使操作者直接面临危险。在危险释放阶段，如果人的信息处理过程的各个环节都是正确的，则即使面临着已经显现出来的危险，仍然可以避免危险释放出来，不会带来伤害或损害；反之，危险就会转化成伤害或损害。瑟利模型描述的是客观已经存在潜在危险（存在于机械的运动和环境中）的情况下，人与危险之间的相互关系、反馈和调整控制的问题，即没有探究为何会产生潜在危险，没有涉及机械及周围环境的运行过程。

续表

序号	项目	内容
		②安德森模型。安德森模型在瑟利模型之上增加了一组问题，所涉及的是危险线索的来源及可察觉性，运行系统内的波动（机械运行过程及环境状况的不稳定性）以及如何控制或减少这些波动并使之与系统中人（操作者）的行为的波动相一致

7.2 施工安全管理体系及基本制度

考点1 施工安全管理体系

施工企业安全生产主体责任和施工安全管理常见缺陷

序号	项目	内容
1	施工企业安全生产主体责任	（1）保证安全生产条件合法合规。 （2）建立和落实全员安全生产责任制、安全生产规章制度和操作规程。 （3）保证安全生产条件所需资金有效投入。 （4）设置安全生产管理机构和配备安全生产管理人员。 （5）组织全员安全生产培训教育。 （6）建设项目安全设施必须同时到位（“三同时”制度）。 （7）设置安全警示标志和疏散通道。 （8）开展安全生产标准化、信息化建设。 （9）构建安全风险分级管控和隐患排查治理双重预防机制。 （10）落实相关各方的安全生产管理职责。 （11）工艺和设备应符合标准，满足安全要求。 （12）严格管理危险源。 （13）履行向从业人员告知和教育、督促义务。 （14）按规定配置职业健康及劳动防护用品。 （15）落实危险作业（活动）的安全管理措施。 （16）依法办理工伤保险，缴纳保险费。 （17）做好生产安全事故应急救援工作
2	施工安全管理常见缺陷	（1）安全生产责任制常见缺陷：①未建立安全生产责任制；②安全生产责任制不健全、未经审核及责任人签字确认；③未制定安全生产管理目标；④未进行安全责任目标分解；⑤未明确安全生产考核指标；⑥未建立责任目标考核制度；⑦未按考核制度对责任人员定期考核。 （2）安全生产投入常见缺陷：①未制定项目安全资金保障制度；②未编制安全资金使用计划；③未按安全资金使用计划实施。

续表

序号	项目	内容
		（3）人员配备及持证上岗常见缺陷：①未按规定配备专职安全员；②项目负责人、专职安全员和特种作业人员未持证上岗；③未经培训从事施工、安全管理和特种作业。 （4）施工组织设计及专项施工方案常见缺陷：①施工组织设计中未制定安全技术措施；②施工组织设计、专项施工方案未经审批；③安全措施、专项施工方案无针对性或缺少计算书；④危险性较大的分部分项工程未编制专项施工方案；⑤未按规定对超过一定规模危险性较大的分部分项工程专项施工方案进行专家论证；⑥未按施工组织设计、专项施工方案组织实施。 （5）安全操作规程及安全技术交底常见缺陷：①未制定安全操作规程；②未进行书面安全技术交底；③未按分部分项进行交底；④交底内容不全面或针对性不强；⑤交底未履行签字手续。 （6）安全教育及培训常见缺陷：①未建立安全教育培训制度；②施工管理人员、专职安全员未按规定进行培训和考核；③现场施工人员未进行三级安全教育和考核；④未明确具体安全教育内容；⑤变换工种或采用新技术、新工艺、新设备、新材料施工时未进行安全教育。 （7）分包单位安全管理常见缺陷：①分包单位资质、资格、分包手续不全或失效；②未与分包单位签订安全生产协议书；③分包合同、安全协议书签字盖章手续不全；④分包单位未按规定建立安全机构或配备专职安全员；⑤总包单位疏于对分包单位管理。 （8）现场整体防护（不含特定部位、装置及个人防护要求）常见缺陷：①市区内的工程未设置封闭围挡或封闭围挡设置不符合要求；②不同施工区域、暂停施工期间未采取封闭隔离措施或设置不符合要求；③施工现场办公、生活区与作业区未分开设置或设置不符合要求；④起重设备等设备验收合格前未设置防护措施；⑤防护设施本身质量不符合要求。 （9）安全标志常见缺陷：①主要施工区域、危险部位未按规定悬挂安全标志；②未绘制现场安全标志布置图；③未按部位和现场设施的变化调整安全标志设置；④未设置重大危险源公示牌。 （10）安全检查常见缺陷：①未建立安全检查制度；②未做好安全检查记录；③事故隐患的整改未做到“三定”（定人、定时间、定措施）；④对重大事故隐患整改通知所列项目未按期整改和复查。 （11）应急救援常见缺陷：①未制定安全生产应急预案；②未建立应急救援组织或未配备救援人员；③未配置应急救援器材和设备；④未定期进行应急救援演练。

续表

序号	项目	内容
		（12）生产安全事故报告及处理常见缺陷：①生产安全事故未按规定报告；②生产安全事故未按规定进行调查分析并制定防范措施；③未依法为施工作业人员办理保险；④未落实安全事故处理“四不放过”原则

施工安全管理体系的内容

序号	项目	内容
1	施工安全生产方针和目标	（1）施工安全生产方针由企业最高管理者发布，企业及施工项目应以其作为安全管理的宗旨。施工项目应按照企业总体要求，确定项目安全生产具体目标，目标应尽量量化，并纳入项目责任制和岗位责任制内。 （2）施工安全生产目标分为伤亡控制目标和安全管理效果目标： ①伤亡控制目标：如杜绝伤亡事故，死亡率为零，重伤率为零，月轻伤频率 0.3‰以下。 ②安全管理效果目标：包括安全管理工作落实效果和安全管理总体效果。前者如安全教育合格率 100%，特殊工种持证上岗率 100%，施工现场安全各项设施合格率 100%，安全防护设施使用率 100%，劳动保护用品及防护用品使用率 100%等；后者如建筑施工安全检查得分率 90%以上，创建安全文明工地等
2	组织保证体系	（1）工程项目部安全生产责任体系应符合下列要求：①项目经理应为工程项目安全生产第一责任人，应负责分解落实安全生产责任，实施考核奖惩，实现项目安全管理目标；②工程项目总承包单位、专业承包和劳务分包单位的项目经理、技术负责人和专职安全生产管理人员，应组成安全管理组织，并应协调、管理现场安全生产；项目经理应按规定到岗带班指挥生产；③总承包单位、专业承包和劳务分包单位应按规定配备项目专职安全生产管理人员，负责施工现场各自管理范围内的安全生产日常管理；④工程项目部其他管理人员应承担本岗位管理范围内的安全生产职责；⑤分包单位应服从总承包单位管理，并应落实总承包项目部的安全生产要求；⑥施工作业班组应在作业过程中执行安全生产要求；⑦作业人员应严格遵守安全操作规程，并应做到不伤害自己、不伤害他人和不被他人伤害。

续表

序号	项目	内容
		（2）工程项目部有关人员的安全生产管理职责：①施工单位的项目负责人应当由取得相应执业资格的人员担任，对建设工程项目的安全施工负责，落实安全生产责任制度、安全生产规章制度和操作规程，确保安全生产费用的有效使用，并根据工程的特点组织制定安全施工措施，消除安全事故隐患，及时、如实报告生产安全事故。②施工单位应当设立安全生产管理机构，配备专职安全生产管理人员。③专职安全生产管理人员负责对安全生产进行现场监督检查。发现安全事故隐患，应当及时向项目负责人和安全生产管理机构报告；对违章指挥、违章操作的，应当立即制止。④建设工程施工前，施工单位负责项目管理的技术人员应对有关安全施工的技术要求向施工作业班组、作业人员作出详细说明，并由双方签字确认
3	文化保证体系	（1）安全文化的最基本内涵就是人的安全意识，是存在于人们头脑中支配人们行为是否安全的思想，因而安全文化是安全生产的灵魂。 （2）安全文化能为人提供安全生产的思维框架、价值体系和行为准则，使人在自觉自律中按正确的方式行事，规范和控制自己的安全行为。 （3）通过安全文化建设，使员工时时、处处、事事都把安全记在心上，落实在行动上，做到人人都能“自主管理”“不伤害别人”“不伤害自己”“不被别人伤害”，创造充分体现“安全第一”的思想氛围，形成互相监督、互相制约、互相指导的安全文化体系。 （4）安全文化建设的基本要素包括：安全承诺，行为规范与程序，安全行为激励，安全信息传播与沟通，自主学习与改进，安全事务参与，安全文化体系审核与评估
4	制度保证体系	企业应当建立健全全员安全生产责任制为核心，包括安全生产规章制度和操作规程，安全投入和物资管理，（技术）措施管理，日常安全管理等在内的制度体系，通过安全生产标准化建设，促进安全生产工作和安全管理的规范化、标准化、程序化
5	工作保证体系	（1）施工现场安全工作应当以组织与责任体系为基础、安全文化和理念为驱动力、安全管理制度和安全技术措施为支撑、操作规程与安全技术标准为依据。 （2）施工现场安全管理主要工作包括： ①施工企业应加强工程项目施工过程的日常安全管理，工程项目部应接受企业各管理层职能部门和岗位的安全生产管理。 ②工程项目部应接受建设行政主管部门及其他相关部门的监督检查，对发现的问题应按要求落实整改。 ③工程项目部应根据企业安全生产管理制度，实施施工现场安全生产管理。

续表

序号	项目	内容
		④工程项目施工前，应组织编制施工组织设计、专项施工方案（措施），内容应包括工程概况、编制依据、施工计划、施工工艺、施工安全技术措施、检查验收内容及标准、计算书及附图等，并应按规定进行审批、论证、交底、验收、检查。 ⑤工程项目部应定期及时上报现场安全生产信息；施工企业应全面掌握企业所属工程项目的安全生产状况，并应作为隐患治理、考核奖惩的依据
6	信息保证体系	（1）安全施工中的信息包括文件信息、标准信息、管理信息、技术信息、安全施工状况信息和事故信息等。信息管理工作是安全管理支持性工作，需要建立信息保证体系。 （2）安全施工信息保证体系由信息纲目的编制，信息网的建立，信息的收集，安全施工状况与事故的报告统计，信息的分析、处置和应用以及信息档案管理等 6 项内容的工作及其制度组成

注：施工安全管理体系是施工企业用于建立施工安全生产方针、目标及实现目标过程中相互关联和相互作用的要素的总称。

本质安全化管理

序号	项目	内容
1	本质安全化系统构成	（1）本质安全化，狭义上讲是指机器、设备和工艺本身所具有的安全性能。 （2）对于施工安全而言，本质安全是指施工活动使用的机器、设备以及施工工艺和工程产品本身具有的安全性能。 （3）本质安全的理念是从工艺源头上永久地消除风险，而不是仅靠控制系统、报警系统、联锁系统的使用来减小事故发生概率和减轻事故后果的严重性。 （4）狭义的本质安全系统固有两项功能：①失误-安全功能，指设备、设施和技术工艺本身具有自动防止人的不安全行为的功能，即使人的行为失误，也不会发生事故或伤害；②故障-安全功能，指设备、设施或技术工艺发生故障或损坏时，还能暂时维持正常工作或自动转变为安全状态。本质安全是绝对安全的理想状态，实际运行中很难达到，需要通过本质安全化的一系列技术措施降低施工过程风险，使施工过程本质上更安全。 （5）根据危险源分类和事故致因系统理论，实现系统安全需要从人、物、环境、管理等方面进行控制，即广义的本质安全理念
2	广义本质安全的特征	（1）人的安全可靠性。不论在何种作业环境和条件下都能够按照规程操作，杜绝人的不安全行为，实现个体安全。

续表

序号	项目	内容
		（2）物的安全可靠性。无论是动态的物还是静态的物，始终能够保持安全运行的状态。 （3）系统的安全可靠性。在日常安全生产中，不会因人的不安全行为和物的不安全状态而发生重大事故，具备“人机互补，人机制约”的安全功能。 （4）制度系统规范、管理科学严格。通过建立健全系统化、规范化管理制度，实施科学严格的管理，杜绝管理上的失误，在生产中实现零缺陷、零事故

本质安全化控制措施

序号	项目	含义	主要控制措施
1	人的本质安全化控制措施	人的本质安全化包括两方面含义：一是人在本质上有对安全的需要，具备自主安全理念；二是人具备充分的安全知识和技能，在可靠的安全环境保障之下，依靠其安全知识和技能，可以实现系统及个人岗位的安全生产无事故	（1）建立个人健康档案，定期不定期开展心理测试、健康体检。 （2）按照安全管理和企业规章制度要求，坚持持证上岗。 （3）做好安全培训和教育。 （4）开展安全文化建设，人人树立正确的安全理念，实现由“要我安全”到“我要安全”的观念转变。 （5）通过安全培训教育和制度建设，提高员工安全法制观念和自主遵章守纪意识。 （6）落实一线岗位人员“两单两卡”清单制度，具体是指企业一线岗位从业人员岗位风险清单、岗位职责清单和岗位操作卡、岗位应急处置卡。 （7）动态监控员工心理、生理状况，及时调整工作岗位
2	物的本质安全控制措施	设备设施缺陷、工艺材料落后、防护不到位、成品半成品质量缺陷、人员操作不当导致“物的不安全状态”等会给施工安全埋下隐患甚至引发安全事故，是物的本质不安全的根本原因	（1）开展预先危险性分析。在工程项目中，预先危险性分析应从项目设计阶段开始。施工过程中，每项工程、活动之前，或技术变更之后应开展预先危险性分析。 （2）落实安全风险分级管控和隐患排查治理双重预防机制。工程项目应根据施工阶段和施工内容的特点，全面开展安全风险辨识；科学评定安全风险等级，安全风险等级从高到低划分为重大风险、较大风险、一般风险和低风险，分别用红、橙、黄、蓝四种颜色标示。

续表

序号	项目	含义	主要控制措施
			（3）严格工程质量全过程、全方位管理，避免工程质量问题或质量事故引发安全生产事故。 （4）运用四新技术提高物的本质安全，淘汰施工现场落后工艺、设备和材料。 （5）严把设备设施选用关，采用适应现场作业条件和环境、稳定可靠的设备设施。 （6）严把设备、设施使用前的验收关，避免有危险状态的设备、设施未验收前投入运行
3	系统的安全可靠性控制措施	系统的安全可靠建立在人的本质安全、物的本质安全基础上，但人、物、环境三个子系统是否协调直接影响系统可靠性	（1）在分析施工作业条件和环境基础上，运用人机匹配法分析最佳人机组合，并通过合理的施工组织设计实施。 （2）通过合理的施工组织和现场平面布局，避免或减少人的因素运动轨迹与物的因素运动轨迹交叉。 （3）通过装配式建筑、建筑工业化、智能建造、机器人等技术手段减少人机交互的概率，减少子系统之间不协调对系统稳定性和可靠性的影响。 （4）运用人工智能等信息技术提高人机环境系统的自适应能力以及警示、反馈和调整能力，降低人、机不稳定状况出现的影响，提高系统可靠性
4	安全管理体系的落实	（1）施工安全管理既要有健全、科学的管理体系，更要有安全各项保证体系（涉及目标、制度、措施、操作规程等）的贯彻落实。 （2）本质安全属于安全管理范畴，应当遵循安全管理3E原则实施安全管理，促进本质安全化。即：工程技术、教育培训、强制管理	（1）安全生产第一责任人应以身作则。企业主要负责人是生产经营单位安全生产的第一责任人，工程项目负责人是项目施工安全第一责任人。 （2）充分发挥全体从业人员的作用。在全员安全生产责任制的基础上，需要通过安全文化建设、安全教育培训、制度约束等手段，发挥全体从业人员在安全生产中的主动性和自觉性，调动从业人员在工作中相互监督，严格遵守各项安全管理制度，才能保证安全管理制度的落实。 （3）重视外部监督对施工现场安全管理的积极作用。除施工方及其全体从业人员对安全管理制度自主自觉地执行外，应重视其他外部监督，如现场监理管理、媒体监督、社会监督等对现场安全生产的积极促进作用及本质安全化的意义

考点 2　施工安全管理基本制度

全员安全生产责任制

序号	项目	内容	说明
1	全员安全生产责任制基本规定	（1）全员安全生产责任制应包括所有从业人员的安全生产责任，明确从主要负责人到一线从业人员（含劳务派遣人员、实习学生等）的安全生产责任、责任范围和考核标准。 （2）企业应当制定安全技术操作规程，并纳入安全教育培训。 （3）企业全员安全生产责任制应长期公示。 （4）加强企业全员安全生产责任制教育培训	全员安全生产责任制是企业所有安全生产管理制度的核心，是企业最基本的安全管理制度，其他安全生产管理制度的建立、执行、修订完善，离不开各岗位相关责任的支持
2	企业主要负责人安全生产工作法定职责	（1）建立健全并落实本单位全员安全生产责任制，加强安全生产标准化建设。 （2）组织制定并实施本单位安全生产规章制度和操作规程。 （3）组织制定并实施本单位安全生产教育和培训计划。 （4）保证本单位安全生产投入的有效实施。 （5）组织建立并落实安全风险分级管控和隐患排查治理双重预防工作机制，督促、检查本单位的安全生产工作，及时消除生产安全事故隐患。 （6）组织制定并实施本单位的生产安全事故应急救援预案。 （7）及时、如实报告生产安全事故	企业主要负责人是本单位安全生产第一责任人，对本单位的安全生产工作全面负责。其他负责人对职责范围内的安全生产工作负责。企业可以设置专职安全生产分管负责人，协助本单位主要负责人履行安全生产管理职责
3	企业安全生产管理机构及安全生产管理人员法定职责	（1）组织或者参与拟订本单位安全生产规章制度、操作规程和生产安全事故应急救援预案。 （2）组织或者参与本单位安全生产教育和培训，如实记录安全生产教育和培训情况。 （3）组织开展危险源辨识和评估，督促落实本单位重大危险源的安全管理措施。 （4）组织或者参与本单位应急救援演练。 （5）检查本单位的安全生产状况，及时排查生产安全事故隐患，提出改进安全生产管理的建议。	施工单位应当设立安全生产管理机构，配备专职安全生产管理人员

续表

序号	项目	内容	说明
		（6）制止和纠正违章指挥、强令冒险作业、违反操作规程的行为。 （7）督促落实本单位安全生产整改措施	施工单位应当设立安全生产管理机构，配备专职安全生产管理人员
4	企业其他管理岗位人员安全生产职责	企业其他管理岗位应按照“管业务必须管安全”“管生产经营必须管安全”的要求，结合企业自身情况，明确安全生产责任、责任范围和考核标准	将安全生产责任作为企业岗位责任制和经济责任制度的重要组成部分
5	施工作业人员安全生产职责	（1）在作业过程中，应当遵守安全施工的强制性标准、规章制度和操作规程，服从管理，正确佩戴和使用安全防护用具、规范操作机械设备等。 （2）接受安全生产教育培训的义务，掌握必要的施工安全生产知识，熟悉有关的规章制度和安全操作规程，掌握本岗位安全操作技能，未经教育培训或者教育培训考核不合格的，不上岗作业。 （3）履行施工安全事故报告义务。从业人员发现事故隐患或者其他不安全因素，应当立即向现场安全生产管理人员或者本单位负责人报告	—

安全生产费用提取、管理和使用制度

序号	项目	内容
1	一般规定	（1）企业应按照规定提取和使用安全生产费用，专门用于改善企业或项目安全生产条件。安全生产费用在成本中据实列支。 （2）企业应具备的安全生产条件所必需的资金投入，由企业决策机构、主要负责人或者个人经营的投资人予以保证，并对由于安全生产所必需的资金投入不足导致的后果承担责任
2	企业安全生产费用管理基本要求	（1）企业应建立健全安全生产费用管理制度，明确企业安全生产费用提取和使用的程序、职责及权限，落实责任，确保按规定提取和使用企业安全生产费用。 （2）企业应加强安全生产费用管理，编制年度企业安全生产费用提取和使用计划，纳入企业财务预算，确保资金投入。 （3）企业提取的安全生产费用从成本（费用）中列支并专项核算
3	企业安全生产费用管理原则	（1）筹措有章。 （2）支出有据。

续表

序号	项目	内容
		（3）管理有序。 （4）监督有效
4	企业安全生产费用提取	（1）建设工程施工企业编制投标报价应包含并单列企业安全生产费用，竞标时不得删减。建设单位应在合同中单独约定并于工程开工日一个月内向承包单位支付至少 50%企业安全生产费用。总包单位应在合同中单独约定并于分包工程开工日一个月内将至少 50%企业安全生产费用直接支付分包单位并监督使用，分包单位不再重复提取。工程竣工决算后结余的企业安全生产费用，应退回建设单位。 （2）建设工程施工企业以建筑安装工程造价为依据，于月末按工程进度计算提取企业安全生产费用。提取标准为：①矿山工程 3.5%；②铁路工程、房屋建筑工程、城市轨道交通工程 3%；③水利水电工程、电力工程 2.5%；④冶炼工程、机电安装工程、化工石油工程、通信工程 2%；⑤市政公用工程、港口与航道工程、公路工程 1.5%。 （3）企业安全生产费用出现赤字（即当年计提企业安全生产费用加上年初结余小于年度实际支出）的，应当于年末补提企业安全生产费用。企业按规定标准连续两年补提安全生产费用的，可以按照最近一年补提数提高提取标准。 （4）企业安全生产费用月初结余达到上一年应计提金额三倍及以上的，自当月开始暂停提取企业安全生产费用，直至企业安全生产费用结余低于上一年应计提金额三倍时恢复提取
5	企业安全生产费用使用	（1）完善、改造和维护安全防护设施设备支出（不含“三同时”要求初期投入的安全设施），包括施工现场临时用电系统、洞口或临边防护、高处作业或交叉作业防护、临时安全防护、支护及防治边坡滑坡、工程有害气体监测和通风、保障安全的机械设备、防火、防爆、防触电、防尘、防毒、防雷、防台风、防地质灾害等设施设备支出。 （2）应急救援技术装备、设施配置及维护保养支出，事故逃生和紧急避难设施设备的配置和应急救援队伍建设、应急预案制修订与应急演练支出。 （3）开展施工现场重大危险源检测、评估、监控支出，安全风险分级管控和事故隐患排查整改支出，工程项目安全生产信息化建设、运维和网络安全支出。 （4）安全生产检查、评估评价（不含新建、改建、扩建项目安全评价）、咨询和标准化建设支出。 （5）配备和更新现场作业人员安全防护用品支出。

续表

序号	项目	内容
		（6）安全生产宣传、教育、培训和从业人员发现并报告事故隐患的奖励支出。 （7）安全生产适用的新技术、新标准、新工艺、新装备的推广应用支出。 （8）安全设施及特种设备检测检验、检定校准支出。 （9）安全生产责任保险支出。 （10）与安全生产直接相关的其他支出
6	其他规定	（1）企业职工薪酬、福利不得从企业安全生产费用中支出。企业从业人员发现报告事故隐患的奖励支出，应从企业安全生产费用中列支。 （2）企业安全生产费用年度结余资金结转下年度使用

安全生产教育培训制度

序号	项目	内容
1	目的	保证从业人员具备必要的安全生产知识，熟悉有关的安全生产规章制度和安全操作规程，掌握本岗位的安全操作技能，了解事故应急处理措施，知悉自身在安全生产方面的权利和义务。未经安全生产教育和培训合格的从业人员，不得上岗作业
2	对象	（1）本单位全体从业人员及劳务派遣人员、实习学生。 （2）企业使用被派遣劳动者的，应将被派遣劳动者纳入本单位从业人员统一管理，对被派遣劳动者进行岗位安全操作规程和安全操作技能的教育和培训。 （3）劳务派遣单位应对被派遣劳动者进行必要的安全生产教育和培训；企业接收中等职业学校、高等学校学生实习的，应对实习学生进行相应的安全生产教育和培训，提供必要的劳动防护用品。学校应协助企业对实习学生进行安全生产教育和培训
3	管理要求	（1）企业应将安全培训工作纳入本单位年度工作计划。保证本单位安全培训工作所需资金。 （2）企业主要负责人负责组织制定并实施本单位安全培训计划。 （3）企业应建立健全从业人员安全生产教育和培训档案，由企业安全生产管理机构及安全生产管理人员详细、准确记录培训的时间、内容、参加人员及考核结果等情况
4	企业主要负责人安全培训内容	（1）国家安全生产方针、政策和有关安全生产的法律、法规、规章及标准。 （2）安全生产管理基本知识、安全生产技术、安全生产专业知识。 （3）重大危险源管理、重大事故防范、应急管理和救援组织及事故调查处理的有关规定。 （4）职业危害及其预防措施。

续表

序号	项目	内容
		（5）国内外先进的安全生产管理经验。 （6）典型事故和应急救援案例分析。 （7）其他需要培训的内容
5	企业安全生产管理人员安全培训内容	（1）国家安全生产方针、政策和有关安全生产的法律、法规、规章及标准。 （2）安全生产管理、安全生产技术、职业卫生等知识。 （3）伤亡事故统计、报告及职业危害的调查处理方法。 （4）应急管理、应急预案编制以及应急处置的内容和要求。 （5）国内外先进的安全生产管理经验。 （6）典型事故和应急救援案例分析。 （7）其他需要培训的内容
6	企业级岗前安全培训内容	（1）本单位安全生产情况及安全生产基本知识。 （2）本单位安全生产规章制度和劳动纪律。 （3）从业人员安全生产权利和义务。 （4）有关事故案例等
7	施工项目部级岗前安全培训内容	（1）工作环境及危险因素。 （2）所从事工种可能遭受的职业伤害和伤亡事故。 （3）所从事工种的安全职责、操作技能及强制性标准。 （4）自救互救、急救方法、疏散和现场紧急情况的处理。 （5）安全设备设施、个人防护用品的使用和维护。 （6）本项目安全生产状况及规章制度。 （7）预防事故和职业危害的措施及应注意的安全事项。 （8）有关事故案例。 （9）其他需要培训的内容
8	班组级岗前安全培训内容	（1）岗位安全操作规程。 （2）岗位之间工作衔接配合的安全与职业卫生事项。 （3）有关事故案例。 （4）其他需要培训的内容。 注意：从业人员在本单位内调整工作岗位或离岗一年以上重新上岗时，应重新接受项目部和班组级的安全培训
9	其他安全生产教育培训	（1）企业采用新工艺、新技术、新材料或者使用新设备时，应对有关从业人员重新进行有针对性的安全培训。 （2）企业特种作业人员，必须按照国家有关法律、法规的规定接受专门的安全培训，经考核合格，取得特种作业操作资格证书后，方可上岗作业。

续表

序号	项目	内容
		（3）施工单位的主要负责人、项目负责人、专职安全生产管理人员应经建设行政主管部门或者其他有关部门考核合格后方可任职

注：（1）企业主要负责人和安全生产管理人员初次安全培训时间不得少于32学时。每年再培训时间不得少于12学时。企业新上岗的从业人员，岗前安全培训时间不得少于24学时。（2）施工企业其他从业人员，在上岗前必须经过企业、施工项目部、班组三级安全培训教育。

安全生产许可制度

序号	项目	内容
1	建筑安全生产许可制度	国家对建筑施工企业实行安全生产许可制度。企业未取得安全生产许可证的，不得从事生产活动
2	企业取得安全生产许可证的条件	（1）建立、健全安全生产责任制，制定完备的安全生产规章制度和操作规程。 （2）保证本单位安全生产条件所需资金的投入。 （3）设置安全生产管理机构，按照国家有关规定配备专职安全生产管理人员。 （4）主要负责人、项目负责人、专职安全生产管理人员经住房城乡建设主管部门或者其他有关部门考核合格。 （5）特种作业人员经有关业务主管部门考核合格，取得特种作业操作资格证书。 （6）管理人员和作业人员每年至少进行一次安全生产教育培训并考核合格。 （7）依法参加工伤保险，依法为施工现场从事危险作业的人员办理意外伤害保险，为从业人员交纳保险费。 （8）施工现场的办公、生活区及作业场所和安全防护用具、机械设备、施工机具及配件符合有关安全生产法律、法规、标准和规程的要求。 （9）有职业危害防治措施，并为作业人员配备符合国家标准或者行业标准的安全防护用具和安全防护服装。 （10）有对危险性较大的分部分项工程及施工现场易发生重大事故的部位、环节的预防、监控措施和应急预案。 （11）生产安全事故应急救援预案、应急救援组织或者应急救援人员，配备必要的应急救援器材、设备。 （12）法律、法规规定的其他条件

续表

序号	项目	内容
3	安全生产许可证管理	（1）国务院住房和城乡建设主管部门负责对全国建筑施工企业安全生产许可证的颁发和管理工作进行监督指导。省、自治区、直辖市人民政府住房和城乡建设主管部门负责本行政区域内建筑施工企业安全生产许可证的颁发和管理工作。市、县人民政府住房和城乡建设主管部门负责本行政区域内建筑施工企业安全生产许可证的监督管理，并将监督检查中发现的企业违法行为及时报告安全生产许可证颁发管理机关。 （2）建筑施工企业从事建筑施工活动前，应当向企业注册所在地省、自治区、直辖市人民政府住房和城乡建设主管部门申请领取安全生产许可证。 （3）安全生产许可证的有效期为 3 年。安全生产许可证有效期满需要延期的，企业应当于期满前 3 个月向原安全生产许可证颁发管理机关办理延期手续。 （4）企业在安全生产许可证有效期内，严格遵守有关安全生产的法律法规，未发生死亡事故的，安全生产许可证有效期届满时，经原安全生产许可证颁发管理机关同意，不再审查，安全生产许可证有效期延期 3 年。 （5）建筑施工企业变更名称、地址、法定代表人等，应当在变更后 10 日内，到原安全生产许可证颁发管理机关办理安全生产许可证变更手续。 （6）建筑施工企业破产、倒闭、撤销的，应当将安全生产许可证交回原安全生产许可证颁发管理机关予以注销。 （7）建筑施工企业遗失安全生产许可证，应当立即向原安全生产许可证颁发管理机关报告，并在公众媒体上声明作废后，方可申请补办

特种作业人员持证上岗制度

序号	项目	内容
1	特种作业人员持证上岗制度一般规定	（1）特种作业是指容易发生事故，对操作者本人、他人的安全健康及设备、设施的安全可能造成重大危害的作业。特种作业的范围由特种作业目录规定。 （2）建筑施工特种作业人员包括建筑电工、建筑架子工、建筑起重信号司索工、建筑起重机械司机、建筑起重机械安装拆卸工、高处作业吊篮安装拆卸工和经省级以上人民政府住房和城乡建设主管部门认定的其他特种作业人员等。 （3）特种作业人员必须经专门的安全技术培训并考核合格，取得《中华人民共和国特种作业操作证》（以下简称特种作业操作证）后，方可上岗作业

续表

序号	项目	内容
2	特种作业人员应符合的条件	（1）年满 18 周岁，且不超过国家法定退休年龄。 （2）经社区或者县级以上医疗机构体检健康合格，并无妨碍从事相应特种作业的器质性心脏病、癫痫病、美尼尔氏症、眩晕症、癔病、震颤麻痹症、精神病、痴呆症及其他疾病和生理缺陷。 （3）具有初中及以上文化程度。 （4）具备必要的安全技术知识与技能。 （5）相应特种作业规定的其他条件
3	特种作业人员培训规定	（1）特种作业人员应接受与其所从事的特种作业相应的安全技术理论培训和实际操作培训。 （2）已经取得职业高中、技工学校及中专以上学历的毕业生从事与其所学专业相应的特种作业，持学历证明经考核发证机关同意，可以免予相关专业的培训。 （3）跨省、自治区、直辖市从业的特种作业人员，可以在户籍所在地或者从业所在地参加培训
4	特种作业操作证复审规定	（1）特种作业操作证每 3 年复审 1 次。 （2）特种作业人员在特种作业操作证有效期内，连续从事本工种 10 年以上，严格遵守有关安全生产法律法规的，经原考核发证机关或者从业所在地考核发证机关同意，特种作业操作证的复审时间可以延长至每 6 年 1 次。 （3）特种作业操作证需要复审的，应在期满前 60 日内，由申请人或者申请人的用人单位向原考核发证机关或者从业所在地考核发证机关提出申请，并提交下列材料：①社区或者县级以上医疗机构出具的健康证明；②从事特种作业的情况；③安全培训考试合格记录。 （4）特种作业操作证有效期届满需要延期换证的，应按照规定申请延期复审。特种作业操作证申请复审或者延期复审前，特种作业人员应参加必要的安全培训并考试合格。安全培训时间不少于 8 个学时，主要培训法律、法规、标准、事故案例和有关新工艺、新技术、新装备等知识

注：管理人员施工单位主要负责人、项目负责人、专职安全生产管理人员应经建设行政主管部门或者其他有关部门考核合格后方可任职。施工单位应对管理人员和作业人员每年至少进行一次安全生产教育培训，其教育培训情况记入个人工作档案。安全生产教育培训考核不合格的人员，不得上岗。

重大危险源管理制度

序号	项目	内容
1	企业重大危险源管理总要求	（1）企业对重大危险源应登记建档，进行定期检测、评估、监控，并制定应急预案，告知从业人员和相关人员在紧急情况下应采取的应急措施。 （2）企业应按照国家有关规定将本单位重大危险源及有关安全措施、应急措施报有关地方人民政府应急管理部门和有关部门备案。有关地方人民政府应急管理部门和有关部门应通过相关信息系统实现信息共享
2	施工现场危险源管理一般规定	（1）建设单位办理安全监督手续时，应如实申报拟建工程的重大危险源，并提交对拟建工程重大危险源的安全管理、监控和应急预案。 （2）施工项目部应根据企业危险源，尤其是重大危险源管理制度，结合施工现场情况，开展危险源监控和管理。危险源监控和管理应遵循动态控制的原则
3	施工现场危险源管理基本内容和要求	（1）辨识施工现场危险源并及时更新。一般可从三个途径辨识和认定危险源：对照国家和行业标准、规范及强制性条文规定检查；依据施工安全检查标准规定进行检查；关注正在进行或将进行的危险性较大的分部分项工程施工。 （2）坚持危险源公示、告知制度。危险源公示内容：危险源名称、出现的时段、涉及的危险因素、控制措施、责任部门和责任人。应在施工现场入口显著位置和有危险源的作业点附近设置明显的安全警示标志，并对检查、检测、检验情况做好文字记录，建立档案。应向从业人员告知危险源及其防范措施。具体内容：作业场所和工作岗位存在的危险因素、防范措施、事故应急措施，危险岗位的操作规范/规程、违章操作的危害。危险源及其防范措施可以单独以书面（如手册）或告知牌形式告知，也可以结合安全技术交底工作实施告知。 （3）建立施工现场重大危险源辨识、登记、公示、控制管理体系，明确岗位责任和责任人，认真组织实施。 （4）对危险性较大的分部分项工程，施工前必须编制专项施工方案，专项施工方案除应有切实可行的安全技术措施外，还应包括监控措施、应急预案及紧急救护措施等内容。 （5）对存在重大危险的施工部位或施工环节，应按专项施工方案严格进行技术交底，并有书面记录和签字，确保作业人员清楚掌握施工方案和操作规程的技术要领。将重大危险源公示项目作为每天施工前对施工人员安全交底内容，提高作业人员防范能力，规范安全行为。

续表

序号	项目	内容
		（6）对从事重大危险施工部位或施工环节的作业人员、特种作业人员进行登记造册，掌握作业队伍，采取有效措施在作业活动中对作业人员进行管理，控制并及时分析存在的不安全行为。 （7）保证用于重大危险源防护措施所需的费用及时划拨。将施工现场重大危险源的安全防护、文明施工措施费单独列支，保证专款专用。 （8）为从业人员提供符合国家标准、行业标准的劳动防护用品，并监督、教育从业人员按照使用规则佩戴、使用。 （9）建立重大危险源施工档案，每周组织有关人员对施工现场的重大危险源进行安全检查，并做好施工安全检查记录

劳动保护用品使用管理制度

（1）劳动保护用品的发放和管理，坚持“谁用工，谁负责”的原则。施工作业人员所在企业（包括总承包企业、专业承包企业、劳务企业等）必须按国家规定免费发放劳动保护用品，更换已损坏或已到使用期限的劳动保护用品，不得收取或变相收取任何费用。

（2）劳动保护用品必须以实物形式发放，不得以货币或其他物品替代。

（3）企业应建立完善劳动保护用品的采购、验收、保管、发放、使用、更换、报废等规章制度。同时，应建立相应的管理台账，管理台账保存期限不得少于两年，以保证劳动保护用品的质量具有可追溯性。

（4）企业采购、个人使用的安全帽、安全带及其他劳动防护用品等，必须符合《头部防护 安全帽》GB 2811—2019、《坠落防护 安全带》GB 6095—2021 及其他劳动保护用品相关国家标准的要求。

（5）企业、施工作业人员，不得采购和使用无安全标记或不符合国家相关标准要求的劳动保护用品。

（6）企业应按照劳动保护用品采购管理制度的要求，明确企业内部有关部门、人员的采购管理职责。

（7）企业采购劳动保护用品时，应查验劳动保护用品生产厂家或供货商的生产、经营资格，验明商品合格证明和商品标识，以确保采购劳动保护用品的质量符合安全使用要求。

（8）企业应向劳动保护用品生产厂家或供货商索要法定检验机构出具的检验报告或由供货商签字盖章的检验报告复印件，不能提供检验报告或检验报告复印件的劳动保护用品不得采购。

（9）企业应加强对施工作业人员的教育培训，保证施工作业人员能正确使用劳动保护用品。施工项目部应有教育培训的记录，有培训人员和被培训人员的签名和时间。

（10）企业应加强对施工作业人员劳动保护用品使用情况的检查，并对施工作业人员劳动保护用品的质量和正确使用负责。实行施工总承包的，施工总承包企业应加强对施工现场内所有施工作业人员劳动保护用品的监督检查，督促相关分包企业和人员正确使用劳动保护用品。

安全生产检查制度

序号	项目	内容
1	安全生产检查的目的	安全生产检查是发现和消除事故隐患、落实安全措施、预防事故发生的重要手段。具体如下： （1）利用安全生产检查，宣传、贯彻、落实安全生产方针、政策、规范标准和各项安全生产规章制度。 （2）增强从业人员安全意识，纠正违章指挥，违章作业，提高安全生产的自觉性和责任感。 （3）发现施工中的职业健康安全隐患，制定对策，采取对策，消除不安全因素，保障安全生产。 （4）总结经验，汲取教训，相互学习，取长补短，促进安全生产。 （5）分析安全生产形势，为加强安全生产管理提供信息和依据
2	安全生产检查管理的要求	（1）安全生产检查管理应包括安全检查的内容、形式、类型、标准、方法、频次、整改、复查等工作内容。 （2）施工企业安全生产检查应配备必要的检查、测试器具，对存在的问题和隐患，应定人、定时间、定措施组织整改，并应跟踪复查直至整改完毕。 （3）施工企业对安全检查中发现的问题，宜按隐患类别分类记录，定期统计，并应分析确定多发和重大隐患类别，制订实施治理措施。 （4）施工企业应建立并保存安全生产检查资料和记录
3	安全生产检查的内容	（1）安全管理目标的实现程度。 （2）安全生产职责的履行情况。 （3）各项安全生产管理制度的执行情况。 （4）施工现场管理行为和实物状况。 （5）生产安全事故、未遂事故和其他违规违法事件的报告调查、处理情况。 （6）安全生产法律法规、标准规范和其他要求的执行情况
4	安全生产检查的形式	施工企业安全检查的形式应包括各管理层的自查、互查及对下级管理层的抽查等；安全检查的类型应包括日常巡查、专项检查、季节性检查、定期检查、不定期抽查等，并应符合下列要求： （1）工程项目部每天应结合施工动态，实行安全巡查。 （2）总承包工程项目部应组织各分包单位每周进行安全检查。 （3）施工企业每月应对工程项目施工现场安全生产情况至少进行一次检查，并应针对检查中发现的倾向性问题、安全生产状况较差的工程项目，组织专项检查。 （4）施工企业应针对承建工程所在地区的气候和环境特点，组织季节性的安全生产检查

安全生产会议制度

序号	项目	内容
1	一般规定	（1）安全生产会议制度是日常安全管理的重要手段，施工项目应制定相应会议制度，对会议类型、频次、组织职责、程序、会议纪要及会议议题落实等做出规定。 （2）施工项目安全生产会议包括定期安全生产例会和不定期安全生产会议、班前会议
2	定期安全生产例会	（1）月度安全生产例会 施工项目部每月召开一次月度安全生产分析会议，由项目经理组织，可以与月度生产计划会议合并进行，总结、部署月度安全工作，研究决策安全生产中的重大问题。对当月的安全生产情况进行分析、总结和评估，对次月的安全生产工作进行安排、部署，确定安全防范重点。月度安全生产例会要有会议纪要、会议记录、签到表，要有上次会议决定事项的处理落实材料。 （2）周安全生产例会 项目经理部每周组织召开一次安全生产例会，组织对本项目的安全生产工作进行检查，制定对事故隐患的整改措施，并落实整改
3	不定期安全生产会议	（1）安全生产技术交底会 根据施工生产进展情况和需要，对重大安全生产保障措施进行安全生产技术交底。 （2）安全生产专题会 针对安全生产和特殊季节安全防范的需要，适时召开安全生产专题会议。 （3）安全生产事故分析会 根据事故发生情况，及时召开安全生产事故分析会，教育事故单位，警示其他单位等，防止类似事故的再次发生。 （4）安全生产现场会 根据工作需要，结合各类评比活动，适时召开安全生产现场会，达到树立典型、推动后进的目的，共同提高安全生产管理工作水平
4	班前会议	（1）班前会议应坚持“安全第一、预防为主、综合治理”的方针。 （2）班前会议由班组长组织和主持。 （3）班前会议结合工作安排和安全技术交底进行。 （4）在班组长的组织下，进行交接班，召开班前安全会议，由班组长安排工作任务，针对工程施工情况、作业环境、作业项目，交代安全施工要点。 （5）全体组员要在穿戴好劳动保护用品后，上岗交接班，熟悉上一班生产管理情况，检查设备和工况完好情况，按作业计划做好生产的一切准备工作

续表

序号	项目	内容
5	现场安全生产会议管理	（1）要明确会议的严肃性，按时按需召开。 （2）每次会议应目标明确，有实质内容。 （3）要严格按照分工和层次进行组织，达到预期的目的和效果。 （4）要做好会议签到和会议记录，并作为安全管理的考核指标。 （5）项目经理及其他项目管理人员应分头定期不定期地检查或参加班组班前安全活动会议，以监督其执行或提高安全活动会议的质量。 （6）项目专职安全生产管理员应不定期地抽查班组班前安全活动记录，看是否有漏记，对记录质量状况进行检查。 （7）重要的会议纪要，应上报公司备案

安全生产其他制度

序号	项目	内容
1	施工设施、设备和劳动防护用品安全管理制度	（1）施工企业施工设施、设备和劳动防护用品的安全管理应包括购置、租赁、装拆、验收、检测、使用、保养、维修、改造和报废等内容。 （2）施工企业应根据安全管理目标，生产经营特点、规模、环境等，配备符合安全生产要求的施工设施、设备、劳动防护用品及相关的安全检测器具。 （3）生产经营活动内容可能包含机械设备的施工企业，应按规定设置相应的设备管理机构或者配备专职的人员进行设备管理。 （4）施工企业应建立并保存施工设施、设备、劳动防护用品及相关的安全检测器具管理档案。 （5）施工企业应定期分析施工设施、设备、劳动防护用品及相关的安全检测器具的安全状态，并采取必要的改进措施。 （6）施工企业应自行设计或优先选用标准化、定型化、工具化的安全防护设施
2	安全生产考核和奖惩制度	（1）施工企业安全生产考核和奖惩管理应包括确定对象、制定内容及标准、实施奖惩等内容。 （2）安全生产考核的对象应包括施工企业各管理层的主要负责人、相关职能部门及岗位和工程项目参建人员。 （3）企业各管理层的主要负责人应组织对本管理层各职能部门、下级管理层的安全生产责任进行考核和奖惩。 （4）安全生产考核应包括下列内容：①安全目标实现程度；②安全职责履行情况；③安全行为；④安全业绩；⑤施工企业应针对生产经营规模和管理状况，明确安全生产考核的周期，并应及时兑现奖惩
3	其他基本制度	施工安全管理基本制度通常还包括：安全技术交底制度、应急预案管理和演练制度、生产安全事故报告和调查处理制度、安全责任追究制度等

7.3 专项施工方案及施工安全技术管理

考点 1　专项施工方案编制与报审

专项施工方案编制与报审规定

序号	项目	内容
1	专项施工方案编制对象	（1）对下列达到一定规模的危险性较大的分部分项工程，施工单位应编制专项施工方案，并附具安全验算结果，经施工单位技术负责人、总监理工程师签字后实施，由专职安全生产管理人员进行现场监督：①基坑支护与降水工程；②土方开挖工程；③模板工程；④起重吊装工程；⑤脚手架工程；⑥拆除、爆破工程；⑦国务院建设行政主管部门或者其他有关部门规定的其他危险性较大的工程。 （2）上述工程中涉及深基坑、地下暗挖工程、高大模板工程的专项施工方案，施工单位还应当组织专家进行论证、审查
2	专项施工方案内容	（1）工程概况。 （2）编制依据。 （3）施工计划。 （4）施工工艺技术。 （5）施工安全保证措施。 （6）施工管理及作业人员配备和分工。 （7）验收要求。 （8）应急处置措施。 （9）计算书及相关施工图纸
3	专项施工方案编制	（1）施工单位应在危险性较大的分部分项工程施工前，组织工程技术人员编制专项施工方案。 （2）实行施工总承包的，专项施工方案应由施工总承包单位组织编制。危险性较大的分部分项工程实行分包的，专项施工方案可由相关专业分包单位组织编制
4	专项施工方案专家论证	（1）对于超过一定规模的危险性较大的分部分项工程，施工单位应组织召开专家论证会对专项施工方案进行论证。实行施工总承包的，由施工总承包单位组织召开专家论证会。 （2）专家论证的主要内容应包括：①专项施工方案内容是否完整、可行；②专项施工方案计算书和验算依据、施工图是否符合有关标准规范；③专项施工方案是否满足现场实际情况，并能够确保施工安全。 （3）专家论证会后，应形成论证报告，对专项施工方案提出通过、修改后通过或者不通过的一致意见。专家对论证报告负责并签字确认。

续表

序号	项目	内容
		（4）超过一定规模的危险性较大的分部分项工程专项施工方案经专家论证后结论为“通过”的，施工单位可参考专家意见自行修改完善；结论为“修改后通过”的，专家意见要明确具体修改内容，施工单位应按照专家意见进行修改，修改情况应及时告知专家；专项施工方案经论证不通过的，施工单位修改后应按照规定的要求重新组织专家论证
5	专项施工方案的审批	（1）专项施工方案应由施工单位技术负责人审核签字、加盖单位公章，并由总监理工程师审查签字、加盖执业印章后方可实施。 （2）危险性较大的分部分项工程实行分包并由分包单位编制专项施工方案的，专项施工方案应由总承包单位技术负责人及分包单位技术负责人共同审核签字并加盖单位公章

考点 2　施工安全技术措施及安全技术交底

防高处坠落的安全技术措施

序号	项目	内容
1	临边作业防坠落措施	坠落高度基准面 2m 及以上进行临边作业时，应在临空一侧设置防护栏杆，并应采用密目式安全立网或工具式栏板封闭
2	洞口作业防坠落措施	（1）当竖向洞口短边边长小于 500mm 时，应采取封堵措施；当垂直洞口短边边长大于或等于 500mm 时，应在临空一侧设置高度不小于 1.2m 的防护栏杆，并应采用密目式安全立网或工具式栏板封闭，设置挡脚板。 （2）当非竖向洞口短边边长为 25～500mm 时，应采用承载力满足使用要求的盖板覆盖，盖板四周搁置应均衡，且应防止盖板移位。 （3）当非竖向洞口短边边长为 500～1500mm 时，应采用盖板覆盖或防护栏杆等措施，并应固定牢固。 （4）当非竖向洞口短边边长大于或等于 1500mm 时，应在洞口作业侧设置高度不小于 1.2m 的防护栏杆，洞口应采用安全平网封闭
3	攀登作业防坠落措施	（1）攀登作业设施和用具应牢固可靠；当采用梯子攀爬作用时，踏面荷载不应大于 1.1kN；当梯面上有特殊作业时，应按实际情况进行专项设计。 （2）同一梯子上不得两人同时作业。在通道处使用梯子作业时，应有专人监护或设置围栏。脚手架操作层上严禁架设梯子作业。 （3）使用单梯时梯面应与水平面呈 75°夹角，踏步不得缺失，梯格间距宜为 300mm，不得垫高使用。 （4）使用固定式直梯攀登作业时，当攀登高度超过 3m 时，宜加设护笼；当攀登高度超过 8m 时，应设置梯间平台。

续表

序号	项目	内容
		（5）深基坑施工应设置扶梯、入坑踏步及专用载人设备或斜道等设施。采用斜道时，应加设间距不大于 400mm 的防滑条等防滑措施。作业人员严禁沿坑壁、支撑或乘运土工具上下
4	悬空作业防坠落措施	（1）悬空作业所使用的吊篮、平台、脚手板及索具等应经技术鉴定或验证后才可使用。 （2）搭设脚手架进行操作时，脚手架应牢固，外侧应设安全网。 （3）悬空作业（安装拆除模板、吊装等），施工人员必须站在操作平台上作业。 （4）悬空作业立足处的设置应牢固，并应配置登高和防坠落装置和设施；严禁在未固定、无防护设施的构件及管道上进行作业或通行。 （5）悬空作业的人员必须系好安全带
5	交叉作业	（1）交叉作业时，下层作业位置应处于上层作业的坠落半径之外，高空作业坠落半径应按规范要求确定。安全防护棚和警戒隔离区范围的设置应视上层作业高度确定，并应大于坠落半径。 （2）交叉作业时，坠落半径内应设置安全防护棚或安全防护网等安全隔离措施。当尚未设置安全隔离措施时，应设置警戒隔离区，人员严禁进入隔离区。 （3）处于起重机臂架回转范围内的通道，应搭设安全防护棚。 （4）施工现场人员进出的通道口，应搭设安全防护棚。 （5）不得在安全防护棚棚顶堆放物料。 （6）当采用脚手架搭设安全防护棚架构时，应符合国家现行脚手架相关标准规定

防物体打击的安全技术措施

序号	项目	内容
1	防物体坠落或飞溅的措施	（1）脚手架 施工层应设有 1.2m 高防护栏杆和 18～20cm 高挡脚板。脚手架外侧设置密目式安全网，网间不应有空缺。脚手架拆除时，拆下的脚手杆、脚手板、钢管、扣件、钢丝绳等材料，应向下传递或用绳吊下，禁止投扔。 （2）材料堆放 材料、构件、料具应按施工组织规定的位置堆放整齐，防止倒塌，做到工完场清。

续表

序号	项目	内容
		（3）物件运送安全应采用安全技术方案 运送易滑的钢材，绳结必须系牢。起吊物件应使用交互捻制的钢丝绳。钢丝绳如有扭结、变形、断丝、锈蚀等异常现象，应降级使用或报废。严禁使用麻绳起吊重物。吊装不易放稳的构件或大模板应用卡环，不得用吊钩。禁止将物件放在板形构件上起吊。在平台上吊运大模板时，平台上不准堆放无关料具，以防滑落伤人。禁止在吊臂下穿行和停留。 （4）深坑、槽施工 四周边沿在设计规定范围内，禁止堆放模板、架料、材料。深坑槽施工所有材料均应采用溜槽运送，严禁抛掷。 （5）工具袋（箱） 高处作业人员应佩带工具袋，装入小型工具、小材料和配件等，防止坠落伤人。高处作业所有的较大工具，应放入工具箱。上下传递物件禁止抛掷。 （6）防飞溅物伤人 圆盘锯上必须设置分割刀和防护罩，防止锯下木料被锯齿弹飞伤人。 （7）拆除工程 除设置警戒的安全围栏外，拆下的材料要及时清理运走，散碎材料应用溜槽顺槽溜下。 （8）现场清理 清理高处杂物，应集中放在斗车或桶内，及时吊运地面，严禁往外抛掷
2	防护措施	（1）防护棚 施工工程邻近必须通行的道路上方和施工工程出入口处上方，均应搭设坚固、密封的防护棚。 （2）防护隔离层 垂直交叉作业时，必须设置有效地隔离层，防止坠落物伤人。 （3）设置防护栏杆 起重机械和桩机机械下不准站人或穿行。 （4）安全帽 戴好安全帽，是防止物体打击的可靠措施。因此，进入施工现场的所有人员都必须戴好符合安全标准、具有检验合格证的安全帽，并系牢帽带

注：物体打击主要是高处坠落物或地面物体坠落至基坑、槽造成的伤害事故，针对性技术措施包括防落物措施、防飞溅物伤人措施和防护措施三方面。

防坍塌倾覆的安全技术措施

序号	项目	内容
1	一般规定	（1）坍塌是指施工基坑（槽）坍塌、边坡坍塌、基础桩壁坍塌、模板支撑系统失稳坍塌及施工现场临时建筑（包括施工围墙）倒塌等。倾覆是指物料提升机、塔式起重机、滑模、接料平台、移动操作台等机械设备在安拆、使用过程中发生倾覆。 （2）施工单位在编制施工组织设计时，应制定预防坍塌事故的安全技术措施。项目经理部应结合施工组织设计，根据工程特点，编制预防坍塌事故的专项施工方案，并组织实施
2	防坍塌倾覆的主要技术措施	（1）编制施工方案，确定防坍塌技术措施 基坑（槽）、边坡、基础桩、模板和临时建筑作业前，施工单位应按设计单位要求，根据地质情况、施工工艺、作业条件及周边环境编制施工方案，单位分管负责人审批签字，项目分管负责人组织有关部门验收，经验收合格签字后，方可作业。对于危险性较大的分部分项工程专项施工方案，应按相关规定组织编审和论证。 （2）实施施工监测 根据相关规范、标准，结合基坑工程特点、周边环境状况、地层及水文地质情况，描述监测项目确定监测方案，详细说明监测基准点、工作基点、各监测项目监测点的布置数量、间距、范围，并在监测平面布置图上明确表示。监测应包括对相邻建（构）筑物、道路的沉降和位移情况进行观测。 （3）采取排水降水措施 应作好施工区域内临时排水系统规划，临时排水不得破坏相邻建（构）筑物的地基和挖、填土方的边坡。在地形、地质条件复杂，可能发生滑坡、坍塌的地段挖方时，应由设计单位确定排水方案。场地周围出现地表水汇流、排泻或地下水管渗漏时，施工单位应组织排水，对基坑采取保护措施。开挖低于地下水位的基坑（槽）、边坡和基础桩时，施工单位应合理选用降水措施降低地下水位。 （4）做好基坑支护 基坑（槽）、边坡设置坑（槽）壁支撑时，应根据开挖深度、土质条件、地下水位、施工方法及相邻建（构）筑物等情况设计支撑。拆除支撑时应按基坑（槽）回填顺序自下而上逐层拆除，随拆随填，防止边坡塌方或相邻建（构）筑物产生破坏，必要时应采取加固措施。 （5）保证临边堆码及施工作业安全距离 基坑（槽）、边坡和基础桩孔边堆置各类建筑材料的，应按规定距离堆置。各类施工机械距基坑（槽）、边坡和基础桩孔边的距离，应根据设备重量、基坑（槽）、边坡和基础桩的支护、土质情况确定，并不得小于 15m。

续表

序号	项目	内容
		（6）按顺序组织施工 施工时应遵循自上而下的开挖顺序，严禁先切除坡脚。爆破施工时，应防止爆破震动影响边坡稳定。地质灾害易发区内施工时，施工单位应根据地质勘察资料编制施工方案。 （7）防止地面水侵蚀 应防止地面水流入基坑（槽）内造成边坡塌方或土体破坏。基坑（槽）开挖后，应及时进行地下结构和安装工程施工，基坑（槽）开挖或回填应连续进行。在施工过程中，应随时检查坑（槽）壁的稳定情况。 （8）按规范搭设模板支撑系统，控制施工荷载 ①对模板支撑宜采用钢支撑材料作支撑立柱，不得使用严重锈蚀、变形、断裂、脱焊、螺栓松动的钢支撑材料和竹材作立柱。支撑立柱基础应牢固，并按设计计算，严格控制模板支撑系统的沉降量。支撑立柱基础为泥土地面时，应采取排水措施，对地面整平、夯实，并加设满足支撑承载力要求的垫板后，方可用以支撑立柱。斜支撑和立柱应牢固拉接，行成整体。 ②严格控制模板支架、脚手架等承受的荷载，模板、脚手架及其支撑体系的施工荷载应做到均匀分布，并不得超过设计要求。严禁超载、对构筑物进行外力冲击或偏心载荷。 （9）采取措施保证起重等设备自身安全 加强起重等设备的采购管理，严禁使用不合格的设备，并定期进行检测，确保各项性能和安全防护装置良好；加强设备的安装、拆除管理；加强设备的使用管理，严禁超载、碰撞或违章操作；加强对设备操作人员、指挥人员、安拆人员的安全教育培训，考核合格后持证上岗。 （10）施工现场使用的组装式活动房屋应有产品合格证 施工单位在组装后进行验收，经验收合格签字后，方能使用。对搭设在空旷、山脚等处的活动房应采取防风、防洪和防暴雨等措施。 （11）采取临时加固和防护措施 对于易引起坍塌倾覆的部位、事件应采取临时加固防护措施。如：临时建筑外侧为街道或行人通道的，应采取加固措施；禁止在施工围墙墙体上方或紧靠施工围墙架设广告或宣传标牌；施工围墙外侧应有禁止人群停留、聚集和堆砌土方、货物等的警示；雨期施工，施工单位应对施工现场的排水系统进行检查和维护，保证排水畅通。在傍山、沿河地区施工时，应采取必要的防洪、防泥石流措施；深基坑特别是稳定性差的土质边坡、顺向坡，施工方案应充分考虑雨期施工等诱发因素，提出预案措施；冬季解冻期施工时，应对基坑（槽）和基础桩支护进行检查，无异常情况后，方可施工；收集天气预报资料，遇降雨时间较长、降雨量较大时，应提前对已开挖未支护基坑的侧壁采取覆盖措施，并应及时排除基坑内积水；对于不能及时进行后续施工的高边坡、高切坡采取临时固化措施等

防机械伤害的安全技术措施

序号	项目	内容
1	机械本体安全技术措施	（1）机械必须按出厂使用说明书规定的技术性能、承载能力和使用条件，正确操作，合理使用，严禁超载、超速作业或任意扩大使用范围。 （2）机械上的各种安全防护和保险装置及各种安全信息装置必须齐全有效。 （3）机械供电的导线必须正确安装，不得有任何破损和漏电的地方；电机绝缘应良好，其接线板应有盖板防护；开关、按钮等应完好无损，其带电部分不得裸漏在外；局部照明应采用安全电压，禁止使用 110V 或 220V 的电压。 （4）机械设备的地基基础承载力应满足安全使用要求。机械安装、试机、拆卸应按使用说明书的要求进行。使用前应经专业技术人员验收合格。 （5）新机械、经过大修或技术改造的机械，应按出厂使用说明书的要求和相关标准规定进行测试和试运转。 （6）应为机械提供道路、水电、作业棚及停放场地等作业条件，并应消除各种安全隐患。夜间作业应提供充足的照明。 （7）变配电所、乙炔站、氧气站、空气压缩机房、发电机房、锅炉房等易燃易爆场所，挖掘机、起重机、打桩机等易发生安全事故的施工现场，应设置警戒区域，悬挂警示标志，非工作人员不得入内。 （8）在机械产生对人体有害的气体、液体、尘埃、渣滓、放射性射线、振动、噪声等场所，应配置相应的安全保护设施、监测设备（仪器）、废品处理装置；在隧道、沉井、管道等狭小空间施工时，应采取措施，使有害物控制在规定的限度内。 （9）机械使用的润滑油（脂）的性能应符合出厂使用说明书的规定，并应按时更换。 （10）清洁、保养、维修机械或电气装置前，必须先切断电源，等机械停稳后再进行操作。严禁带电或采用预约停送电时间的方式进行检修；检修前，应悬挂“禁止合闸，有人工作”的警示牌。 （11）设置机械设备隔离护栏和机械防撞防护围栏、防护棚
2	机械安全操作技术要求	（1）特种设备操作人员应经过专业培训、考核合格取得相关主管部门颁发的操作证，并应经过安全技术交底后持证上岗。 （2）机械作业前，施工技术人员应向操作人员进行安全技术交底。操作人员应熟悉作业环境和施工条件，并应听从指挥，遵守现场安全管理规定。 （3）机械使用前，应对机械进行检查、试运转。 （4）在工作中，应按规定使用劳动保护用品。

续表

序号	项目	内容
		（5）操作人员在作业过程中，应集中精力，正确操作，并应检查机械工况，不得擅自离开工作岗位或将机械交给其他无证人员操作。无关人员不得进入作业区或操作室内。 （6）操作人员应根据机械有关保养维修规定，认真及时做好机械保养维修工作，保持机械的完好状态，并应做好维修保养记录。 （7）实行多班作业的机械，应执行交接班制度，填写交接班记录，接班人员上岗前应认真检查。 （8）除各种机械设备符合安全技术要求、安全防护设施和劳动保护器具要完好有效、严格按照操作技术规程作业外，还应做好各种施工组织设计和现场平面布局，划分机械作业区域，保持安全距离。起重机等施工设备移动时，要密切注意周围线杆及空中的电线，必须设专人看护。 （9）将机械伤害预防（不包含机械本体安全技术可靠性）铁律归纳为“十二条”。“四必有”：有轴必有套、有轮必有罩、有台必有栏、有洞必有盖；“四不修”：带电不修、带压不修、高温过冷不修、无专用工具不修；“四停用”：无联锁防护停用、无接地漏电保护停用、无岗前培训停用、无安全操作规程停用

注：造成机械伤害事故的原因有：设备缺陷发生在故障、设备因无安全防护措施、有防护装置搁置不用、违章指挥、操作者技术不熟练和缺乏安全知识、操作者发生操作失误或违章操作等。除做好机械设备管理外，还应从机械本体及其防护、机械操作等方面采取相应的安全技术措施。

防触电与防火技术措施

序号	项目	内容
1	防触电技术措施	（1）按规范设置配供电系统 施工现场临时用电必须执行相关标准，线路采用 TN-S 系统，现场用电必须使用便桥标准闸箱，执行“三级控制、两级保护”“一机、一闸、一漏、一箱”，工作接零与保护接地不允许混接，现场机具设备进场前必须进行验收，验收合格后方可使用，现场照明要和动力照明分开，现场移动式灯具采用便桥防水灯具，设备外皮做好保护接地，灯具距地面高度不小于 3m，生活区民工住宿达不到标准的必须使用 36V 安全电压；在整改过程中必须两人进行，应关闭上级开关方可作业，一人操作、一人监护，现场不得带电作业并做好记录等。 （2）保护接地 保护接地是为了防止电气设备绝缘损坏时人体遭受触电危险，而在电气设备的金属外壳或构架等与接地体之间所作的良好的连接。采用保护接地，仅能减轻触电的危险程度，但不能完全保证人身安全。

续表

序号	项目	内容
		（3）保护接零 为防止人身因电气设备绝缘损坏而遭受触电，将电气设备的金属外壳与电网的零线相连接，称为保护接零。 （4）工作接地 将电力系统中某一点直接或经特殊设备与地作金属连接，称为工作接地。工作接地主要指的是变压器中性点或中性线接地。N 线必须用铜芯绝缘线。 （5）装设漏电保护器 （6）绝缘安全用具 采用绝缘安全用具使人与地面，或使人与工具的金属外壳，其中包括与相连的金属导体隔离开来。这些是目前简便可行的安全措施。常用的绝缘安全用具有绝缘手套、绝缘靴、绝缘鞋、绝缘垫和绝缘台等。绝缘安全用具可分为基本安全用具和辅助安全用具。基本安全用具的绝缘强度能长时间承受电气设备的工作电压，使用时，可直接接触电气设备的有电部分；辅助安全用具的绝缘强度不足以承受电气设备的工作电压，只能加强基本安全用具的保安作用，必须与基本安全用具一起使用
2	防火 技术措施	（1）将消防相关条件纳入施工总平面布局 包括：施工现场的出入口、围墙、围挡；场内临时道路；给水管网或管路和配电线路敷设或架设的走向、高度；施工现场办公用房、宿舍、发电机房、配电房、可燃材料库房、易燃易爆危险品库房、可燃材料堆场及其加工场、固定动火作业场等；临时消防车道、消防救援场地和消防水源。 （2）合理设置消防扑救通道 ①施工现场出入口的设置应满足消防车通行的要求，并宜布置在不同方向，其数量不宜少于 2 个。当确有困难只能设置 1 个出入口时，应在施工现场内设置满足消防车通行的环形道路。 ②施工现场内应设置临时消防车道，临时消防车道与在建工程、临时用房、可燃材料堆场及其加工场的距离，不宜小于 5m，且不宜大于 40m；施工现场周边道路满足消防车通行及灭火救援要求时，施工现场内可不设置临时消防车道。 （3）保证防火间距 施工现场临时办公、生活、生产、物料存贮等功能区宜相对独立布置，防火间距应符合：易燃易爆危险品库房与在建工程的防火间距不应小于 15m，可燃材料堆场及其加工场、固定动火作业场与在建工程的防火间距不应小于 10m，其他临时用房、临时设施与在建工程的防火间距不应小于 6m。

续表

序号	项目	内容
		（4）按规范进行临时用房防火设计和搭设 宿舍、办公用房和发电机房、变配电房、厨房操作间、锅炉房、可燃材料库房及易燃易爆危险品库房，应按照相应规范进行防火设计和搭设。 （5）配置临时消防设施 ①施工现场应设置灭火器、临时消防给水系统和临时消防应急照明等临时消防设施。 ②临时消防设施应与在建工程的施工同步设置，施工现场在建工程可利用已具备使用条件的永久性消防设施作为临时消防设施，当永久性消防设施无法满足使用要求时，应增设临时消防设施；施工现场的消火栓泵应采用专用消防配电线路，专用消防配电线路应自施工现场总配电箱的总断路器上端接入，且应保持不间断供电；地下工程的施工作业场所宜配备防毒面具；临时消防给水系统的贮水池、消火栓泵、室内消防竖管及水泵接合器等，应设有醒目标识。 ③在建工程及临时用房的下列场所应配置灭火器：易燃易爆危险品存放及使用场所；动火作业场所；可燃材料存放、加工及使用场所；厨房操作间、锅炉房、发电机房、变配电房、设备用房、办公用房、宿舍等临时用房；其他具有火灾危险的场所。 ④临时消防给水系统：施工现场或其附近应设置稳定、可靠的水源，并应能满足施工现场临时消防用水的需要；消防水源可采用市政给水管网或天然水源。当采用天然水源时，应采取措施确保冰冻季节、枯水期最低水位能顺利取水，并满足临时消防用水量的要求；临时消防用水量应为临时室外消防用水量与临时室内消防用水量之和；临时室外消防用水量应按临时用房和在建工程的临时室外消防用水量的较大者确定，施工现场火灾次数可按同时发生1次确定；临时用房建筑面积之和大于 $1000m^2$ 或在建工程单体体积大于 $10000m^3$ 时，应设置临时室外消防给水系统。当施工现场处于市政消火栓 150m 保护范围内且市政消火栓的数量满足室外消防用水量要求时，可不设置临时室外消防给水系统

安全防护设施、用品技术要求

序号	项目	内容
1	防护栏杆	临边作业防护栏杆应由横杆、立杆及挡脚板组成，防护栏杆应符合下列规定： （1）防护栏杆应为两道横杆，上杆距地面高度应为1.2m，下杆应在上杆和挡脚板中间设置。

续表

序号	项目	内容
		（2）当防护栏杆高度大于 1.2m 时，应增设横杆，横杆间距不应大于 600mm。 （3）防护栏杆立杆间距不应大于 2m。 （4）挡脚板高度不应小于 180mm。 （5）防护栏杆立杆底端应固定牢固
2	操作平台	（1）应通过设计计算，并应编制专项方案，架体构造与材质应满足国家现行相关标准规定。 （2）架体结构应采用钢管、型钢及其他等效性能材料组装，并应符合现行国家标准《钢结构设计规范》GB 50017—2017 及国家现行有关脚手架标准的规定。平台面铺设的钢、木或竹胶合板等材质的脚手板，应符合材质和承载力要求，并应平整满铺及可靠固定。 （3）操作平台临边应设置防护栏杆，单独设置的操作平台应设置供人上下、踏步间距不大于 400mm 的扶梯。 （4）应在操作平台明显位置设置标明允许负载值的限载牌及限定允许的作业人数，物料应及时转运，不得超重、超高堆放。 （5）操作平台使用中应每月不少于 1 次定期检查，应由专人进行日常维护工作，及时消除安全隐患
3	防护棚与警示标志	（1）进出建筑物主体通道口应搭设防护棚。棚宽大于道口，两端各长出 1m，进深尺寸应符合高处作业安全防护范围。坠落半径（R）分别为：当坠落物高度为 2～5m 时，R为 3m；当坠落物高度为 5～15m 时，R为 4m；当坠落物高度为 15～30m 时，R为 5m；当坠落物高度大于 30m 时，R为 6m。 （2）内（外）道路边线与建筑物（或外脚手架）边缘距离分别小于坠落半径的，应搭设安全通道。 （3）木工加工场地、钢筋加工场地等上方有可能坠落物件或处于起重机调杆回转范围之内，应搭设双层防护棚。 （4）安全防护棚应采用双层保护方式，当采用脚手片时，层间距 600mm，铺设方向应互相垂直。 （5）各类防护棚应有单独的支撑体系，固定可靠安全。严禁用毛竹搭设，且不得悬挑在外架上。 （6）非通道口应设置禁行标志，禁止出入。 （7）配电箱应有单独的工作防护棚，禁止非操作人员出入。 （8）塔式起重机、施工电梯底部都要配套独立的工作防护棚，禁止非操作人员出入。 （9）机械设备设置隔离护栏和机械防撞防护围栏、防护棚

续表

序号	项目	内容
4	施工安全网	（1）施工安全网的选用 ①安全网材质、规格、物理性能、耐火性、阻燃性应满足现行国家标准《安全网》GB 5725—2009 的规定。 ②密目式安全立网的网目密度应为 10cm × 10cm，面积上大于或等于 2000 目。 ③采用平网防护时，严禁使用密目式安全立网代替平网使用。 ④密目式安全立网使用前，应检查产品分类标记、产品合格证、网目数及网体重量，确认合格方可使用。 （2）施工安全网的搭设 ①安全网搭设应绑扎牢固、网间严密。 ②安全网的支撑架应具有足够的强度和稳定性。密目式安全立网搭设时，每个开眼环扣应穿入系绳，系绳应绑扎在支撑架上，间距不得大于 450mm。相邻密目网间应紧密结合或重叠。 ③当立网用于龙门架、物料提升架及井架的封闭防护时，四周边绳应与支撑架贴紧，边绳的断裂张力不得小于 3kN，系绳应绑在支撑架上，间距不得大于 750mm
5	安全带	（1）安全带可分为围杆作业安全带、区域限制安全带和坠落悬挂式安全带。 （2）坠落悬挂式安全带的性能要求： ①带扣不应松脱，模拟人不应与系带滑脱或坠落至地面。 ②模拟坠落时，连接器不应打开，零部件不应断裂。 ③安全带冲击作用力峰值应小于或等于 6kN。 ④安全带应标明伸展长度，且伸展长度应小于或等于永久标识中明示的数值。 ⑤模拟人悬吊在空中时不应出现头朝下的现象，系带不应出现明显不对称滑移或不对称变形。 ⑥模拟人悬吊在空中时其腋下、大腿内侧不应有金属件。 ⑦模拟人悬吊在空中时，不应有任何部件压迫其喉部、外生殖器。 ⑧织带或绳在各调节扣内的最大滑移应小于或等于 25mm。 ⑨如果系带具备坠落指示功能，坠落指示功能应正常显示坠落发生。 （3）安全带还应满足附加性能要求，包括：救援性能、阻燃性能、防静电性能、耐化学品性能、安全带金属零部件耐腐蚀性能等
6	安全帽	安全帽的基本技术性能的要求包括冲击吸收性能、耐穿刺性能、侧向刚性、电绝缘性能、阻燃性能、耐低温性能、耐极高温性能、防静电性能、耐熔融金属飞溅性能

施工安全技术交底

序号	项目	内容
1	基本规定	（1）建设工程施工前，施工单位负责项目管理的技术人员应对有关安全施工的技术要求向施工作业班组、作业人员作出详细说明，并由双方签字确认。 （2）首先，由项目技术负责人向施工员、班组长、分包单位技术负责人交底，再由班组长向操作工人交底；分包单位项目技术负责人按照相同程序进行交底；对于超过一定规模的危险性较大的分部分项工程，必须先由施工单位技术负责人向项目技术负责人交底
2	施工安全技术交底的要求	（1）施工项目部必须实行逐级安全技术交底制度，纵向延伸到班组全体作业人员。 （2）应将工程概况、施工方法、施工程序、安全技术措施等向施工员、班组长进行详细交底；应将安全技术措施、安全操作规程、防护用品用具使用等向操作人员进行详细交底。 （3）技术交底的内容应针对分部分项工程施工中给作业人员带来的潜在危险因素和存在问题。 （4）应优先采用新的安全技术措施。 （5)应定期向由两个以上作业班组和/或多工种进行交叉施工的作业班组进行书面交底。 （6）应保存书面安全技术交底签字记录并归档
3	施工安全技术交底的主要内容	（1）工程项目和分部分项工程的概况。 （2）施工项目的施工作业特点和危险点。 （3）针对危险点的具体预防措施。 （4）作业中应遵守的安全操作规程及应注意的安全事项。 （5）作业人员发现事故隐患应采取的措施。 （6）发生事故后应及时采取的避难和急救措施

7.4 施工安全事故应急预案和调查处理

考点 1 施工安全事故隐患处置和应急预案

施工安全事故隐患基本规定和安全风险分级管控

序号	项目	内容
1	基本规定	（1）施工安全事故隐患分为一般事故隐患和重大事故隐患。一般事故隐患是指危害和整改难度较小，发现后能够立即整改排除的隐患。重大事故隐患是指危害和整改难度较大，应当全部或者局部停产停业，并经过一定时间整改治理方能排除的隐患，或者因外部因素影响致使企业自身难以排除的隐患。

续表

序号	项目	内容
		（2）由于安全风险、事故隐患和安全生产事故之间的内在关联性，施工企业应构建安全风险分级管控和隐患排查治理双重预防机制，健全风险防范化解机制，提高安全生产水平，确保安全生产
2	安全风险分级管控	（1）全面开展安全风险辨识 企业要组织专家和全体员工，采取安全绩效奖惩等有效措施，全方位、全过程辨识生产工艺、设备设施、作业环境、人员行为和管理体系等方面存在的安全风险，做到系统、全面、无遗漏，并持续更新完善。 （2）科学评定安全风险等级 安全风险等级从高到低划分为重大风险、较大风险、一般风险和低风险，分别用红、橙、黄、蓝四种颜色标示。其中，重大安全风险应填写清单、汇总造册，按照职责范围报告属地负有安全生产监督管理职责的部门。要依据安全风险类别和等级建立企业安全风险数据库，绘制企业“红橙黄蓝”四色安全风险空间分布图。 （3）有效管控安全风险 ①组织方面，成立安全管理组织机构，落实全员安全生产责任；日常工作重点是培训教育措施和组织成员个体防护措施。 ②制度方面，制定全员安全生产责任制和安全生产管理制度，制定安全技术操作规程、重大危险源监控管理制度，编制专项施工方案，组织专家论证，开展安全技术交底，对安全生产过程进行监控，进行安全检查，对设备设施进行技术检测以及实施安全奖惩等。 ③技术方面，重点是作业、设备设施本身固有的控制措施，包括直接安全技术措施（设计机器时，考虑消除机器本身的不安全因素）、间接安全技术措施（在机械设备上采用和安装各种安全有效的防护装置，克服在使用过程中产生的不安全因素）、指示性安全技术措施等，并按照消除、预防、减弱、隔离、连锁、警告的等级顺序采取相应的安全技术措施。工程技术措施应具有针对性、可操作性和经济合理性，并符合国家有关法规、标准和设计规范的规定。 ④应急方面，包含风险监控、预警、应急预案制定、现场处置方案制定、应急物资准备及应急演练等。 ⑤施工企业应根据风险等级，采取单一或综合管控措施。企业应根据风险等级实施差异化管理，进行分级管控。风险管控分为四级：企业、项目部、施工班组、作业人员，并遵循风险等级越高、管控层级越高的原则。 （4）实施安全风险公告警示 ①施工企业要建立完善安全风险公告制度，并加强风险教育和技能培训。

续表

序号	项目	内容
		②要在醒目位置和重点区域分别设置安全风险公告栏，制作岗位安全风险告知卡，标明主要安全风险、可能引发事故隐患类别、事故后果、管控措施、应急措施及报告方式等内容。 ③对存在重大安全风险的工作场所和岗位，要设置明显警示标志，并强化危险源监测和预警

安全事故隐患治理

序号	项目	内容
1	安全事故隐患治理体系	（1）企业是事故隐患排查、治理和防控的责任主体。企业主要负责人对本单位事故隐患排查治理工作全面负责。 （2）企业应建立健全事故隐患排查治理和建档监控等制度，逐级建立并落实从主要负责人到每个从业人员的隐患排查治理和监控责任制。 （3）企业应保证事故隐患排查治理所需的资金，建立资金使用专项制度。 （4）企业应定期组织安全生产管理人员、工程技术人员和其他相关人员排查本单位的事故隐患。 （5）企业将生产经营项目、场所、设备发包、出租的，应与承包、承租单位签订安全生产管理协议，并在协议中明确各方对事故隐患排查、治理和防控的管理职责。企业对承包、承租单位的事故隐患排查治理负有统一协调和监督管理的职责。 （6）企业应建立事故隐患报告和举报奖励制度，鼓励、发动职工发现和排除事故隐患，鼓励社会公众举报。对发现、排除和举报事故隐患的有功人员，应当给予物质奖励和表彰。 （7）安全监管监察部门和有关部门的监督检查人员依法履行事故隐患监督检查职责时，企业应积极配合，不得拒绝和阻挠。 （8）要通过与政府部门互联互通的隐患排查治理信息系统，全过程记录报告隐患排查治理情况。对于排查发现的隐患，应根据标准和实际情况划分一般事故隐患和重大事故隐患。对于排查发现的重大事故隐患，应当在向负有安全生产监督管理职责的部门报告的同时，制定并实施严格的隐患治理方案，做到责任、措施、资金、时限和预案“五落实”，实现隐患排查治理的闭环管理。重大事故隐患报告内容应包括：①隐患的现状及其产生原因；②隐患的危害程度和整改难易程度分析；③隐患的治理方案。 （9）对于一般事故隐患，由企业负责人或者有关人员立即组织整改。

续表

序号	项目	内容
		(10)对于重大事故隐患，由企业主要负责人组织制定并实施事故隐患治理方案。重大事故隐患治理方案应当包括以下内容：①治理的目标和任务；②采取的方法和措施；③经费和物资的落实；④负责治理的机构和人员；⑤治理的时限和要求；⑥安全措施和应急预案。 (11)企业在事故隐患治理过程中，应采取相应的安全防范措施，防止事故发生。 (12)企业应加强对自然灾害的预防。在接到有关自然灾害预报时，应及时向下属单位发出预警通知；发生自然灾害可能危及企业和人员安全的情况时，应采取撤离人员、停止作业、加强监测等安全措施，并及时向当地人民政府及其有关部门报告。 (13)事故隐患排查治理情况应如实记录，并通过职工大会或者职工代表大会、信息公示栏等方式向从业人员通报。其中，重大事故隐患排查治理情况应及时向负有安全生产监督管理职责的部门和职工大会或者职工代表大会报告
2	安全事故隐患治理“五落实”	(1)落实隐患排查治理责任，明确排查人、排查频次、整改人、复查人。 (2)落实隐患排查治理措施。 (3)落实隐患排查治理资金。 (4)落实隐患排查治理时限。 (5)落实隐患排查治理预案

安全事故应急预案

序号	项目	内容	说明
1	概念和内容	(1)概念	应急预案也称应急计划/方案，是在辨识和评估潜在的重大危险、事故类型、发生的可能性、发生条件和过程、事故后果及影响严重程度的基础上，对应急机构与职责、人员、技术、装备、设施设备、物资、救援行动及其指挥与协调等方面预先做出的具体安排
		(2)内容	①事前预防，即通过危险辨识和事故后果分析，采用技术和管理措施降低安全事件发生概率。 ②应急处置，制定发生安全事件的应急处置程序和方法，能快速反应，将影响消除在萌芽状态。 ③抢险救援，即应对已发生的安全事件和事故，能够采用预定的应急抢险救援方案，控制事态发展并减少损失

续表

<table>
<tr><th>序号</th><th>项目</th><th>内容</th><th>说明</th></tr>
<tr><td rowspan="3">2</td><td rowspan="3">分类</td><td>(1)综合应急预案</td><td>①综合应急预案是指企业为应对各种生产安全事故而制定的综合性工作方案，是本单位应对生产安全事故的总体工作程序、措施和应急预案体系的总纲。
②企业风险种类多、可能发生多种类型事故的，应当组织编制综合应急预案。
③综合应急预案应当规定应急组织机构及其职责、应急预案体系、事故风险描述、预警及信息报告、应急响应、保障措施、应急预案管理等内容</td></tr>
<tr><td>(2)专项应急预案</td><td>①专项应急预案是指企业为应对某一种或者多种类型生产安全事故，或者针对重要生产设施、重大危险源、重大活动防止生产安全事故而制定的专项性工作方案。
②专项应急预案与综合应急预案中的应急组织机构、应急响应程序相近时，可不编写专项应急预案，相应的应急处置措施并入综合应急预案。
③专项应急预案应当规定应急指挥机构与职责、处置程序和措施等内容</td></tr>
<tr><td>(3)现场处置方案</td><td>①现场处置方案是指企业根据不同生产安全事故类型，针对具体场所、装置或者设施所制定的应急处置措施。
②现场处置方案重点规范事故风险描述、应急工作职责、应急处置措施和注意事项，应体现自救互救、信息报告和先期处置的特点。
③事故风险单一、危险性小的企业，可只编制现场处置方案</td></tr>
<tr><td rowspan="3">3</td><td rowspan="3">编制</td><td>(1)编制人员</td><td>编制应急预案应当成立编制工作小组，由本单位有关负责人任组长，吸收与应急预案有关的职能部门和单位的人员，以及有现场处置经验的人员参加</td></tr>
<tr><td>(2)编制准备</td><td>编制应急预案前，编制单位应当进行事故风险辨识、评估和应急资源调查</td></tr>
<tr><td>(3)编制要求</td><td>①有关法律、法规、规章和标准的规定。
②本地区、本部门、本单位的安全生产实际情况。
③本地区、本部门、本单位的危险性分析情况。
④应急组织和人员的职责分工明确，并有具体的落实措施。
⑤有明确、具体的应急程序和处置措施，并与其应急能力相适应。</td></tr>
</table>

续表

序号	项目	内容	说明
			⑥有明确的应急保障措施，满足本地区、本部门、本单位的应急工作需要。 ⑦应急预案基本要素齐全、完整，应急预案附件提供的信息准确。 ⑧应急预案内容与相关应急预案相互衔接
		（4）应急处置卡	①企业应在编制应急预案的基础上，针对工作场所、岗位的特点，编制简明、实用、有效的应急处置卡。 ②应急处置卡应规定重点岗位、人员的应急处置程序和措施，以及相关联络人员和联系方式，便于从业人员携带
4	评审、论证	（1）评审形式	应急预案编制完成后，企业应按法律法规有关规定组织评审或论证。参加应急预案评审的人员可包括有关安全生产及应急管理方面的、有现场处置经验的专家。评审人员与所评审应急预案的企业有利害关系的，应当回避。应急预案论证可通过推演的方式开展
		（2）评审内容	风险评估和应急资源调查的全面性、应急预案体系设计的针对性、应急组织体系的合理性、应急响应程序和措施的科学性、应急保障措施的可行性、应急预案的衔接性
5	批准、发布和备案	（1）批准	企业应急预案经评审或者论证后，由本单位主要负责人签署，向本单位从业人员公布，并及时发放到本单位有关部门、岗位和相关应急救援队伍
		（2）发布	事故风险可能影响周边其他单位、人员的，企业应将有关事故风险的性质、影响范围和应急防范措施告知周边的其他单位和人员
		（3）备案	企业应在应急预案公布之日起20个工作日内，按照分级属地原则，向县级以上人民政府应急管理部门和其他负有安全生产监督管理职责的部门进行备案，并依法向社会公布
6	培训、演练	（1）培训	①企业应组织开展本单位的应急预案、应急知识、自救互救和避险逃生技能的培训活动，使有关人员了解应急预案内容，熟悉应急职责、应急处置程序和措施。 ②应急培训的时间、地点、内容、师资、参加人员和考核结果等情况应当如实记入本单位的安全生产教育和培训档案

续表

序号	项目	内容	说明
		(2)演练	①企业应制定本单位的应急预案演练计划，建筑施工单位应至少每半年组织一次生产安全事故应急预案演练，并将演练情况报送所在地县级以上地方人民政府负有安全生产监督管理职责的部门。 ②应急预案演练结束后，应急预案演练组织单位应对应急预案演练效果进行评估，撰写应急预案演练评估报告，分析存在的问题，并对应急预案提出修订意见
7	评估	(1)评估制度	应急预案编制单位应建立应急预案定期评估制度，对预案内容的针对性和实用性进行分析，并对应急预案是否需要修订作出结论
		(2)评估周期	建筑施工企业应当每三年进行一次应急预案评估
		(3)评估人员	应急预案评估可以邀请相关专业机构或者有关专家、有实际应急救援工作经验的人员参加，必要时可以委托安全生产技术服务机构实施

考点 2　施工安全事故等级和应急救援

按造成损失的程度分类

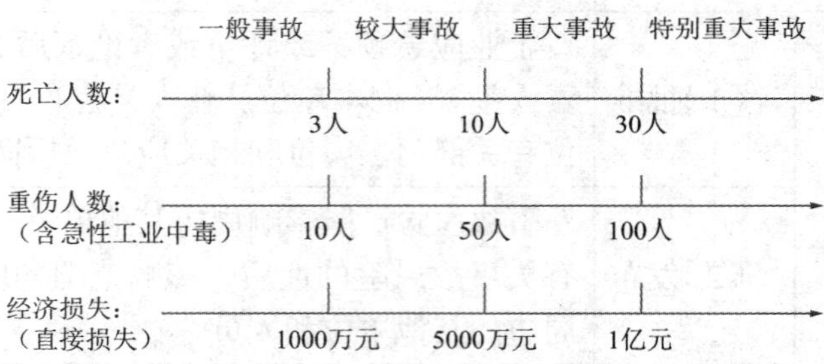

施工安全事故应急救援

序号	项目	内容	说明
1	应急救援准备	(1)基本规定	①施工单位应制定本单位生产安全事故应急救援预案，建立应急救援组织或者配备应急救援人员，配备必要的应急救援器材、设备，并定期组织演练。 ②施工单位应根据建设工程施工的特点、范围，对施工现场易发生重大事故的部位、环节进行监控，制定施工现场生产安全事故应急救援预案。

续表

序号	项目	内容	说明
			③实行施工总承包的，由总承包单位统一组织编制建设工程生产安全事故应急救援预案，工程总承包单位和分包单位按照应急救援预案，各自建立应急救援组织或者配备应急救援人员，配备救援器材、设备，并定期组织演练
		(2)应急救援预案准备	①生产安全事故应急救援预案应符合有关法律、法规、规章和标准的规定，具有科学性、针对性和可操作性，明确规定应急组织体系、职责分工及应急救援程序和措施。 ②除依法需要保密的外，生产经营单位可通过生产安全事故应急救援信息系统办理生产安全事故应急救援预案备案手续，报送应急救援预案演练情况和应急救援队伍建设情况
		(3)应急救援队伍准备	①县级以上人民政府应加强对生产安全事故应急救援队伍建设的统一规划、组织和指导。 ②县级以上人民政府负有安全生产监督管理职责的部门根据生产安全事故应急工作的实际需要，在重点行业、领域单独建立或者依托有条件的生产经营单位、社会组织共同建立应急救援队伍。 ③国家鼓励和支持生产经营单位和其他社会力量建立提供社会化应急救援服务的应急救援队伍。 ④建筑施工单位应建立应急救援队伍，其中，小型企业或者微型企业等规模较小的企业，可以不建立应急救援队伍，但应指定兼职的应急救援人员，并且可以与邻近的应急救援队伍签订应急救援协议。 ⑤应急救援队伍的应急救援人员应具备必要的专业知识、技能、身体素质和心理素质。应急救援队伍建立单位或者兼职应急救援人员所在单位应按照国家有关规定对应急救援人员进行培训；应急救援人员经培训合格后，方可参加应急救援工作。应急救援队伍应配备必要的应急救援装备和物资，并定期组织训练。 ⑥企业应及时将本单位应急救援队伍建立情况按照国家有关规定报送县级以上人民政府负有安全生产监督管理职责的部门，并依法向社会公布
		(4)应急救援物资准备	建筑施工单位应根据本单位可能发生的生产安全事故的特点和危害，配备必要的灭火、排水、通风及危险物品稀释、掩埋、收集等应急救援器材、设备和物资，并进行经常性维护、保养，保证正常运转

续表

序号	项目	内容	说明
		(5)应急值班制度和从业人员应急培训	建筑施工单位应建立应急值班制度，配备应急值班人员；企业应当对从业人员进行应急教育和培训，保证从业人员具备必要的应急知识，掌握风险防范技能和事故应急措施
2	应急救援组织和实施	(1)事故报告	生产安全事故发生后，企业应立即启动生产安全事故应急救援预案，根据应急救援预案职责，采取应急救援措施组织救援，并按照国家有关规定报告事故情况
		(2)指挥救援	①有关地方人民政府及其部门接到生产安全事故报告后，应按照国家有关规定上报事故情况，启动相应的生产安全事故应急救援预案，并按照应急救援预案的规定采取一项或者多项应急救援措施。 ②有关地方人民政府不能有效控制生产安全事故的，应当及时向上级人民政府报告。上级人民政府应当及时采取措施，统一指挥应急救援

考点3　施工安全事故报告和调查处理

施工安全事故报告

序号	项目	内容
1	事故单位上报	(1)事故发生后，事故现场有关人员应当立即向本单位负责人报告；单位负责人接到报告后，应当于1h内向事故发生地县级以上人民政府应急管理部门和负有安全生产监督管理职责的有关部门报告。 (2)实行施工总承包的建设工程，由总承包单位负责上报事故。 (3)情况紧急时，事故现场有关人员可以直接向事故发生地县级以上人民政府应急管理部门和负有安全生产监督管理职责的有关部门报告
2	主管部门报告	(1)应急管理部门和负有安全生产监督管理职责的有关部门接到事故报告后，应依照下列规定上报事故情况，并通知公安机关、劳动保障行政部门、工会和人民检察院：①特别重大事故、重大事故逐级上报至国务院应急管理部门和负有安全生产监督管理职责的有关部门；②较大事故逐级上报至省、自治区、直辖市人民政府应急管理部门和负有安全生产监督管理职责的有关部门；③一般事故上报至设区的市级人民政府应急管理部门和负有安全生产监督管理职责的有关部门。

续表

序号	项目	内容
		（2）应急管理部门和负有安全生产监督管理职责的有关部门依照上述规定上报事故情况，应当同时报告本级人民政府。国务院应急管理部门和负有安全生产监督管理职责的有关部门以及省级人民政府接到发生特别重大事故、重大事故的报告后，应当立即报告国务院。必要时，应急管理部门和负有安全生产监督管理职责的有关部门可以越级上报事故情况。 （3）应急管理部门和负有安全生产监督管理职责的有关部门逐级上报事故情况，每级上报的时间不得超过 2h。 （4）报告事故应包括下列内容：①事故发生单位概况；②事故发生的时间、地点以及事故现场情况；③事故的简要经过；④事故已经造成或者可能造成的伤亡人数（包括下落不明的人数）和初步估计的直接经济损失；⑤已经采取的措施；⑥其他应当报告的情况。 （5）事故报告后出现新情况的，应当及时补报。自事故发生之日起 30 日内，事故造成的伤亡人数发生变化的，应当及时补报。道路交通事故、火灾事故自发生之日起 7 日内，事故造成的伤亡人数发生变化的，应当及时补报
3	应急措施	（1）事故发生单位负责人接到事故报告后，应当立即启动事故相应应急预案，或者采取有效措施，组织抢救，防止事故扩大，减少人员伤亡和财产损失。 （2）事故发生地有关地方人民政府、应急管理部门和负有安全生产监督管理职责的有关部门接到事故报告后，其负责人应当立即赶赴事故现场，组织事故救援。 （3）事故发生后，有关单位和人员应当妥善保护事故现场以及相关证据，任何单位和个人不得破坏事故现场、毁灭相关证据。 （4）发生生产安全事故后，施工单位应采取措施防止事故扩大，保护事故现场。因抢救人员、防止事故扩大以及疏通交通等原因，需要移动事故现场物件的，应当做出标志，绘制现场简图并做出书面记录，妥善保存现场重要痕迹、物证

注：施工单位发生生产安全事故后，应按照国家有关伤亡事故报告和调查处理的规定，及时、如实地向负责安全生产监督管理的部门、建设行政主管部门或者其他有关部门报告；特种设备发生事故的，还应同时向特种设备安全监督管理部门报告。接到报告的部门应当按照国家有关规定，如实上报。

施工安全事故调查

序号	项目	内容
1	分级调查	（1）特别重大事故由国务院或者国务院授权有关部门组织事故调查组进行调查；重大事故、较大事故、一般事故分别由事故发生地省级人民政府、设区的市级人民政府、县级人民政府负责调查；省级人民政府、设区的市级人民政府、县级人民政府可以直接组织事故调查组进行调查，也可以授权或者委托有关部门组织事故调查组进行调查；未造成人员伤亡的一般事故，县级人民政府也可以委托事故发生单位组织事故调查组进行调查；上级人民政府认为必要时，可以调查由下级人民政府负责调查的事故。 （2）自事故发生之日起 30 日内（道路交通事故、火灾事故自发生之日起 7 日内），因事故伤亡人数变化导致事故等级发生变化应当由上级人民政府负责调查的，上级人民政府可以另行组织事故调查组进行调查。 （3）特别重大事故以下等级事故，事故发生地与事故发生单位不在同一个县级以上行政区域的，由事故发生地人民政府负责调查，事故发生单位所在地人民政府应当派人参加
2	调查组织	（1）根据事故的具体情况，事故调查组由有关人民政府、应急管理部门、负有安全生产监督管理职责的有关部门、监察机关、公安机关以及工会派人组成，并应当邀请人民检察院派人参加。 （2）事故调查组可以聘请有关专家参与调查。事故调查组成员应当具有事故调查所需要的知识和专长，并与所调查的事故没有直接利害关系。事故调查组组长由负责事故调查的人民政府指定。事故调查组组长主持事故调查组的工作。 （3）事故调查组履行下列职责：①查明事故发生的经过、原因、人员伤亡情况及直接经济损失；②认定事故的性质和事故责任；③提出对事故责任者的处理建议；④总结事故教训，提出防范和整改措施；⑤提交事故调查报告。 （4）事故调查组有权向有关单位和个人了解与事故有关的情况，并要求其提供相关文件、资料，有关单位和个人不得拒绝。事故发生单位的负责人和有关人员在事故调查期间不得擅离职守，并应当随时接受事故调查组的询问，如实提供有关情况。事故调查中发现涉嫌犯罪的，事故调查组应当及时将有关材料或者其复印件移交司法机关处理。 （5）事故调查中需要进行技术鉴定的，事故调查组应当委托具有国家规定资质的单位进行技术鉴定。必要时，事故调查组可以直接组织专家进行技术鉴定。技术鉴定所需时间不计入事故调查期限
3	调查时限	事故调查组应当自事故发生之日起 60 日内提交事故调查报告；特殊情况下，经负责事故调查的人民政府批准，提交事故调查报告的期限可以适当延长，但延长的期限最长不超过 60 日

续表

序号	项目	内容
4	调查报告	（1)事故调查报告应当包括下列内容:①事故发生单位概况;②事故发生经过和事故救援情况；③事故造成的人员伤亡和直接经济损失；④事故发生的原因和事故性质；⑤事故责任的认定以及对事故责任者的处理建议；⑥事故防范和整改措施。 （2）事故调查报告应当附具有关证据材料。事故调查组成员应当在事故调查报告上签名。事故调查报告报送负责事故调查的人民政府后，事故调查工作即告结束。事故调查的有关资料应当归档保存

施工安全事故处理

序号	项目	内容
1	政府批复	重大事故、较大事故、一般事故，负责事故调查的人民政府应当自收到事故调查报告之日起 15 日内做出批复；特别重大事故，30 日内做出批复，特殊情况下，批复时间可以适当延长，但延长的时间最长不超过 30 日
2	依法处理	（1）有关机关应当按照人民政府的批复，依照法律、行政法规规定的权限和程序，对事故发生单位和有关人员进行行政处罚，对负有事故责任的国家工作人员进行处分；事故发生单位应当按照负责事故调查的人民政府的批复，对本单位负有事故责任的人员进行处理；负有事故责任的人员涉嫌犯罪的，依法追究刑事责任。 （2）事故处理的情况由负责事故调查的人民政府或者其授权的有关部门、机构向社会公布，依法应当保密的除外

第 8 章　绿色建造及施工现场环境管理

8.1　绿色建造管理

考点 1　绿色建造基本要求

绿色建造含义与基本要求

序号	项目	内容
1	含义	绿色建造需要将绿色发展理念融入工程策划、设计、施工、交付的建造全过程，充分体现绿色化、工业化、信息化、集约化和产业化的总体特征
2	基本要求	（1）绿色建造应统筹考虑工程质量、安全、效率、环保、生态等要素，实现工程策划、设计、施工、交付全过程一体化，提高建造水平和建筑品质。 （2）绿色建造应全面体现绿色要求，有效降低建造全过程对资源的消耗和对生态环境的影响，减少碳排放，整体提升建造活动绿色化水平。 （3）绿色建造宜采用系统化集成设计、精益化生产施工、一体化装修的方式，加强新技术推广应用，整体提升建造方式工业化水平。 （4）绿色建造宜结合实际需求，有效采用 BIM、物联网、大数据、云计算、移动通信、区块链、人工智能、机器人等相关技术，整体提升建造手段信息化水平。 （5）绿色建造宜采用工程总承包、全过程工程咨询等组织管理方式，促进设计、生产、施工深度协同，整体提升建造管理集约化水平。 （6）绿色建造宜加强设计、生产、施工、运营全产业链上下游企业间的沟通合作，强化专业分工和社会协作，优化资源配置，构建绿色建造产业链，整体提升建造过程产业化水平

绿色策划

序号	项目	内容
1	一般要求	（1）建设单位应在工程立项阶段组织编制项目绿色策划方案，工程建设各参与方应遵照执行。

续表

序号	项目	内容
		（2）绿色策划方案应明确绿色建造总体目标和资源节约、环境保护、减少碳排放、品质提升、职业健康安全等分项目标，应包括绿色设计策划、绿色施工策划、绿色交付策划等内容。 （3）绿色策划方案应因地制宜对建造全过程、全要素进行统筹，明确绿色建造实施路径，体现绿色化、工业化、信息化、集约化和产业化特征。 （4）绿色策划方案应确定项目定位和组织架构，明确各阶段的主要控制指标，进行综合成本与效益分析，制定主要工作计划。 （5）绿色策划方案应统筹设计、构件部品部件生产运输、施工安装和运营维护管理，推进产业链上下游资源共享、系统集成和联动发展。 （6）绿色策划宜制定合理的减排方案，建立碳排放管理体系，并应明确建筑垃圾减量化等目标。 （7）绿色策划宜推动全过程数字化、网络化、智能化技术应用，积极采用 BIM 技术，利用基于统一数据及接口标准的信息管理平台，支撑各参与方、各阶段的信息共享与传递。 （8）绿色策划宜结合工程实际情况，综合考虑技术水平、成本投入与效益产出等因素，确定智能建造、新型建筑工业化的应用目标和实施路径
2	绿色 设计策划	（1）应根据绿色建造目标，结合项目定位，在综合技术经济可行性分析基础上，确定绿色设计目标与实施路径，明确主要绿色设计指标和技术措施。 （2）应推进建筑、结构、机电设备、装饰装修等专业的系统化集成设计。 （3）应以保障性能综合最优为目标，对场地、建筑空间、室内环境、建筑设备进行全面统筹。 （4）应明确绿色建材选用依据、总体技术性能指标，确定绿色建材的使用率。 （5）应综合考虑生产、施工的便易性，提出全过程、全专业、各参与方之间的一体化协同设计要求
3	绿色 施工策划	（1）应结合施工现场及周边环境、工程实际情况等进行影响因素分析和环境风险评估，并依据分析和评估结果进行绿色施工策划。 （2）应按照国家标准《建筑工程绿色施工评价标准》GB/T 50640—2010 中的优良级别，明确项目绿色施工关键指标。 （3）应对生态环境保护、资源节约与循环利用、碳排放降低、人力资源节约及职业健康安全等进行总体分析，策划适宜的绿色施工技术路径与措施

续表

序号	项目	内容
4	绿色交付策划	（1）应根据建筑类型和运营维护需求确定绿色建造项目的实体交付内容及交付标准。 （2）宜按照城市信息化建设要求和运营维护需求，制定数字化交付标准和方案，明确各阶段责任主体和交付成果。 （3）应明确综合效能调适及绿色建造效果评估的内容及方式

绿色设计

序号	项目	内容
1	一般要求	（1）绿色设计应统筹建筑、结构、机电设备、装饰装修、景观园林等各专业设计，统筹策划、设计、施工、交付等建造全过程，实现工程全寿命期系统化集成设计。 （2）绿色设计宜应用BIM等数字化设计方式，实现设计协同、设计优化。 （3）绿色设计应优先就地取材，并统筹确定各类建材及设备的设计使用年限。 （4）绿色设计应强化设计方案技术论证，严格控制设计变更。设计变更不应降低工程绿色性能，重大变更应组织专家对其是否影响工程绿色性能进行论证
2	设计要求	（1）场地设计应有效利用地域自然条件，尊重城市肌理和地域风貌，实现建筑布局、交通组织、场地环境、场地设施和管网的合理设计。 （2）应按照“被动式技术优先、主动式技术优化”的原则，优化功能空间布局，充分发掘场地空间、建筑本体与设备在节约资源方面的潜力。 （3）应综合考虑安全耐久、节能减排、易于建造等因素，择优选择建筑形体和结构体系。 （4）应根据建筑规模、用途、能源条件以及国家和地区节能环保政策对冷热源方案进行综合论证，合理利用浅层地能、太阳能、风能等可再生能源以及余热资源。 （5）应体现海绵城市建设理念，采用“渗、滞、蓄、净、用、排”等措施对施工期间及建筑竣工后的场地雨水进行有效统筹控制，溢流排放应与城市雨水排放系统衔接。 （6）应优先采用管线分离、一体化装修技术，对建筑围护结构和内外装饰装修构造节点进行精细设计。 （7）宜采用标准化构件和部件，使用集成化模块化建筑部品，提高工程品质，降低运行维护成本

续表

序号	项目	内容
3	协同设计	（1）应建立涵盖设计、生产、施工等不同阶段的协同设计机制，实现生产、施工、运营维护各方的前置参与，统筹管理项目方案设计、初步设计、施工图设计。 （2）宜采用协同设计平台，集成技术措施、产品性能清单、成本数据库等，实现全过程、全专业、各参与方的协同设计。 （3）应按照标准化、模块化原则对空间、构件和部品进行协同深化设计，实现建筑构配件与设备和部品之间模数协调统一。 （4）宜实现部品部件、内外装饰装修、围护结构和机电管线等一体化集成
4	数字设计	（1）宜采用 BIM 正向设计，优化设计流程，支撑不同专业间以及设计与生产、施工的数据交换和信息共享。 （2）宜集成应用 BIM、地理信息系统（GIS）、三维测量等信息技术及模拟分析软件，进行性能模拟分析、设计优化和阶段成果交付。 （3）应统一设计过程中 BIM 组织方式、工作界面、模型细度和样板文件。 （4）宜采用 BIM 信息平台，支撑 BIM 模型存储与集成、版本控制，保障数据安全。 （5）应在设计过程中积累可重复利用及标准化部品构件，丰富和完善 BIM 构件库资源。 （6）宜推进 BIM 与项目、企业管理信息系统的集成应用，推动 BIM 与城市信息模型（CIM）平台及建筑产业互联网的融通联动
5	材料选用	（1）建筑材料的选用应符合下列规定：①应符合国家和地方相关标准规范环保要求；②宜优先选用获得绿色建材评价认证标识的建筑材料和产品；③宜优先采用高强、高性能材料；④宜选择地方性建筑材料和当地推广使用的建筑材料。 （2）建筑结构材料应优先选用高耐久性混凝土、耐候和耐火结构钢、耐久木材等。 （3）外饰面材料、室内装饰装修材料、防水和密封材料等应选用耐久性好、易维护的材料。 （4）应合理选用可再循环材料、可再利用材料，宜选用以废弃物为原料生产的利废建材。 （5）建筑门窗、幕墙、围栏及其配件的力学性能、热工性能和耐久性等应符合相应产品标准规定，并应满足设计使用年限要求。 （6）管材、管线、管件应选用耐腐蚀、抗老化、耐久性能好的材料，活动配件应选用长寿命产品，并应考虑部品之间合理的寿命匹配性。不同使用寿命的部品组合时，构造宜便于分别拆换、更新和升级。

续表

序号	项目	内容
		（7）建筑装修宜优先采用装配式装修，选用集成厨卫等工业化内装部品

绿色施工与绿色交付

序号	项目	内容
1	绿色施工	（1）绿色施工应符合国家有关绿色施工要求。 （2）应根据绿色施工策划进行绿色施工组织设计、绿色施工方案编制。 （3）应建立与设计、生产、运营维护联动的协同管理机制。 （4）应积极采用工业化、智能化建造方式，实现工程建设低消耗、低排放、高质量和高效益。 （5）宜积极运用 BIM、大数据、云计算、物联网以及移动通信等信息化技术组织绿色施工，提高施工管理的信息化和精细化水平。 （6）应建立完善的绿色建材供应链，采用绿色建筑材料、部品部件等。 （7）应编制施工现场建筑垃圾减量化专项方案，实现建筑垃圾源头减量、过程控制、循环利用。 （8）鼓励对传统施工工艺进行绿色化升级革新。 （9）应加强绿色施工新技术、新材料、新工艺、新设备应用。 （10）部品部件生产应采用环保生产工艺和设备设施，并应严格执行质量管理体系、环境管理体系和职业健康安全管理体系。 （11）部品部件生产应提高数字化、智能化水平，逐步实现精益生产、智能制造。 （12）应制定消防疏散、卫生防疫、职业健康安全等管理制度和突发事件应急措施，保障人员身心健康
2	绿色交付	（1）项目交付前应进行绿色建造的效果评估。 （2）完成绿色建筑相关检测，提交建筑使用说明书。 （3）核定绿色建材实际使用率，提交核定计算书。 （4）将建筑各分部分项工程的设计、施工、检测等技术资料整合和校验，并按相关标准移交建设单位和运营单位。 （5）制定建筑物各子系统（机电设备系统、消防系统等）运行操作规程和维护保养手册。 （6）按照绿色交付标准及成果要求提供实体交付及数字化交付成果。 （7）数字化交付成果应保证与实体交付成果信息的一致性和准确性，建设单位可在交付前组织成果验收

考点 2　各方主体绿色施工职责

绿色施工相关理念原则和方法

序号	项目	内容
1	可持续发展和清洁生产理念	（1）可持续发展理念。主要考量：一是资源的永续利用；二是环境容量的承载能力。可持续发展有公平性、持续性和共同性三项基本原则。 （2）清洁生产理念。清洁生产的主要内容可归纳为“三清一控”：①清洁的原料与能源；②清洁的生产过程；③清洁的产品；④贯穿于清洁生产的全过程控制。 （3）环境伦理要求。工程建设需要满足环境伦理的如下要求：①整体性要求，是指人的行为正确与否，取决于是否遵从环境利益与人类利益相协调，而非仅仅依据人的意愿和需要这一立场；②不损害性要求，是指那种以严重损害自然环境的健康为代价的行为一定是错误的；③补偿性要求，是指若有对自然环境造成损害的行为，责任人必须做出必要的补偿，以恢复自然环境的健康状态
2	循环经济“3R”原则	（1）“减量化”原则：通过输入端控制方式，用较少资源投入来达到既定的生产目的，从经济活动的源头就注意节约资源和减少废弃物排放。 （2）“再利用”原则：通过过程端控制方式，将废物直接作为产品或经修复、翻新、再制造后继续作为产品使用，或者将废物的全部或部分作为其他产品的部件予以使用。 （3）“再循环”原则：通过输出端控制方式，将生产出来的物品在完成其使用功能后通过回收利用重新变成可用资源，减少垃圾的产生。包括：①原级再循环，即把废弃物转化为同类新产品；②次级再循环，即把废弃物转化为其他产品的原材料。资源效率随循环增长而提高，循环率越大，资源效率增长越高
3	生命周期评估方法	（1）生命周期评估（Life Cycle Assessment，LCA）是一种标准化方法，通过计算和评估从原材料提取到废物处理等产品/服务生命周期各阶段的自然资源消耗和对环境的产出，提供一种评估与生产过程或服务相关的潜在环境影响方法。 （2）LCA 方法应用可分为以下四个阶段： ①目的与范围确定：将生命周期评估研究的目的及范围予以清楚地确定，使其与预期的应用相一致。 ②清单分析：编制一份与研究的产品系统有关的投入产出清单，包含资料搜集及运算，以便量化一个产品系统的投入与产出，这些投入与产出包括资源的使用及对空气、水体及土地的污染排放等。

续表

序号	项目	内容
		③影响评估：针对生命周期清单分析得出的结果，来评估与这些投入产出相关的潜在环境影响。 ④解释说明：将清单分析及环境评估所发现的问题与研究目的相结合，得出结论与建议

各方主体绿色施工具体职责

序号	项目	内容
1	建设单位绿色施工职责	（1）在编制工程概算和招标文件时，应明确绿色施工的要求，并提供包括场地、环境、工期、资金等方面的条件保障。 （2）应向施工单位提供建设工程绿色施工的设计文件、产品要求等相关资料，保证资料的真实性和完整性。 （3）应建立建设工程绿色施工的协调机制
2	设计单位绿色施工职责	（1）应按国家现行有关标准和建设单位的要求进行工程的绿色设计。 （2）应协助、支持、配合施工单位做好建设工程绿色施工的有关设计工作
3	工程监理单位绿色施工职责	（1）应对建设工程绿色施工承担监理责任。 （2）应审查绿色施工组织设计、绿色施工方案或绿色施工专项方案，并在实施过程中做好监督检查工作
4	施工单位绿色施工职责	（1）施工单位是建设工程绿色施工的实施主体，应组织绿色施工的全面实施。 （2）实行总承包管理的建设工程，总承包单位应对绿色施工负总责。 （3）总承包单位应对专业承包单位的绿色施工实施管理，专业承包单位应对工程承包范围的绿色施工负责。 （4）施工单位应建立以项目经理为第一责任人的绿色施工管理体系，制定绿色施工管理制度，负责绿色施工的组织实施，进行绿色施工教育培训，定期开展自检、联检和评价工作。 （5）绿色施工组织设计、绿色施工方案或绿色施工专项方案编制前，应进行绿色施工影响因素分析，并据此制定实施对策和绿色施工评价方案

考点 3　绿色施工措施

绿色施工管理措施

序号	项目	内容
1	绿色施工组织设计	（1）应考虑施工现场的自然与人文环境特点。 （2）应有减少资源浪费和环境污染的措施。 （3）应明确绿色施工的组织管理体系、技术要求和措施。 （4）应选用先进的产品、技术、设备、施工工艺和方法，利用规划区域内设施。 （5）应包含改善作业条件、降低劳动强度、节约人力资源等内容
2	绿色施工方案	（1）节材措施。在保证工程安全与质量的前提下，制定节材措施。如进行施工方案的节材优化，建筑垃圾减量化，尽量利用可循环材料等。 （2）节水措施。根据工程所在地的水资源状况，制定节水措施。 （3）节能措施。进行施工节能策划，确定目标，制定节能措施。 （4）节地与施工用地保护措施。制定临时用地指标、施工总平面布置规划及临时用地节地措施等。 （5）环境保护措施。制定环境管理计划及应急救援预案，采取有效措施，降低环境负荷，保护地下设施和文物等资源
3	人员安全与健康管理	（1）制定施工防尘、防毒、防辐射等职业危害的措施，保障施工人员的长期职业健康。 （2）合理布置施工场地，保护生活及办公区不受施工活动的有害影响。施工现场建立卫生急救、保健防疫制度，在安全事故和疾病疫情出现时提供及时救助。 （3）提供卫生、健康的工作与生活环境，加强对施工人员的住宿、膳食、饮用水等生活与环境卫生等管理，明显改善施工人员的生活条件
4	设备材料管理	（1）施工现场应建立机械设备保养、限额领料、建筑垃圾再利用的台账和清单，制定工程材料和机械设备的存放、运输保护措施，使现场材料堆放有序，储存环境适宜，措施得当。要健全保管制度并落实责任。 （2）要建立施工机械设备管理制度，开展用电、用油计量，完善设备档案，及时做好维修保养工作，使机械设备保持低耗、高效的状态
5	用能用水管理	（1）应制定合理的施工能耗指标，明确节能措施，提高施工能源利用率。 （2）施工现场分别设定生产、生活、办公和施工设备的用电控制指标，定期进行计量、核算、对比分析，并有预防与纠正措施。

续表

序号	项目	内容
		（3）施工现场应分别对生活用水与工程用水确定用水定额指标，并分别计量管理。 （4）大型工程的不同单项工程、不同标段、不同分包生活区，凡具备条件的应分别计量用水量。 （5）在签订不同标段分包或劳务合同时，将节水定额指标纳入合同条款，进行计量考核
6	排放和减量化管理	（1）应按照分区划块原则，规范施工污染排放和资源消耗管理，进行定期检查或测量，实施预控和纠偏措施，保持现场良好的作业环境和卫生条件。 （2）施工单位应制定建筑垃圾减量化计划，如每万平方米住宅建筑的建筑垃圾不宜超过 400t；编制建筑垃圾处理方案，采取污染防治措施，设专人按规定处置有毒有害物质
7	环境监测管理	（1）应积极开展并配合环境监测工作。 （2）常规环境监测包括环境质量监测、污染源监测、生态环境监测。 （3）特殊目的监测包括研究型监测、污染事故监测和仲裁监测

绿色施工技术措施

序号	项目	内容	说明
1	节材与材料资源利用	（1）结构材料利用	①推广使用高强度钢筋和高性能混凝土；推广使用预拌混凝土和商品砂浆；推广钢筋专业化加工和配送。准确计算采购数量、供应频率、施工速度，在施工过程中动态控制，减少资源消耗。 ②优化钢筋配料和钢构件下料方案，钢筋及钢结构制作前应对下料单及样品进行复核，无误后方可批量下料。优化钢结构制作和安装方法，大型钢结构宜采用工厂制作，现场拼装。宜采用分段吊装、整体提升、滑移、顶升等安装方法，减少方案的措施用材量
		（2）围护材料利用	①围护结构选用耐候性及耐久性良好的材料，其中门窗采用密封性、保温隔热性能、隔声性能良好的型材和玻璃等材料；屋面、外墙采用具有良好的防水性能和保温隔热性能的材料。施工应确保密封性、防水性和保温隔热性，屋面或墙体等部位采用基层加设保温隔热系统的方式施工时，应选择高效节能、耐久性好的保温隔热材料，以减小保温隔热层的厚度及材料用量。

续表

序号	项目	内容	说明
			②根据建筑物的实际特点，优选屋面或外墙的保温隔热材料系统和施工方式，例如保温板粘贴、保温板干挂、聚氨酯硬泡喷涂、保温浆料涂抹等，以保证保温隔热效果，并减少材料浪费。要加强保温隔热系统与围护结构的节点处理，尽量降低热桥效应。针对建筑物的不同部位保温隔热特点，选用不同的保温隔热材料及系统，以做到经济适用
		（3）装饰装修材料利用	①采用非木质的新材料或人造板材代替木质板材；木制品及木装饰用料、玻璃等各类板材等宜在工厂采购或定制。 ②贴面类材料在施工前，应进行总体排版策划，减少非整块材的数量。防水卷材、壁纸、油漆及各类涂料基层必须符合要求，避免起皮、脱落
		（4）周转材料利用	①应选用耐用、维护与拆卸方便的周转材料和机具。其中，模板应以节约自然资源为原则，推广使用定型钢模、钢框竹模、竹胶板；推广采用外墙保温板替代混凝土施工模板的技术。施工前应对模板工程的方案进行优化，多层、高层建筑使用可重复利用的模板体系，模板支撑宜采用工具式支撑。优先选用制作、安装、拆除一体化的专业队伍进行模板工程施工。 ②现场办公和生活用房采用周转式活动房。现场围挡应最大限度地利用已有围墙，或采用装配式可重复使用围挡封闭。力争工地临房、临时围挡材料的可重复使用率达到 70%
		（5）节材措施	①鼓励就地取材，施工现场 500km 以内生产的建筑材料用量占建筑材料总重量的 70%以上，宜优先选用获得绿色建材评价认证标识的建筑材料和产品。 ②应根据施工进度、库存情况等合理安排材料的采购、进场时间和批次，减少库存。材料运输工具适宜，装卸方法得当，防止损坏和遗洒。根据现场平面布置情况就近卸载，避免和减少二次搬运。

续表

序号	项目	内容	说明
			③采取措施提高模板、脚手架等的周转次数，如采用管件合一的脚手架和支撑体系，采用工具式模板和新型模板材料，如铝合金、塑料、玻璃钢和其他可再生材质的大模板和钢框镶边模板等
2	节水与水资源利用	（1）提高用水节水效率	①应根据用水量设计布置施工现场供水管网，做到管径合理、管路简捷，还应采取有效措施（如阀门预设）减少管网和用水器具的漏损。 ②施工现场应建立可再利用水的收集处理系统，使水资源得到梯级循环利用，尤其是雨量充沛地区的大型施工现场应建立雨水收集利用系统。现场机具、设备、车辆冲洗用水必须设立循环用水装置。施工现场办公区、生活区的生活用水应采用节水系统和节水器具，提高节水器具配置比率。项目临时用水应使用节水型产品，安装计量装置，采取针对性的节水措施。 ③施工中应采用先进的节水施工工艺。现场搅拌用水、养护用水应采取有效的节水措施，优先采用中水搅拌、中水养护，有条件的地区和工程应收集雨水养护。处于基坑降水阶段的工地，宜优先采用地下水作为混凝土搅拌用水、养护用水、冲洗用水和部分生活用水。现场机具、设备、车辆冲洗、喷洒路面、绿化浇灌等用水，优先采用非传统水源，尽量不使用市政自来水。力争施工中非传统水源和循环水的再利用量大于30%
		（2）保证用水安全	在非传统水源和现场循环再利用水使用过程中，应制定有效的水质检测与卫生保障措施，确保避免对人体健康、工程质量及周围环境产生不良影响
3	节能与能源利用	（1）可再生能源利用及设备节能	①根据当地气候和自然资源条件，充分利用太阳能、地热、风能等可再生能源。 ②优先使用国家、行业推荐的节能、高效、环保的施工设备和机具，如选用变频技术的节能施工设备等。安排施工工艺时，应优先考虑耗用电能的或其他能耗较少的施工工艺。应选择功率与负载相匹配的施工机械设备，避免设备额定功率远大于使用功率或超负荷使用设备，避免大功率施工机械设备低负载长时间运行。

续表

序号	项目	内容	说明
			③机电安装可采用节电型机械设备，如逆变式电焊机和能耗低、效率高的手持电动工具等。机械设备宜使用节能型油料添加剂，在可能的情况下，考虑回收利用，节约油量
		（2）生产、生活及办公临时设施节能	①利用场地自然条件，合理设计生产、生活及办公临时设施的体形、朝向、间距和窗墙面积比，使其获得良好的日照、通风和采光。南方地区可根据需要在其外墙窗设遮阳设施；严寒和寒冷地区外门应采取防寒措施。 ②临时设施宜选用由高效保温、隔热、防火材料制成的复合墙体和屋面，以及密封保温隔热性能好的门窗。办公和生活临时用房应采用可重复利用的房屋。合理配置供暖、空调、风扇数量，规定使用时间，实行分段分时使用，节约用电
		（3）施工用电及照明节能	合理设计、布置临时用电线路，优先选用节能电线和节能灯具，临电设备宜采用自动控制装置。采用声控、光控等节能照明灯具。照明照度宜按最低合理照度设计。照明设计以满足最低照度为原则，照度不应超过最低照度的 20%。施工现场宜错峰用电
4	节地与施工用地保护	（1）一般规定	①在施工总平面设计时，应针对施工场地、环境和条件进行分析，制定具体实施方案。 ②施工前应制定合理的场地使用计划；施工中应减少场地干扰，保护环境。 ③施工现场平面布置应根据施工各阶段的特点和要求，实行动态管理
		（2）临时用地	①根据施工规模及现场条件等因素合理确定临时设施，如临时加工厂、现场作业棚及材料堆场、办公生活设施等的占地指标。 ②临时设施的占地面积应按用地指标所需的最低面积设计。 ③要求平面布置合理、紧凑，在满足环境、职业健康与安全及文明施工要求的前提下尽可能减少废弃地和死角，临时设施占地面积有效利用率大于 90%

续表

序号	项目	内容	说明
		（3）临时用地保护	①应对深基坑施工方案进行优化，减少土方开挖和回填量，最大限度地减少对土地的扰动，保护周边自然生态环境。 ②红线外临时占地应尽量使用荒地、废地，少占用农田和耕地。工程完工后，及时对红线外占地恢复原地形、地貌，使施工活动对周边环境的影响降至最低。施工现场应避让、保护场区及周边的古树名木。利用和保护施工用地范围内原有绿色植被。对于施工周期较长的现场，可按建筑永久绿化的要求，安排场地新建绿化
		（4）施工总平面布置和临时设施	①施工总平面布置应做到科学、合理，充分利用原有建筑物、构筑物、道路、管线为施工服务。施工现场搅拌站、仓库、加工厂、作业棚、材料堆场等布置应尽量靠近已有交通线路或即将修建的正式或临时交通线路，缩短运输距离。施工现场的强噪声机械设备宜远离噪声敏感区。塔式起重机等垂直运输设施基座宜采用可重复利用的装配式基座或利用在建工程的结构。 ②临时办公和生活用房应采用经济、美观、占地面积小、对周边地貌环境影响较小，且适合于施工平面布置动态调整的多层轻钢活动板房、钢骨架水泥活动板房等标准化装配式结构。生活区与生产区应分开布置，并设置标准的分隔设施。 ③施工现场大门、围挡和围墙宜采用可重复利用的材料和部件，并应工具化、标准化，减少建筑垃圾，保护土地。施工现场入口应设置绿色施工制度图牌。施工现场围墙、大门和施工道路周边宜设绿化隔离带。施工现场道路按照永久道路和临时道路相结合的原则布置。施工现场内形成环形通路，减少道路占用土地。施工现场主要道路的硬化处理宜采用可周转使用的材料和构件。 ④临时设施布置应注意远近结合（本期与下期工程），努力减少和避免大量临时建筑拆迁和场地搬迁

续表

<table>
<tr><th>序号</th><th>项目</th><th>内容</th><th>说明</th></tr>
<tr><td rowspan="2">5</td><td rowspan="2">环境保护</td><td>（1）扬尘控制</td><td>①施工现场宜搭设封闭式垃圾站。运送土方、垃圾、设备及建筑材料等，不污损场外道路。运输容易散落、飞扬、流漏的物料车辆，必须采取措施封闭严密，保证车辆清洁。施工现场出口应设置洗车槽。
②施工现场非作业区达到目测无扬尘的要求。对现场易飞扬物质采取有效措施，如洒水、地面硬化、围挡、密网覆盖、封闭等，防止扬尘产生。土方作业阶段，采取洒水、覆盖等措施，达到作业区目测扬尘高度小于 1.5m，不扩散到场区外。在场界四周隔挡高度位置测得的大气总悬浮颗粒物（TSP）月平均浓度与城市背景值的差值不大于 0.08mg/m^3。
③结构施工、安装装饰装修阶段，作业区目测扬尘高度小于 0.5m。对易产生扬尘的堆放材料应采取覆盖措施；对粉末状材料应封闭存放；场区内可能引起扬尘的材料及建筑垃圾搬运应有降尘措施，如覆盖、洒水等；浇筑混凝土前清理灰尘和垃圾时尽量使用吸尘器，避免使用吹风器等易产生扬尘的设备；机械剔凿作业时可采用局部遮挡、掩盖、水淋等防护措施；高层或多层建筑清理垃圾应搭设封闭性临时专用道或采用容器吊运。
④构筑物拆除前，做好扬尘控制计划。构筑物机械拆除可采取清理积尘、拆除体洒水、设置隔挡等措施；构筑物爆破拆除可采用清理积尘、淋湿地面、预湿墙体、屋面敷水袋、楼面蓄水、建筑外设高压喷雾状水系统、搭设防尘排栅和直升机投水弹等综合降尘。选择风力小的天气进行爆破作业。
⑤施工现场使用的热水锅炉等宜使用清洁燃料。不得在施工现场融化沥青或焚烧油毡、油漆及产生有毒、有害烟尘和恶臭气体的其他物质</td></tr>
<tr><td>（2）噪声与振动控制</td><td>①现场噪声排放不得超过国家标准《建筑施工场界环境噪声排放标准》GB 12523—2011 的规定，昼间场界环境噪声不得超过 70dB（A），夜间场界环境噪声不得超过 55dB（A）。同时，夜间噪声最大声级超过限值的幅度不得高于 15dB（A）。</td></tr>
</table>

续表

序号	项目	内容	说明
			②在施工场界需对噪声进行实时监测。监测方法应执行国家标准《建筑施工场界环境噪声排放标准》GB 12523—2011。噪声测量应根据施工场地周围噪声敏感建筑物位置和声源位置的布局，测点应设在对噪声敏感建筑物影响较大、距离较近的位置。测点通常应设在建筑施工场界外 1m，高度 1.2m 以上的位置。测量应在无雨雪、无雷电天气，风速为 5m/s 以下时进行。施工期间，测量连续 20min 的等效声级，夜间同时测量最大声级。 ③施工现场应使用低噪声、低振动的机具，采取隔声与隔振措施，避免或减少施工噪声和振动。施工车辆进出现场，不宜鸣笛
		（3）光污染控制	①尽量避免或减少施工过程中的光污染，应根据现场和周边环境采取限时施工、遮光和全封闭等措施。夜间室外照明灯加设灯罩，透光方向集中在施工范围。 ②在光线作用敏感区域施工时，电焊作业和大型照明灯具应采取防光外泄措施
		（4）水污染控制	①施工现场应针对不同的污水设置相应处理设施，如食堂、盥洗室、淋浴间的下水管线应设置过滤网，食堂应另设隔油池；施工现场宜采用移动式厕所，并应定期清理，固定厕所应设化粪池；隔油池和化粪池应做防渗处理，并应进行定期清运和消毒。施工机械设备使用和检修时，应控制油料污染；清洗机具的废水和废油不得直接排放。 ②污水排放应委托有资质的单位进行废水水质检测，提供相应的污水检测报告。使用非传统水源和现场循环水时，宜根据实际情况对水质进行检测。 ③保护地下水环境。采用隔水性能好的边坡支护技术。在缺水地区或地下水位持续下降的地区，基坑降水尽可能少地抽取地下水；当基坑开挖抽水量大于 50 万 m^3 时，应进行地下水回灌，并避免地下水被污染。

续表

序号	项目	内容	说明
			④施工现场存放的油料和化学溶剂等物品应设专门库房，地面应做防渗漏处理。易挥发、易污染的液态材料，应使用密闭容器存放。废弃、渗漏的油料和化学溶剂应集中处理，不得随意倾倒
		（5）土壤保护	①保护地表环境，防止土壤侵蚀、流失。因施工造成的裸土，及时覆盖砂石或种植速生草种，以减少土壤侵蚀；因施工造成容易发生地表径流土壤流失的情况，应采取设置地表排水系统、稳定斜坡、植被覆盖等措施，减少土壤流失。 ②对于电池、墨盒、油漆、涂料等有毒有害废弃物，应回收后交有资质的单位处理，不能作为建筑垃圾外运，避免污染土壤和地下水。 ③施工后应恢复施工活动破坏的植被（一般指临时占地内）。与当地园林、环保部门或当地植物研究机构进行合作，在先前开发地区种植当地或其他合适的植物，以恢复剩余空地地貌或科学绿化，补救施工活动中人为破坏植被和地貌造成的土壤侵蚀
		（6）垃圾回收利用和处置	①应通过施工图纸深化、施工方案优化、永临结合、临时设施和周转材料重复利用、施工过程管控等措施，减少建筑垃圾的产生。 ②加强建筑垃圾的回收再利用，力争使建筑垃圾的再利用和回收率达到30%，建筑物拆除产生的废弃物再利用和回收率大于 40%。对于碎石类、土石方类建筑垃圾，可采用地基填埋、铺路等方式提高再利用率，力争再利用率大于50%。 ③施工现场建筑垃圾的就地处置，应遵循因地制宜、分类利用原则，提高建筑垃圾处置利用水平。建筑垃圾的回收利用应符合现行国家标准《工程施工废弃物再生利用技术规范》GB/T 50743—2012规定。工程渣土、工程泥浆采取土质改良措施，符合回填土质要求的，可用于土方回填；工程垃圾中的金属类垃圾，宜通过简单加工，作为施工材料或工具，直接回用于工程；工程垃圾和拆除垃圾中的无机非金属建筑垃圾，宜根据场地条件，设置场内处置设备，进行资源化再利用；施工现场难以就地利用的建筑垃圾，应制定合理的消防、防腐及环保措施，并按相关要求及时转运到建筑垃圾处置场所进行资源化处置和再利用。

续表

序号	项目	内容	说明
			④施工现场生活区设置封闭式垃圾容器，施工场地生活垃圾实行袋装化，及时清运。对建筑垃圾进行分类，并收集到现场封闭式垃圾站，集中运出。现场清理时，不得将施工垃圾从窗口、洞口、阳台等处抛撒。 ⑤严禁将生活垃圾和危险废物混入建筑垃圾排放。生活垃圾和危险废物应按有关规定进行处置。有毒有害废弃物的分类率应达到 100%；对有可能造成二次污染的废弃物应单独储存，并设置醒目标识
		（7）地下设施、文物和资源保护	①施工前应调查清楚地下各种设施，做好保护计划，保证施工场地周边的各类管道、管线、建筑物、构筑物的安全运行。 ②施工过程中一旦发现文物，立即停止施工，保护现场并通报文物管理部门，同时协助做好相关工作。要避让、保护施工场区及周边的古树名木。 ③逐步开展施工项目 CO_2 排放量及各种不同植被和树种的 CO_2 固定量的统计分析工作
6	发展绿色施工“四新”技术	（1）国家鼓励各地区开展绿色施工的政策与技术研究，发展绿色施工的新技术、新设备、新材料与新工艺，推行应用示范工程。 （2）施工方案应建立推广、限制、淘汰公布制度和管理办法。发展适合绿色施工的资源利用与环境保护技术，对落后的施工方案进行限制或淘汰，鼓励绿色施工技术的发展，推动绿色施工技术的创新。 （3）大力发展现场监测技术、低噪声的施工技术、现场环境参数检测技术、自密实混凝土施工技术、清水混凝土施工技术、建筑固体废弃物再生产品在墙体材料中的应用技术、新型模板及脚手架技术的研究与应用。 （4）加强信息技术应用，如绿色施工的虚拟现实技术、三维建筑模型的工程量自动统计、绿色施工组织设计数据库建立与应用系统、数字化工地、基于电子商务的建筑工程材料、设备与物流管理系统等。通过应用信息技术，进行精密规划、设计、精心建造和优化集成，实现与提高绿色施工的各项指标	

8.2 施工现场环境管理

考点1 施工现场文明施工要求

文明施工基本要求

序号	项目	内容
1	文明施工管理理念	(1)企业社会责任理念。 (2)精益管理理念。 (3)"8S"管理理念：整理(Seri)、整顿(Seiton)、清扫(Seiso)、清洁(Seiketsu)、人的素养(Shitsuke)、安全(Safety)、节约(Save)和学习(Study)
2	文明施工管理目标	建筑企业及施工项目部应努力做到文明施工管理的"六化"：现场管理制度化、安全设施标准化、现场布置条理化、机料摆放定置化、作业行为规范化、环境协调和谐化
3	文明施工管理工作要求	(1)建立健全文明施工管理体系，落实管理责任。 (2)抓好员工教育培训，树立文明施工理念。 (3)制定安全文明施工管理规划，优化对策方法。 (4)落实安全文明施工费，依规做好专款专用

文明施工对策和方法

(1)应合理规划作业区、办公区、生活区、休息区、材料区、设备区、加工区、通道等，降低交叉施工的干扰因素，促进文明施工。

(2)根据施工总平面布局，对设备类型、安全设施、安全警示标志等样式和标准进行规范化，以达到统一、整洁、醒目、美观的整体效果。

(3)根据空间和场地内施工布局特点，可采用区域网格化、功能模块化管理方式，对工区进行区域划分，按照"谁区域、谁负责、谁管理"的原则，落实区域安全文明施工职责。

(4)对于工程总承包项目，在施工图设计阶段完成工程地下设施规划和"五通一平"设计，做到"先地下，后地上"，避免现场道路二次重复开挖，满足现场文明施工的要求和条件。

(5)在满足设计要求前提下，应充分考虑施工临时设施与永久性设施的结合利用，实现永临结合。如对主干道进行硬化处理，对某些设施考虑生产运营需求，进行定制化管理。

(6)综合采用各类信息技术，围绕人员、机械设备、材料、方法、环境等施工现场关键要素，借助信息实时采集、互通共享、工作协同、智能决策分析、风险预控等功能手段开展数字化文明施工管理。

(7)学习先进项目管理经验，如"施工组织专业化、资源组织集约化、管理手段智慧化、安全管理人本化、日常管理精细化、现场管理标准化"，以及"凡事有人负责，凡事有章可循，凡事有据可查，凡事有人监督"等经验，开展文明施工对策和方法创新。

施工现场文明施工具体要求

序号	项目名称	具体要求
1	安全警示标志牌	在易发生伤亡事故（或危险）处设置明显的、符合国家标准要求的安全警示标志牌
2	现场围挡	（1）采用封闭围挡，高度不小于 1.8m。 （2）围挡材料可采用彩色、定型钢板，砖、混凝土砌块等墙体
3	“五牌一图”	在进门处悬挂工程概况、管理人员名单及监督电话、安全生产、文明施工、消防保卫五牌；施工现场总平面图
4	企业标志	现场出入的大门应设有企业标识
5	场容场貌	（1）道路畅通。 （2）排水沟、排水设施通畅。 （3）工地地面硬化处理。 （4）绿化
6	材料堆放	（1）材料、构件、料具等堆放时，悬挂有名称、品种、规格等标牌。 （2）水泥和其他易飞扬细颗粒建筑材料应密闭存放或采取覆盖等措施。 （3）易燃、易爆和有毒有害物品分类存放
7	现场防火	消防器材配置合理，符合消防要求
8	垃圾清运	施工现场应设置密闭式垃圾站，施工垃圾、生活垃圾应分类存放。施工垃圾必须采用相应容器或管道运输

考点 2　施工现场环境保护措施

施工现场环境保护措施规定

序号	项目	内容	说明
1	控制项	绿色施工过程中必须达到的基本要求条款	①应建立环境保护管理制度。 ②绿色施工策划文件中应包含环境保护内容。 ③施工现场应在醒目位置设环境保护标识。 ④应对施工现场的古迹、文物、墓穴、树木、森林及生态环境等采取有效保护措施，制定地下文物应急预案。 ⑤施工现场不应焚烧废弃物。 ⑥土方回填不得采用有毒有害废弃物
2	一般项（难度和要求适中的条款）	（1）扬尘控制	①现场应建立洒水清扫制度，配备洒水设备，并有专人负责。 ②对裸露地面、集中堆放的土方应采取抑尘措施。 ③现场进出口应设车胎冲洗设施和吸湿垫，保持进出现场车辆清洁。

续表

序号	项目	内容	说明
			④易飞扬和细颗粒建筑材料应封闭存放，余料回收。 ⑤拆除、爆破、开挖、回填及易产生扬尘的施工作业应有抑尘措施。 ⑥高空垃圾清运应采用封闭式管道或垂直运输机械。 ⑦现场使用散装水泥、预拌砂浆应有密闭防尘措施。 ⑧遇有六级及以上大风天气时，应停止土方开挖、回填、转运及其他可能产生扬尘污染的施工活动。 ⑨现场运送土石方、弃渣及易引起扬尘的材料时，车辆应采取遮盖措施。 ⑩弃土场应封闭，并进行临时性绿化
		（2）废气排放控制	①车辆及机械设备废气排放应符合国家现行相关标准的规定。 ②现场厨房烟气应净化后排放。 ③在敏感区域内的施工现场，进行喷漆作业时，应设有防挥发物扩散措施
		（3）建筑垃圾处置	①应制定建筑垃圾减量化、资源化计划。 ②建筑垃圾产生量不应大于300t/万 m^2。 ③建筑垃圾回收利用率应达到30%。 ④现场垃圾应分类、封闭、集中堆放。 ⑤生活、办公区应设置可回收与不可回收垃圾桶，并定期清运。 ⑥生活区垃圾堆放区域应定期消毒。 ⑦应办理施工渣土、建筑废弃物等排放手续，按指定地点排放。 ⑧碎石和土石方类等应用作地基和路基回填材料。 ⑨废电池、废硒鼓、废墨盒、剩油漆、剩涂料等有毒有害的废弃物应封闭分类存放，设置醒目标识并回收
		（4）污水排放	①现场道路和材料堆放场地周边应设置排水沟。 ②工程污水和试验室养护用水应处理合格后，排入市政污水管道，检测频率不应少于1次/月。

续表

序号	项目	内容	说明
			③现场厕所应设置化粪池，化粪池定期清理。 ④工地厨房应设置隔油池，定期清理。 ⑤工地生活污水、预制场和搅拌站等施工污水应达标排放和利用。 ⑥钻孔桩作业应采用泥浆循环利用系统，不应外溢漫流
		（5）光污染控制	①应采取限时施工、遮光和全封闭等措施，避免或减少施工过程的光污染。 ②焊接作业时，应采取挡光措施。 ③施工场区照明应采取防止光线外泄措施
		（6）噪声控制	①针对现场噪声源，应采取隔声、吸声、消声等措施，降低现场噪声。 ②应采用低噪声设备施工。 ③噪声较大的机械设备应远离现场办公区、生活区和周边敏感区。 ④混凝土输送泵、电锯等机械设备应设置吸声降噪屏或其他降噪措施。 ⑤施工作业面应设置降噪设施。 ⑥材料装卸应轻拿轻放，控制材料撞击噪声。 ⑦封闭及半封闭环境内噪声不应大于 85dB
3	优选项	指绿色施工过程中实施难度较大、要求较高的条款	①施工现场宜设置可移动环保厕所，并定期清运、消毒。 ②现场宜采用自动喷雾（淋）降尘系统。 ③场界宜设置扬尘自动监测仪，动态连续定量监测扬尘（TSP、PM10）。 ④场界宜设置动态连续噪声监测设施，显示昼夜噪声曲线。 ⑤建筑垃圾产生量不宜大于 210t/万 m^2。 ⑥宜采用地磅或自动监测平台，动态计量固体废弃物重量。 ⑦现场宜采用雨水就地渗透措施。 ⑧宜采用生态环保泥浆、泥浆净化器反循环快速清孔等环境保护技术。 ⑨宜采用装配式方法施工

第 9 章　国际工程承包管理

9.1　国际工程承包市场开拓

考点 1　国际工程承包相关政策

对外承包工程的基本理念

序号	项目	内容
1	促进对外承包工程高质量发展基本原则	（1）坚持企业主体。 （2）坚持质量优先。 （3）坚持互利共赢。 （4）坚持规范有序
2	对外承包市场开拓和健康发展政策要求	（1）加快建筑业企业"走出去" ①加强中外标准衔接。 ②提高对外承包能力。 ③加大政策扶持力度。 （2）加快形成对外承包工程发展新优势 ①积极鼓励设计咨询"走出去"。 ②积极促进投建营综合发展。 ③积极依托国内优势产业支撑。 ④积极培育创新发展动能。 ⑤积极提升可持续发展能力。 ⑥积极提高国际合作水平。 （3）共建"一带一路"推动国际工程承包转型升级 ①中国将同"一带一路"沿线国家加强合作，积极推动互联互通，努力实现道路联通、贸易畅通、资金融通、政策沟通、民心相通的"五通"目标。 ②重点支持基础设施互联互通、能源资源开发利用、经贸产业合作区建设、产业核心技术研发支撑等战略性优先项目

对外承包工程及劳务合作管理相关法规

序号	项目	内容
1	对外承包工程管理条例	（1）对外承包工程的根本性要求：①应当维护国家利益和社会公共利益，保障外派人员的合法权益；②应当遵守工程项目所在国家或者地区的法律，信守合同，尊重当地的风俗习惯，注重生态环境保护，促进当地经济社会发展。 （2）对外承包工程单位应履行的基本义务：①应当与境外工程项目发包人订立书面合同，明确双方的权利和义务，并按照合同约定履行义务；②应当加强对工程质量和安全生产的管理，建立、健全并严格执行工程质量和安全生产管理的规章制度；③应当依法与其招用的外派人员订立劳动合同，按照合同约定向外派人员提供工作条件和支付报酬，履行用人单位义务。 （3）工程分包管理要求：①对外承包工程的单位将工程项目分包的，应当与分包单位订立专门的工程质量和安全生产管理协议，或者在分包合同中约定各自的工程质量和安全生产管理责任，并对分包单位的工程质量和安全生产工作统一协调、管理；②对外承包工程的单位不得将工程项目分包给不具备国家规定的相应资质的单位；工程项目的建筑施工部分不得分包给未依法取得安全生产许可证的境内建筑施工企业；③分包单位不得将工程项目转包或者再分包；对外承包工程的单位应当在分包合同中明确约定分包单位不得将工程项目转包或者再分包，并负责监督
2	对外劳务合作管理条例	（1）国家鼓励和支持依法开展对外劳务合作，提高对外劳务合作水平，维护劳务人员的合法权益。对外劳务合作企业应当与国外业主订立书面劳务合作合同；未与国外业主订立书面劳务合作合同的，不得组织劳务人员赴国外工作。 （2）劳务合作合同应当载明与劳务人员权益保障相关的下列事项：劳务人员的工作内容、工作地点、工作时间和休息休假；合同期限；劳务人员的劳动报酬及其支付方式；劳务人员社会保险费的缴纳；劳务人员的劳动条件、劳动保护、职业培训和职业危害防护；劳务人员的福利待遇和生活条件；劳务人员在国外居留、工作许可等手续的办理；劳务人员人身意外伤害保险的购买等

企业境外投资管理

序号	项目	内容
1	一般规定	（1）倡导投资主体创新境外投资方式、坚持诚信经营原则、避免不当竞争行为、保障员工合法权益、尊重当地公序良俗、履行必要社会责任、注重生态环境保护、树立中国投资者的良好形象。

续表

序号	项目	内容
		（2）投资主体依法享有境外投资自主权，自主决策、自担风险。投资主体开展境外投资，应当履行境外投资项目核准、备案等手续，报告有关信息，配合监督检查
2	核准管理	实行核准管理的范围是投资主体直接或通过其控制的境外企业开展的敏感类项目，核准机关是国家发展和改革委员会
3	备案管理	（1）实行备案管理的范围是投资主体直接开展的非敏感类项目，也即涉及投资主体直接投入资产、权益或提供融资、担保的非敏感类项目。 （2）实行备案管理的项目中，投资主体是中央管理企业的，备案机关是国家发展改革委；投资主体是地方企业，且中方投资额3亿美元及以上的，备案机关是国家发展和改革委员会；投资主体是地方企业，且中方投资额3亿美元以下的，备案机关是投资主体注册地的省级政府发展和改革部门

企业境外经营合规管理指引

序号	项目	内容
1	合规管理框架	企业应以倡导合规经营价值观为导向，明确合规管理工作内容，健全合规管理架构，制定合规管理制度，完善合规运行机制，加强合规风险识别、评估与处置，开展合规评审与改进，培育合规文化，形成重视合规经营的企业氛围
2	合规管理原则	（1）独立性原则。企业合规管理应从制度设计、机构设置、岗位安排以及汇报路径等方面保证独立性。 （2）适用性原则。企业合规管理应从经营范围、组织结构和业务规模等实际出发，兼顾成本与效率，强化合规管理制度的可操作性，提高合规管理的有效性。 （3）全面性原则。企业合规管理应覆盖所有境外业务领域、部门和员工，贯穿决策、执行、监督、反馈等各个环节，体现于决策机制、内部控制、业务流程等各个方面
3	合规要求	（1）境外投资中的合规要求：企业开展境外投资，应确保经营活动全流程、全方位合规，全面掌握关于市场准入、贸易管制、国家安全审查、行业监管、外汇管理、反垄断、反洗钱、反恐怖融资等方面的具体要求。 （2）对外承包工程中的合规要求：企业开展对外承包工程，应确保经营活动全流程、全方位合规，全面掌握关于投标管理、合同管理、项目履约、劳工权利保护、环境保护、连带风险管理、债务管理、捐赠与赞助、反腐败、反贿赂等方面的具体要求。

续表

序号	项目	内容
		（3）境外日常经营中的合规要求：企业开展境外日常经营，应确保经营活动全流程、全方位合规，全面掌握关于劳工权利保护、环境保护、数据和隐私保护、知识产权保护、反腐败、反贿赂、反垄断、反洗钱、反恐怖融资、贸易管制、财务税收等方面的具体要求
4	合规治理结构	企业可结合发展需要建立权责清晰的合规治理结构，在决策、管理、执行三个层级上划分相应的合规管理责任： （1）企业的决策层应以保证企业合规经营为目的，通过原则性顶层设计，解决合规管理工作中的权力配置问题。 （2）企业的高级管理层应分配充足的资源建立、制定、实施、评价、维护和改进合规管理体系。 （3）企业的各执行部门及境外分支机构应及时识别归口管理领域的合规要求，改进合规管理措施，执行合规管理制度和程序，收集合规风险信息，落实相关工作要求
5	合规管理制度	（1）合规行为准则：合规行为准则是最重要、最基本的合规制度，是其他合规制度的基础和依据，适用于所有境外经营相关部门和员工，以及代表企业从事境外经营活动的第三方。合规行为准则应规定境外经营活动中必须遵守的基本原则和标准，包括但不限于企业核心价值观、合规目标、合规的内涵、行为准则的适用范围和地位、企业及员工适用的合规行事标准、违规的应对方式和后果等。 （2）合规管理办法：企业应在合规行为准则的基础上，针对特定主题或特定风险领域制定具体的合规管理办法，包括但不限于礼品及招待、赞助及捐赠、利益冲突管理、举报管理和内部调查、人力资源管理、税务管理、商业伙伴合规管理等内容
6	合规审计	（1）企业合规管理职能应与内部审计职能分离。 （2）企业审计部门应对企业合规管理的执行情况、合规管理体系的适当性和有效性等进行独立审计。 （3）审计部门应将合规审计结果告知合规管理部门，合规管理部门也可根据合规风险的识别和评估情况向审计部门提出开展审计工作的建议

注：所谓合规，是指企业及其员工的经营管理行为符合有关法律法规、国际条约、监管规定、行业准则、商业惯例、道德规范和企业依法制定的章程及规章制度等要求。

中央企业合规管理指引

序号	项目	内容
1	含义	国务院国有资产监督管理委员会印发《中央企业合规管理指引（试行）》，要求中央企业应根据外部环境变化，结合自身实际，在全面推进合规管理的基础上，突出重点领域、重点环节和重点人员，切实防范合规风险
2	要求	（1）深入研究投资所在国法律法规及相关国际规则，全面掌握禁止性规定，明确海外投资经营行为的红线、底线。 （2）健全海外合规经营的制度、体系、流程，重视开展项目的合规论证和尽职调查，依法加强对境外机构的管控，规范经营管理行为。 （3）定期排查梳理海外投资经营业务的风险状况，重点关注重大决策、重大合同、大额资金管控和境外子企业公司治理等方面存在的合规风险，妥善处理、及时报告，防止扩大蔓延

考点 2　国际工程承包市场进入

企业设立条件及注册要求

序号	项目	内容
1	企业设立条件	（1）工程承包企业进入国际市场前，首先要确定是否需要在目标国设立分支机构或注册公司，这将直接影响到承包商是否有资格在目标国参与相关工程投标。 （2）多数国家和地区均要求外国承包商在承揽工程前必须到当地政府进行注册；少数开放程度较高的国家对此并未作出强制要求
2	注册流程	（1）确定外国企业设立的形式。 （2）明确注册企业的受理机构及申请受理流程。 （3）委派企业或委托代理人员进行当地公司注册申请。 （4）开设企业银行账户并注入注册资金。 （5）完成属地公司税务、国家保险和医疗保险等企业义务注册事宜

相关制度

序号	项目	内容
1	承包工程许可制度	各国政府主要通过许可制度对外国企业进入本国工程承包市场进行限制，不少国家通过设立相应的资质等级管理制度对外国承包商从事的业务领域和规模进行限制；还有些国家对外国承包商实施的项目进行监管，要求承包商接受政府对承包项目的审查
2	工程招标投标制度	大多数国家和地区均建立了招投标制度，并根据不同项目类型、资金来源等对招投标方式做了明确规定。按照资金来源不同，可将招标项目分为以下三类：政府出资项目招标、私人筹资项目招标、国际金融机构贷款和援助资金项目招标

续表

序号	项目	内容
3	外籍劳务要求	不少国家和地区为了保护本地劳动力就业，对外籍劳务输入有严格限制，一般需经过申请劳务输入配额、办理居留签证和工作许可等申请过程，并常对外籍劳务的技术水平、工作经验、受教育程度、从业工种和就业期限加以限制
4	限制领域	（1）国际上多数国家或从保护本国工程承包企业，或从涉及国家保密、安全等工程的需要考虑，对外国承包商设置了不同范围的限制领域。 （2）各国政府对限制领域的规定主要有两种情况： ①政府明令禁止从事相关领域的工程承包。 ②虽然对外国承包商没有规定禁止领域，但存在潜在限制
5	税收政策	（1）国际工程承包商需重视并根据项目特点做好税收筹划工作，应准确了解所在国的相关税制，包括征税对象、税率、纳税程序、纳税期限和税收优惠政策。 （2）各国对纳税义务的确定标准可分为如下三类：①属地主义原则，即仅对纳税人来源于本国境内的各种应税收入纳税；②属人主义原则，即对纳税人境内境外的各种应税收入均征税；③属地兼属人原则，即按属地主义与属人主义相结合原则确定税收管辖权。 （3）国际工程承包企业涉及工程的税种主要有流转税、收益税、财产税、杂项税。其中流转税主要包括营业税、增值税、消费税、进口关税、许可证税、印花税等；收益税主要包括公司所得税、个人所得税；财产税主要包括固定资产税、房产税、土地使用税等；杂项税是以各种名目征收的税费，或者以摊派名义征收的费用
6	技术标准	技术标准是工程承包企业开拓国际市场要考虑的重要问题，目前中国对外承包工程采用的技术标准情况大体分为以下三类：采用中国标准、有条件地采用中国标准、采用属地标准或国际标准

9.2 国际工程承包风险及应对策略

考点 1 国际工程承包风险

国际工程承包风险类别

序号	项目	内容
1	政治风险	包括所在国政局稳定性、政党轮替、政府干预和限制、国际关系、外交政策、地区保护主义与歧视性政策、制裁和禁运等
2	经济风险	包括所在国经济政策、产业结构、经济不稳定性、通货膨胀、汇率波动、利率变化等方面

续表

序号	项目	内容
3	市场风险	全球和项目所在国的市场环境对国际工程承包企业的经营活动有直接影响。中国国际工程承包企业应充分考虑市场疲软、成本攀升、低价竞标等对企业的不利影响
4	自然风险	自然风险源于工程所在地的地理条件、自然环境、气候条件等对项目产生的不确定性，包括当地复杂的、难以预料的水文、地质条件和不利气候对项目的影响，如地震、台风、暴雨、洪水、冰雪、高温、风沙等
5	社会风险	国际工程承包企业面临的社会风险涉及国家内乱、社会治安、族群对立、宗教纷争、劳动者素质、跨文化冲突、语言差异等
6	合同风险	合同文本不完整、前后不一致、条款不清晰、理解差异、显失公平，以及合同履行不当、业主违约、不利的合同变更、索赔困难等
7	资金风险	资金风险主要是指承包商在国际工程中遭遇资金紧缺、支付困难、使用资金不平衡、资金链断裂所引发的风险
8	技术风险	包括技术标准规范、技术选择、施工方案、技术人员水平、新技术应用等多个方面
9	法律风险	法律风险涵盖进入一个国家的市场准入、商业存在、行政许可、工程法律、环保法律、税收法律、劳工法律、进出口管制、外汇管制等
10	合规风险	合规风险是指企业因没有遵循法律法规和准则而可能遭受法律制裁、监管处罚、重大财产损失、声誉损失以及其他负面影响的风险

考点 2　国际工程承包风险应对策略

国际工程承包风险应对策略

（1）加强市场调研，建立安全风险评估机制。

（2）综合运用多种策略，化解融资汇率风险。

（3）精准有序开拓市场，避免低价恶性竞争。

（4）建立风险处置机制，做好突发事件防范。

（5）强化安全意识，保障外派人员人身安全。

（6）开展属地化经营，与当地建立互信关系。

（7）遵守当地法律制度，严格合规经营管理。

（8）践行 ESG（指环境、社会和治理）发展理念，落实 ESG 风险管控。

（9）发挥保险保障功能，规范投保转移风险。

9.3 国际工程投标与合同管理

考点 1 国际工程投标策略

确定恰当的报价水平和策略

序号	项目	内容
1	确定恰当的报价水平	投标报价对能否中标和预期收益有重要影响，对不同项目投标报价水平的选择参考下表
2	不平衡报价策略	（1）不平衡报价策略是指在投标报价时，通过调整报价单中不同科目内容的报价水平，以期在不提高总价、不影响中标的前提下，争取在实际结算时得到更多收益的报价策略。 （2）常见策略如下： ①在采用工程量清单模式，将根据实际完成的工程量进行结算的情况下，考虑工程量变化对结算金额的影响，预计实际工程量会比报价清单中工程量增加的项目，单价可适当高报；反之，预计实际工程量会比清单中减少的，单价可适当低报，以在结算时获得更大收益。 ②考虑货币的时间价值和支付风险，项目前期款项支付时间早的工程内容（如土方开挖、基础工程）可以偏高报价；项目后期实施的工程内容（如装饰装修、试运行）可以偏低报价。对于按比例直接摊入各项单价的管理费等费用也可采用不同比例摊入，多摊一些到早期施工项目的单价中。 ③对于不计入标价的或仅有内容项而没有工程数量的，可以适当偏高报价，如计日工、推荐的备品备件等的报价。 ④对于要在开工后才由业主研究决定是否实施的暂定项，对大概率要实施的暂定项单价可考虑适当高报，对大概率不实施的暂定项单价可适当低报。 （3）采用不平衡报价策略要建立在对工程量准确预见的基础上，不平衡报价应控制在合理幅度内，以免引起业主反对甚至废标。对于低报单价的内容项，还要考虑业主可能采取反制措施有意增加该项工程量所带来的风险
3	其他	（1）投标人还可以在投标文件截止时间前的时刻，通过递交降价信，对投标文件中的报价降低一定比例，使报价更具竞争力。采用该方法时，应事先考虑好降价的幅度，根据对竞争者参与投标情况等的最终分析和判断，做出降低标价的决策。 （2）在投标及项目实施过程中，还要有投标报价不一定等于合同价格、合同价格不一定等于实际结算价格的思想，对静态报价要有前瞻视野，实施动态管理

不同项目投标报价水平的选择

序号	项目	内容
1	可考虑偏低报价	（1）施工条件好、工作简单、工程量大、业内企业基本都能做的。 （2）投标对手多，竞争激烈的。 （3）本公司目前急于打入某一市场、某一地区。 （4）分期分批建设的工程，通过本工程实施有利于获得后续工程。 （5）支付条件好的工程。 （6）虽已在某地区经营多年，但即将面临没有工程的情况，设备、劳务等无工地转移时
2	可考虑偏高报价	（1）施工条件差、环境恶劣的工程。 （2）专业要求高的技术密集型工程，本公司有专长，商誉高。 （3）投标竞争对手少的工程。 （4）地质条件复杂，把握不准，可能遇到特殊情况的工程，如水下地下开挖工程。 （5）支付条件不理想、要求垫付资金、无预付款的工程。 （6）业主对工期要求过紧、需要大量赶工的。 （7）总价低的小工程，投标人兴趣不大但被邀请投标的

考点 2　FIDIC 施工合同和设计-采购-施工（EPC）合同管理

FIDIC 施工合同文件组成

序号	项目	内容
1	合同文件组成	（1）施工合同由如下文件组成，如有矛盾、歧义或不一致，优先解释顺序如下：①合同协议书；②中标函；③投标函；④专用条件A部分——合同数据；⑤专用条件B部分——特别规定；⑥通用条件；⑦规范要求；⑧图纸；⑨资料表；⑩联营体承诺书（如果承包商是联营体）；⑪构成合同组成部分的任何其他文件。 （2）合同任何一方如发现文件有歧义或不一致，应立即通知工程师，由工程师作出必要的澄清或指示。 （3）根据合同，除非另有协议，双方应在承包商收到中标函后 35 天内签订合同协议书；承包商还应在收到中标函后 28 天内向业主提交履约担保
2	专用词语的定义和规定	（1）中标合同金额（Accepted Contract Amount），指中标函中按照合同规定所认可的工程施工所需的费用。 （2）合同价格（Contract Price），指根据“工程估价”条款所确定的工程价值，并计入了根据合同进行的调整、增补（包括承包商有权获得的费用或费用加利润）及扣减的金额。承包商还需支付合同规定其应支付的各项税金、关税和规费，除合同规定的因法律改变的调整外，合同价格将不应因这些费用进行调整。

续表

序号	项目	内容
		（3）费用（成本）（Cost），是指承包商履行合同时在现场内外发生的（或将要发生的）所有合理开支，包括税费、管理费和类似支出，但不包括利润（Profit）。对承包商根据合同有权获得的费用，应加到合同价格中。 （4）费用加利润（Cost Plus Profit），是指合同数据中规定的费用加上适当比例的利润（如未规定，则按 5%）。只有当承包人根据合同有权获得费用加利润的支付时，利润才按上述比例计取，并将该费用加利润计入合同价格。 （5）基准日期（Base Date），是指提交投标书截止日期前 28 天的日期。 （6）开工日期（Commencement Date），是指工程师依据合同中“工程开工”条款的规定所发出的“工程师通知”中所规定的日期。 （7）竣工时间（Time for Completion），是指从开工日期算起至工程或某分项工程根据合同中“竣工时间”条款规定的要求竣工时的时间，并可加上根据合同中“竣工时间延长”条款规定的予以延长的时间

FIDIC 施工合同各方责任和义务

序号	项目	内容
1	业主责任和义务	（1）委托任命工程师代表业主进行合同管理。 （2）承担大部分或全部设计工作并及时向承包商提供设计图纸。 （3）给予承包商现场占有权。 （4）向承包商及时提供信息、指示、同意、批准及发出通知。 （5）避免可能干扰或阻碍工程进度的行为。 （6）提供业主方应提供的保障和物资。 （7）在必要时指定专业分包商和供应商。 （8）做好项目资金安排。 （9）在承包商完成相应工作时按时支付工程款。 （10）协助承包商申办工程所在国法律要求的相关许可等
2	承包商的责任和义务	（1）按照合同规定及工程师的指示对工程进行设计、施工和竣工并修补缺陷。 （2）为工程的设计、施工、竣工及修补缺陷提供所需的设备、文件、人员、物资和服务。 （3）对所有现场作业和施工方法的完备性、稳定性和安全性负责，并保护环境。 （4）提供工程执行和竣工所需的各类计划、实施情况、意见和通知。

续表

序号	项目	内容
		（5）提交竣工文件以及运行和维护手册。 （6）提供履约担保。 （7）办理工程保险。 （8）履行承包商日常管理职能等
3	工程师责任和义务	（1）执行业主委托的施工项目质量、进度、费用、安全、环境等目标监控和日常管理工作，包括协调、联系、指示、批准和决定等。 （2）确定确认合同款支付、工程变更、试验、验收等专业事项等。 （3）工程师还可以向助手指派任务和委托部分权力，但工程师无权修改合同，无权解除任何一方依照合同具有的职责、义务或责任

施工进度管理

序号	项目	内容
1	工程开工及竣工	（1）工程师应在开工日期前至少 14 天向承包商发出开工日期的通知。 （2）除非专用条件另有规定，开工日期应在承包商收到中标函后 42 天内。 （3）承包商应在开工日期后尽早开始实施工程，并在工程或分项工程的竣工时间内，完成整个工程和每个分项工程，包括合同规定的按接收要求竣工所需的全部工作。 （4）在货物运输方面，承包商还应在不少于 21 天前将所提供的永久设备或其他主要货物运抵现场的日期通知工程师
2	进度计划	（1）承包商应在收到工程师发出的开工日期的通知后 28 天内向工程师提交一份初步进度计划，该进度计划应使用软件编制。 （2）当工程师向承包商发出通知，告知其进度计划不符合合同要求或不能反映实际进度时，承包商应在收到该通知后 14 天内向工程师提交一份符合实际进度的修订的进度计划
3	竣工时间延长	根据合同条件，由于规定原因致使达到按照工程和分项工程的接收要求的竣工受到延误的程度，承包商有权根据索赔的规定向工程师发出通知要求延长竣工时间
4	工程进度	（1）承包商应按照规定编制月度进度报告，在每次报告月最后一天后 7 日内提交给工程师。 （2）承包商应保证工程按照进度计划准时完工，如果工程实际进度相对于竣工时间所要求的进度过慢，或实际进度已经或将要落后于进度计划，除允许竣工时间延长的原因外，工程师可指示承包商提交一份修订的进度计划，如果为加快进度所采取的措施给业主造成了额外费用，业主有权向承包商索赔

续表

序号	项目	内容
5	暂停工程和复工	（1）由业主暂停工程。在工程实施过程中，工程师可以随时指示承包商暂停工程的某一部分或全部，并说明暂停的日期和原因。承包商应在暂停期间保护、保管并保证工程不致产生变质、损失或损害。对于暂停产生的后果责任，应由责任方承担。 （2）拖长的暂停。在工程实施过程中，应避免出现过长的暂停。如果暂时停工已持续超过 84 天，承包商可以向工程师发出通知，要求允许继续施工。如在工程师收到通知后 28 天内未能同意复工，承包商则可以：①同意继续暂停，双方应就竣工时间的延长、给承包商造成的费用和利润损失、受影响的设备材料的支付问题达成一致；②如未能达成一致，承包商可向工程师再次发出通知，将工程受暂停影响的部分视为根据变更的规定可以甩项，如暂停影响到整个工程，承包商可根据由承包商终止的规定发出终止通知。 （3）复工。收到工程师发出对暂停工程开始复工的通知后，承包商应在切实可行的情况下尽快恢复工作。承包商和工程师还应共同对受暂停影响的工程、设备和材料进行检查，工程师应记录在暂停期间发生的工程、设备或材料的变质、损失或缺陷，并将记录提供给承包商。承包商应负责立即修复，使其在工程竣工时达到合同要求

工程量估价和支付

序号	项目	内容
1	工程计量	（1）施工合同条件采用工程量清单计价，当工程师要求在现场对工程量进行测量时，应提前 7 天通知承包商，承包商应按时派员协助工程师进行测量并提供工程师所要求的明细。如果承包商未能派人到场，则工程师的测量应视为准确并予认可。如果承包商就工程量测量结果与工程师未能达成一致，应通知工程师并说明测量结果不准确的原因，工程师应进行确认或商定。如承包商参加现场测量工作或检查测量记录后 14 天内未向工程师发出不同意通知，则视为已认可测量记录之准确。 （2）工程量测量方法应按照合同数据表中规定的方法；若无规定，则应根据工程量清单或其他适用的明细表中的规定。除非合同另有约定，对永久工程每项工程应按实际净数量计量，而不计入膨胀、收缩或废弃的数量
2	工程估价	（1）工程师应根据计量出的每项工作的工程量乘以相应费率或价格进行估价。 （2）如合同中无某项内容，应取类似工作的费率或价格。当同时满足以下情形一中的 2 个条件，或同时满足情形二中的 4 个条件时，可对该项工作规定的费率或价格进行确定调整。

续表

序号	项目	内容
		情形一：①工程量清单或其他资料表中未有该项工作、也未规定该项工作的费率或价格；②由于该项工作特性或实施条件的不同，合同中未有相应的可供参考费率或价格的工作。 情形二：①该工作测量工程量比工程量清单或其他资料中所列工程量的变动超过了 10%；②工程量的变动与合同规定费率的乘积超过了中标合同额的 0.01%；③工程量的变动直接导致该项工作每单位成本的变动超过 1%；④合同中没有规定此项工作为固定费率或固定费用
3	期中付款和最终付款	（1）期中付款。承包商应在每个付款期结束后，向工程师提交报表和证明文件，申请期中付款；工程师应在收到报表和证明文件后 28 天内，向业主签发期中付款证书，说明应付金额情况；业主应在工程师收到承包商报表和证明文件后的 56 天内向承包商付款。 （2）最终付款。在履约证书签发后 56 天内，承包商应向工程师先提交一份最终报表草案和证明文件，再与工程师商定核实后，提交最终报表和结清证明，申请最终付款；工程师应在收到最终报表和结清证明后 28 天内，向业主签发最终付款证书；业主应在收到工程师签发的最终付款证书 56 天内向承包商付款。 （3）如果承包商未能在规定时间收到应得到的期中付款或最终付款，承包商有权就未得到的付款按月计算复利，除非合同另有规定，应按 3%的年利率向业主收取延误期的融资费用
4	误期赔偿费	（1）如果承包商未能按合同中竣工时间的规定如期完工，根据业主索赔条款，承包商应当为其违约行为向业主支付误期赔偿费（Delay Damages）。误期赔偿费应按照合同中规定的每天应付金额，乘以工程竣工日期超过规定的竣工时间的天数计算，且计算的赔偿总额不得超过合同中规定的误期赔偿费的最高限额。 （2）除在工程竣工前根据由业主终止的规定终止的情况外，该误期赔偿费应是承包商为此类违约应付的唯一赔偿费，但支付该赔偿费并不能解除承包商完成工程的义务或合同规定的其他责任和义务

安全、环境、质量、检验和试验

序号	项目	内容
1	健康和安全	（1）承包商应遵守健康和安全的法律和规章；保护所有有权在施工现场人员的安全；清除工地不需要的障碍物，避免造成危险；提供围栏、照明、安全通道、保卫和看护工作。 （2）承包商还应在开工日期后 21 天内，现场开始施工之前，向工程师提交一份专门为工程和实施工程现场所编写的健康和安全手册

续表

序号	项目	内容
2	环境保护	（1）承包商应采取一切必要措施：保护现场内外的环境；遵守本工程的环境影响报告要求；限制因施工活动引起的污染、噪声及其他后果对公众和财产造成危害。 （2）承包商应确保因其活动产生的废气、地表排放物、污水及其他污染物等不超出规范要求和法律规定的数值
3	质量管理	（1）承包商应编制并实施专门针对本工程的质量管理体系，并在开工日期后 28 天内将其提交给工程师。承包商还应至少每 6 个月对质量管理体系进行一次内部审计，并在审计结束后 7 天内向工程师提交审计报告。 （2）承包商进行永久设备的制造、供货、安装、调试和维修，材料的生产、加工和检测，实施工程的所有作业和活动，均应：①符合合同中规定的方法；②遵循良好的行业惯例，采用恰当的工艺和细致的方法；③使用配备良好的设施和无危险性的材料
4	检验	（1）合同条件主张采取事前控制和事中控制，重视从原料到生产、施工全过程的质量检验，承包商应向业主方人员提供一切机会配合检查。 （2）包括工程师在内的业主方人员在正常工作时间和其他一切合理的时间内：①应能进入现场及获得天然材料的所有场所；②有权在生产、制造和施工期间对材料、永久设备和工艺进行检查、检验及测试，并对永久设备的制造进度和材料的生产加工进度进行检查
5	承包商试验	（1）对于除竣工试验外的对永久设备、材料和工程的试验，承包商应提供所有试验所需的仪器、文件资料、电力、装置、燃料、工具、材料与人员。承包商应将拟进行试验的时间和地点通知工程师，工程师有权根据变更和调整的规定改变试验的时间和地点。 （2）工程师应提前至少 72h 将其参加试验的意向通知承包商。如果工程师未在商定的时间和地点参加试验，除非工程师另有指令，承包商可自行进行试验，并视为是在工程师在场的情况下进行的。如果因遵守工程师的指令或因业主的延误而使承包商遭受了延误、增加了费用，则承包商应通知工程师并有权提出工期、费用和利润索赔。 （3）承包商应及时向工程师提交正式的试验报告。试验通过后，工程师应签认承包商试验证书。如工程师未能参加试验，应视为其已接受试验读数准确
6	缺陷和拒收	（1）如果根据检查、检验或测试，发现永久设备、材料、工艺有缺陷或不符合合同规定，工程师可向承包商发出通知，承包商需及时提交修补工作建议书；工程师应审核该建议书，并可向承包商发出意见通知；收到通知后，承包商应及时向工程师提交修订的修补工作建议书。

续表

序号	项目	内容
		（2）如果承包商未能及时提交建议书或未能实施修补工作，则工程师可要求承包商进行修理修补或移离现场更换或重做，或向承包商发出通知并说明理由拒收此永久设备、材料或工艺。修补工作完成后，工程师可要求对修补项重新进行试验。如果此类拒收和重新试验使业主产生了附加费用，则业主有权向承包商提出费用索赔
7	修补工作	（1）即使工程师先前已经进行了检查、检验或测试，在签发工程接收证书之前的任何时候，工程师仍可以指示承包商：①将不符合合同规定的永久设备或材料进行修理修补或从现场移走并更换；②对不符合合同规定的任何工作进行修理修补或移除并返工；③实施任何因事故、不可预见事件等导致的为保护工程安全而急需的修补工作。 （2）承包商应立即或在规定的期限内执行该指示，如承包商未能遵守该指示，则业主有权雇用他人来实施工作并给予支付。除非承包商有权得到此类工作的支付，否则应按照业主索赔的规定，向业主支付因其未完成工作而导致的费用。如果上述③是业主或业主方人员的行为或例外事件所导致，则承包商有权提出索赔

变更管理

序号	项目	内容
1	变更程序	工程师可在签发工程接收证书前的任何时候，根据变更程序的规定提出变更： （1）指示变更。工程师可根据合同中工程师指示的规定，向承包商发出指示变更通知。 （2）提出建议书变更。工程师可在发出变更指示前要求承包商提出建议书，承包商应尽快做出书面回应。如果承包商提交了建议书且工程师同意，工程师可据此指示变更
2	价值工程	（1）合同规定，承包商可随时向工程师提交书面的价值工程建议，使提出的建议有助于：加快竣工；降低业主工程施工、维护或运行的费用；提高业主竣工工程的效率或价值；给业主带来其他利益等。 （2）通过采纳合理化建议给业主带来的净收益，业主应与承包商分享
3	暂列金额	（1）暂列金额（Provisional Sums）是在合同中专门规定的一笔款项，每笔暂列金额只应按工程师指示全部或部分地使用，并对合同价格做相应调整。 （2）暂列金额可用于承包商实施工程师指示的变更、从指定分包或其他商家采购的费用。 （3）在暂列金额付款申请报表中应附所有发票、账单、收据等凭证

续表

序号	项目	内容
4	计日工	对于一些小的、附带性的工作，工程师可指示按计日工作（Daywork，又称“点工”）实施变更，该工作应按照计日工作计划表进行估价
5	因法律改变的调整	（1）在基准日期后，工程所在国的法律发生改变，对承包商履行合同义务产生影响时，合同价格应考虑对因法律改变造成的费用增减进行调整。 （2）如果法律改变使承包商遭致了工期延误和费用增加，承包商有权提出工期和费用索赔
6	因成本改变的调整	（1）对合同中规定了适用成本指数表的情况，应就工程所用的劳动力、货物和其他投入的成本涨落，按成本指数资料表计算的增减额进行调整后向承包商支付。在获得每种现行成本指数前，工程师应使用一个临时指数用于签发期中付款证书，待得到现行成本指数后再重新计算调整。 （2）如果承包商未能在竣工时间内完成工程，则其后的工作应采用下列两者中对业主更有利的方式对价格进行调整：①工程竣工时间到期前第 49 天的指数或价格；②现行指数和价格

不可预见和例外事件

序号	项目	内容
1	不可预见	（1）所谓“不可预见（Unforeseeable）”，是指一个有经验的承包商在基准日期前不能合理预见。 （2）不可预见的“物质条件”是指承包商在现场施工期间遇到的自然物质条件、自然或人为的物质障碍、污染物，包括地下和水文条件，但不包括气候条件及其影响。如果承包商发现此类物质条件，承包商应尽快通知工程师并说明其认为是不可预见的理由。承包商仍应采用适用于此物质条件下的合理措施继续施工，并应遵守工程师给予的任何指示。如果承包商因此遭致了工期延误或费用增加，则有权提出工期和费用（但不包括利润）索赔
2	例外事件	（1）“例外事件（Exceptional Events）”是指同时满足以下条件的某种事件或情况：①一方无法控制的；②该方在签订合同前，不能对之进行合理预防的；③发生后，该方不能合理避免或克服的；④不能主要归因于另一方的。如战争，政变，恐怖活动，罢工，地震、海啸、飓风、台风等自然灾害。 （2）如果受影响的一方因例外事件的阻碍无法履行合同义务，则应向另一方发出该例外事件的通知并说明情况，该通知应在受影响方意识或应当意识到例外事件后的 14 天内发出。而后，受影响方应自该例外事件阻碍履行义务之日起，免除其履行受到阻碍的义务。如果另一方在 14 天的期限后收到该通知，受影响方应仅从另一方收到通知之日起，免除其履行受到阻碍的义务。

续表

序号	项目	内容
		（3）如果承包商是受影响方，当其因按照规定发出通知的例外事件而遭致工期延误和费用增加时，承包商有权向业主提出工期和费用索赔

工程接收

序号	项目	内容
1	工程和分项工程接收	（1）承包商可在其认为工程即将竣工并做好接收准备的日期前不少于14天，向工程师发出申请签发接收证书的通知。如工程分成若干分项工程，承包商也可为每个分项工程申请签发接收证书。 （2）工程师应在收到承包商的申请通知后28天内：①向承包商签发接收证书，注明工程或分项工程按照合同要求竣工的日期（对工程或分项工程预期使用无实质性影响的少量扫尾工作和缺陷修补）除外；或②发出通知拒绝承包商的申请并说明理由，提出要获得接收证书签发，承包商还需完成的工作、需修补的缺陷、需提交的文件。承包商完成这些工作后方可再次发出申请通知。 （3）当工程达到下列条件时，业主应接收工程：①工程已根据合同完成，并通过了竣工试验；②工程师对承包商按合同要求提交的竣工记录没有给出反对通知；③工程师对承包商根据合同提交的运行与维护手册没有给出反对通知；④承包商已完成了合同规定的对业主方人员的培训；⑤根据合同已签发或视为已签发了接收证书。 （4）如果工程师在收到承包商申请通知后的28天内既未签发接收证书，也未拒绝承包商的申请，且工程已满足（3）中前4个条件，则应视为该工程已在工程师收到承包商的申请通知后的第14天竣工，且视为接收证书已经签发
2	部分工程接收	（1）工程师可根据业主的酌情决定，为永久工程的任何部分签发接收证书。 （2）根据合同，除非且直至工程师已签发了该部分工程的接收证书，业主不得使用该部分工程。但是，如果在接收证书签发前业主确实使用了工程的任何部分，则承包商应通知业主，确认该部分工程及其使用情况，以及：①该使用的部分应视为自开始使用之日起已被业主接收；②从该部分开始使用之日起，承包商不再承担照管责任，转由业主承担；③工程师应立即为该部分签发接收证书。对尚未完成的扫尾工程（含竣工试验）、缺陷修补应在证书中列明。 （3）如果因业主接收或使用该部分工程而导致承包商产生了费用，承包商应通知工程师并有权提出费用和利润索赔

续表

序号	项目	内容
3	工程照管责任	（1）承包商应从开工日期起，承担对工程、货物、承包商文件的照管责任，直到签发工程接收证书之日止。 （2）如果对分项工程或部分工程已签发了接收证书，则应遂将对该分项工程或部分工程的照管责任移交业主。 （3）照管责任移交后，承包商仍应对尚未完成的扫尾工作承担照管责任，直至完成。 （4）如合同发生终止，则承包商应从终止之日起不再负责工程的照管

缺陷责任管理

序号	项目	内容
1	完成扫尾工作和修补缺陷	（1）承包商应：①在接收证书规定的时间内，完成在竣工日期时尚未完成的扫尾工作；②在工程缺陷通知期满日期前，按照业主通知要求，完成修补缺陷所需的全部工作。 （2）如果因为某项缺陷达到使工程或主要永久设备不能按原定目的使用的程度，业主有权对其缺陷通知期限提出一个延长期，但缺陷通知期满后的延长不得超过 2 年。 （3）如果工程师要求承包商调查任何缺陷的原因，承包商应在工程师的指导下进行调查。除根据合同应由承包商承担修补费用的情况外，承包商有权根据索赔的规定要求获得调查费用及利润
2	未能修补的缺陷	（1）如果承包商未能在合理的时间内修补缺陷，业主可确定一个日期并通知承包商，要求不迟于该日期修补好缺陷。 （2）如果承包商到该通知日期仍未修补好缺陷，且此项修补工作应由承包商承担实施的费用，业主可以自行选择： ①由业主或他人进行此项工作，由承包商承担费用，但承包商对此项工作将不再承担责任。 ②接受缺陷或有瑕疵的工作，业主有权根据索赔的规定降低合同价格。 ③要求工程师将因该问题而未能达到合同规定的预期使用目标的部分视为可甩项。 ④如果上述缺陷使业主实质上丧失了工程的整个利益，可终止整个合同并向承包商索赔
3	履约证书	（1）履约证书（Performance Certificate）应由工程师在最后一个缺陷通知期限期满后 28 天内签发，或在承包商提供所有承包商文件、完成了所有工程的施工和试验（包括修补缺陷）后立即签发。只有履约证书才应被视为对工程的认可。 （2）签发履约证书后，承包商应迅速从现场撤走所有剩余的承包商设备、多余材料、残余物、垃圾和临时工程等，清理并恢复现场

承包商投保

序号	项目	内容
1	工程保险和货物保险	（1）承包商应从开工日期至工程接收证书签发日期期间，以业主和承包商的共同名义对工程和承包商文件（包括工程所使用的材料和永久设备）投保，保险金额为其全部重置价值，以及上述重置价值增加 15%的附加金额（作为修复损失的额外费用），用以补偿在签发工程接收证书之前发生保险理赔事件所造成的损失。此后，对签发接收证书前未完成的工作、接收后承包商履行义务工作中所造成损失的保险，应持续到履约证书签发之日。 （2）承包商还应以承包商和业主的共同名义对合同中规定的承包商交运到现场的货物投保，保险应自货物发运到现场即保持有效直到工程不再需要时为止
2	人身伤害和财产损害保险	（1）承包商应以业主和承包商的共同名义，对因履行合同而产生的以及在签发履约证书之前发生的任何人员的死亡或伤害、任何财产（工程除外）的损失或损害等责任投保，因例外事件导致的损失或损害除外。 （2）该保险应自承包商开始在现场实施该工作前直到签发履约证书时保持有效
3	雇员的人身伤害保险	（1）承包商有责任对承包商人员在实施工程过程中发生的伤害、疾病或死亡而引起的索赔、损害、损失和支出的责任办理保险。 （2）该保险应在承包商人员参加工程实施的整个期间保持有效。 （3）对于分包商雇用的任何人员，可以由分包商投保，但承包商应对其符合保险要求负责
4	职业责任保险	如承包商负责承担部分工程的设计，则承包商还应对其履行设计义务时因任何行为、错误或遗漏而产生的责任投保职业责任保险并在规定的期限内保持有效

业主和承包商索赔

序号	项目	内容
1	索赔通知	（1）施工合同条件提倡平等地对待业主和承包商的索赔。 （2）当业主或承包商任一方认为其有权索赔（即业主认为其有权扣减合同价格或延长缺陷通知期，或承包商认为其有权获得竣工时间的延长和额外支付）时，索赔方应向工程师发出通知，说明引起索赔事件或情况造成的影响。该通知应在索赔方察觉或应已察觉到该事件或情况后的 28 天内发出，如果索赔方未能在该 28 天内发出索赔通知，则索赔方将无权获得索赔，并将免除另一方与造成索赔事件的相关责任。 （3）索赔方还应做好用于支持索赔所必需的同期记录

续表

序号	项目	内容
2	提出详细的索赔	在索赔方察觉或应已察觉到引起索赔的事件或情况后的 84 天内或在索赔方提议并经工程师商定的期限内，索赔方应向工程师提交充分详细的索赔文件，包括：对引起索赔事件的详细说明；索赔的合同或法律依据；索赔方的同期记录；对所提出索赔金额或工期的具体依据材料
3	索赔处理	在收到充分详细的索赔文件后，工程师应与索赔双方就索赔事项、索赔内容进行商定或确定，并作出索赔处理决定

争端和仲裁

序号	项目	内容
1	争端避免/裁决	（1）合同履行过程中发生的索赔等争端应按照约定由争端避免/裁决委员会（Dispute Avoidance/Adjudication Board，DAAB）裁决。 （2）合同双方应在承包商收到中标函后 28 天内或规定的日期内联合任命 DAAB 的成员，并各付一半酬金。DAAB 由具备资格的一人或三人组成，DAAB 成员可在日常参与处理合同双方潜在问题及分歧，及早化解争端。 （3）如果合同双方发生争端，任一方可将争端事项提交 DAAB 决定。DAAB 应在收到提交后 84 天内或商定的期限内做出决定。除非并直到该决定在友好协商解决或仲裁后应做出修改，该决定对双方具有约束力，无论是否发出不满意通知，双方应立即予以遵守。 （4）如果任一方对 DAAB 的决定不满，可以在收到该决定通知后 28 天内将其不满向另一方发出通知。如双方均未发出表示不满的通知，则该决定应成为最终的对双方有约束力的决定。 （5）即使任一方已按照上述规定发出了表示不满的通知，双方还应在仲裁前努力以友好协商的方式解决争端，如未能友好协商解决，需待发出不满意通知的 28 天后启动仲裁
2	仲裁	（1）对 DAAB 的决定未能成为具有约束力的最终决定的任何争端，应通过国际仲裁最终解决。 （2）除非双方另有商定，争端应依据国际商会仲裁规则（Rules of Arbitration of the International Chamber of Commerce）最终解决，根据该规则任命一位或三位仲裁员负责解决。 （3）仲裁过程中，任一方均应提供证据，工程师可被传为证人，DAAB 的任何决定也应被接受为证据。对裁决要求一方向另一方支付的款项，应立即支付，无需进一步的证明或通知。 （4）仲裁在工程竣工前或竣工后均可进行，各方义务不得因工程正在进行的任何仲裁而改变

FIDIC设计-采购-施工（EPC）合同管理

序号	项目	· 内容
1	适用范围	FIDIC《设计采购施工（EPC）/交钥匙工程合同条件》（银皮书）尤其适用于提供设备、工厂或类似设施或基础设施工程及BOT等类型项目
2	业主选择EPC合同考虑因素	（1）期望工程总造价固定、不超过投资限额。 （2）期望工期确定，使项目能在预定的时间投产运行。 （3）业主缺乏经验或人员有限，需要一揽子将项目发包给一个承包商，由其负责组织完成整个项目。 （4）项目风险大部分由承包商承担。 （5）为实现设计、采购、施工的深度交叉及协调配合提供条件。 （6）业主采用比较宽松的管理方式，按里程碑方式支付。 （7）严格竣工检验以保证工程完工的质量，使项目发挥预期效益
3	FIDIC不适合采用EPC/交钥匙工程合同条件的情况	（1）投标人没有充足的时间或信息用以仔细审核和检查业主方要求，或进行其设计、风险评价和估算。 （2）施工涉及复杂地下工程或投标人无法检查的工程区域，除非对这些不可预见的条件另做约定。 （3）业主想要密切监督或管控承包商的工作，或想要审查大部分施工图纸。 注：上述情况且由承包商设计的工程，FIDIC建议使用《生产设备和设计-施工合同条件》（黄皮书）
4	银皮书的特别之处	（1）在银皮书中，合同当事方是业主和承包商，双方分别任命业主代表及承包商代表，负责项目的日常管理。 （2）与FIDIC《施工合同条件》不同，银皮书中没有“工程师”这一角色，而是由业主方委派“业主代表”代表业主负责工程管理工作，实现合同目标。承包商应接受业主或业主代表提出的指令。 （3）在工程款支付上，银皮书规定由业主根据承包商的报表直接支付，而没有工程师开具支付证书这一中间环节
5	合同条件典型条款分析	（1）对照FIDIC《设计采购施工（EPC）/交钥匙工程合同条件》和《施工合同条件》可以发现，两个合同条件绝大多数内容都基本相同或完全相同，如词语的定义、工程的开工及竣工、进度计划、付款、竣工试验、工程的接收、修补缺陷、例外事件、保险、DAAB、仲裁等。 （2）EPC/交钥匙工程合同条件主要新增加了业主代表、设计、竣工后试验等内容的条款；而体现《施工合同条件》管理和计价模式特点的工程师、测量和估价条款则是EPC/交钥匙工程合同条件中所没有的

考点 3　NEC 施工合同和 AIA 合同

NEC 施工合同（英国土木工程师学会（ICE）颁布的新工程合同）

序号	项目	内容
1	NEC 系列合同条件	（1）工程施工合同（ECC），用于业主和总承包商之间的主合同，也被用于总包管理的一揽子合同。ECC 合同同时包含了工程设计和施工，承包商的工作内容可以是施工，或是施工加部分设计，或是设计加施工的 EPC 模式，适用于不同设计深度的项目。 （2）工程施工分包合同，用于总承包商与分包商之间的合同。 （3）专业服务合同，用于业主与项目管理人、监理人、设计人、测量师、律师、社区关系咨询师等之间的合同。 （4）裁决人合同，用于业主和承包商共同与裁决人订立的合同，也可用于分包和专业服务合同
2	ECC 合同内容组成	（1）工程施工合同（ECC）的结构组成呈模块化，包括六个模块，使用者可根据需求自由选择使用。其中核心条款为必选项，次要选项条款为可选项，使用者可以根据其项目特点和自身需要，在核心条款的基础上，加上选定的主要选项条款和次要选项条款，就可以组合形成一个内容约定完备的合同文件。 （2）六个模块： ①核心条款。核心条款（Core Clauses）是施工合同的主要共性条款。适用于施工承包、设计施工总承包和交钥匙工程承包等不同模式。 ②主要选项条款。其是对核心条款的补充和细化，使用者应根据需要选择适用的条款。 ③争议解决与避免程序。争议解决与避免程序提供了三种争端解决程序，使用者可根据需要，选择其中一种来完成主要选项的配置：A. 高级代表-裁决员-诉讼/仲裁；B. 高级代表（可跳过）-裁决员-诉讼/仲裁；C. 争端避免委员会（DAB）-诉讼/仲裁。 ④次要选项条款。在主要选项条款之后，ECC 还提供了十多项可供选择的次要选项条款。 ⑤成本组成表。是对成本组成项目的全面定义，包括成本组成表和成本组成简表，两者分别与不同计价方式关联。在使用时，业主要根据具体项目进行选择，并删除表中与本合同无关的列项。 ⑥合同数据。是对条款补充信息的约定，使用者可以自由定义，如 ECC 合同范本适用于不同的设计深度，承包商承担的设计职责可在合同数据中进行约定

美国建筑师学会 AIA 系列合同

序号	项目	内容
1	适用范围	AIA 系列合同条件主要用于私营的房屋建筑工程，该合同条件下确定了传统模式、设计-建造模式、CM 模式和集成化管理模式等不同类型的工程管理模式
2	AIA 系列合同	（1）AIA 系列合同针对不同项目管理模式和合同各方关系颁布了多个系列的合同和文件，合同文件依据“系列-类型-交付方式-序列-分布年份”的规则命名，分为 A 至 G 系列： ①A 系列：业主与施工承包商、CM 承包商、供应商，以及总承包商与分包商之间的标准合同文件；其中，A201《施工合同通用条件》是 AIA 系列合同中的核心文件，是业主与承包商订立承包合同的标准文本。 ②B 系列：业主与建筑师之间的标准合同文件。 ③C 系列：建筑师与专业咨询人员之间的标准合同文件。 ④D 系列：建筑师行业内部使用的文件。 ⑤E 系列：合同和办公管理中使用的文件。 ⑥F 系列：财务管理报表。 ⑦G 系列：建筑师企业与项目管理中使用的文件。 （2）AIA 系列合同文件根据合同参与方关系及适用管理模式进行分类，业主可根据实际需求对合同及文件进行选择组合，如：将 A201 和 A101 合同文件组合可适用于固定总价合同；将 A201 和 A111 合同文件组合可适用于成本补偿合同
3	建筑师的角色与权力	（1）建筑师在 AIA 系列合同中起着类似 FIDIC 施工合同条件中“工程师”的作用，是工程期间业主的代表，是业主与承包商的联系纽带，在合同规定的范围内有权代表业主行事，负责合同的执行管理。 （2）AIA 系列合同中建筑师主要有以下几项权力：对工程进度及质量的检查权；对承包商付款申请的支付确认权；对承包商文件资料的审查批准权；对变更等的签发变更令权

IPD 合同模式

序号	项目	内容
1	含义	（1）IPD（Integrated Project Delivery）模式，即集成项目交付模式，亦称为综合项目交付模式或一体化项目交付模式。根据 AIA 系列合同定义，IPD 是一种将人力资源、工程系统、业务架构和实践经验集成为一个流程的项目交付模式；在这一集成过程中，所有参与者都将充分发挥其能力和智慧，在设计、制造、施工等项目全寿命周期各阶段优化项目成效、提升项目价值、减少浪费、提高效率。

续表

序号	项目	内容
		（2）IPD 模式通过建立项目参与各方各阶段密切协同合作的组织管理机制，共同管控项目目标、共担项目风险、共享分配收益，力争实现项目利益最大化。 （3）按合作程度和集合程度的由低到高，可将 IPD 模式划分为过渡型 IPD 模式、多方合同型 IPD 模式、单一目标实体型（Single Purpose Entity，SPE）IPD 模式
2	IPD 模式实施过程	AIA C191 将整个项目实施过程分为如下 8 个阶段： （1）概念阶段。参与各方在项目前期就介入项目，根据业主要求制定项目标准，并达成共识，对项目成本、可施工性、采购及施工进度等进行初步评估。 （2）标准设计阶段。确定各阶段工作任务，参与各方共同制定项目定义，确定项目目标成本，开始执行目标标准修正案。 （3）详细设计阶段。参与各方对目标标准修正案进行完善更新，提出达成一致的改进意见及工作计划。 （4）执行文件阶段。参与各方根据更新后的目标标准修正案编制执行文件（如图纸和技术规范、通用条款、工作文件）；承包商根据进度计划提供施工图纸和其他文件，由设计单位审查和批准；参与各方确定开工日期。 （5）机构审查阶段。参与各方及时提供各类文件，从相关政府机构取得必要的批准和许可。 （6）采购分包阶段。根据目标标准修正案的要求选择本项目设计顾问、专业分包商和材料供应商等，承包商和设计单位与其分包商和设计顾问单位签订分包合同，并由各参与方审查批准。 （7）施工阶段。承包商全权负责和控制施工工艺、方法、技术、程序、现场安全；协调目标成本并保证工程质量；向参与各方提交施工进度计划并定期更新。 （8）竣工收尾阶段。承包商编制提交所完成项目清单和检查申请，由参与各方检查确定后编制实质性完工证书
3	IPD 模式的特点	（1）在报酬激励方面，参与各方共同商定项目目标实现的报酬金额，若实际成本小于目标成本，则业主应将结余资金按合同约定的比例支付给其他参与方作为激励报酬。若项目实际成本超出目标成本，根据合同约定，业主可选择偿付工程的所有成本，包括设计单位和承包商人员的工资，也可选择不再偿付任何单位的人员成本，只支付材料、设备和分包成本。 （2）在索赔方面，参与各方应放弃任何对其他参与方的索赔（故意违约等情形除外）。

续表

序号	项目	内容
		（3）在争端处理方面，该模式下任何一方提出的争议应提交到由业主、设计单位、承包商等参与方的高层代表和项目中立人所组成的争议处理委员会协商解决，项目中立人由参与各方共同指定
4	其他规定	（1）AIA 发布的 C195 系列合同是适用于 SPE 型 IPD 模式的合同范本，属于关系型合同，其特点主要体现在采用各方豁免诉讼、利用激励条款鼓励合作、采用目标合同模式。 （2）在 C195 模式下，业主、设计单位、CM 单位和其他关键的非业主成员单位签署标准协议（即 SPE 协议），根据协议建立有限责任公司。业主需要为公司提供资金，公司与设计单位、CM 单位、重要供应商和分包商签署合同，开展项目的策划、设计、建造和试运行工作

BIM 建模协议

序号	项目	内容
1	含义	AIA 发布了 BIM 建模协议（G202-2013），协议定义了 BIM 使用者对 BIM 模型的使用范围和模型所有权，规定了构建 BIM 模型的标准和文件格式
2	使用	建筑师应准备并将 BIM 协议提供给项目参与方，以供审查、修订和批准，根据协议开发、分享和使用 BIM 模型

第 10 章　建设工程项目管理智能化

10.1　建筑信息模型（BIM）及其在工程项目管理中的应用

考点 1　BIM 技术的基本特征

BIM 技术的实质和基本特征

序号	项目	内容
1	实质	建筑信息模型实质上是一个数据库，该数据库以产品模型为主，是一个工程项目物理和功能特征的数字化表达
2	基本特征	（1）模型操作的可视化。 （2）模型信息的完备性。 （3）模型信息的关联性。 （4）模型信息的一致性。 （5）模型信息的动态性。 （6）模型信息的可拓展性

考点 2　BIM 技术在工程项目管理中的应用

BIM 技术应用实施模式及职责

序号	项目	内容
1	实施模式	（1）建设单位主导的实施模式。由建设单位主导，确定 BIM 应用策略和总协调方，选择适当的 BIM 技术应用模式，各参与方协同采用 BIM 技术，完成 BIM 技术应用。 （2）承包商主导的实施模式。由工程项目各相关方自行或委托第三方机构应用 BIM 技术，完成自身承担的工程建设内容
2	相关方职责	（1）建设单位职责 ①组织策划项目 BIM 实施策略，确定项目的 BIM 应用目标、应用要求，并落实相关费用。 ②委托工程项目 BIM 总协调方。BIM 总协调方可以为满足要求的建设单位相关部门、设计单位、施工单位或第三方咨询机构。 ③与各参与方签订合同。 ④接收通过审查的 BIM 交付模型和成果档案。

续表

序号	项目	内容
		（2）BIM 总协调方职责 ①制定项目 BIM 应用方案，并组织管理和贯彻实施。 ②BIM 成果的收集、整合与发布，并对项目各参与方提供 BIM 技术支持；审查各阶段项目参与方提交的 BIM 成果并提出审查意见，协助建设单位进行 BIM 成果归档。 ③根据建设单位 BIM 应用的实际情况，可协助其开通和辅助管理维护 BIM 项目协同平台。 ④组织开展对各参与方的 BIM 工作流程的培训。 ⑤监督、协调及管理各分包单位的 BIM 实施质量及进度，并对项目范围内最终的 BIM 成果负责。 （3）施工总承包单位职责 ①配置 BIM 团队，并根据项目 BIM 应用方案的要求提供 BIM 成果，利用 BIM 技术进行节点组织控制管理，提高项目施工质量和效率。 ②接收设计 BIM 模型，并基于该模型，完善施工 BIM 模型，且在施工过程中及时更新，保持适用性。 ③根据项目 BIM 应用方案编写项目施工 BIM 实施方案，并完成项目施工 BIM 实施方案制定的各应用点。 ④施工单位项目 BIM 负责人负责内外部的总体沟通与协调，组织施工 BIM 的实施工作，根据合同要求提交 BIM 工作成果，并保证其正确性和完整性。 ⑤接受 BIM 总协调方的监督，对总协调方提出的交付成果审查意见及时整改落实。 ⑥根据合同确定的工作内容，统筹协调各分包单位施工 BIM 模型，将各分包单位的交付模型整合到施工总承包的施工 BIM 交付模型中。 ⑦利用 BIM 技术辅助现场管理施工，安排施工顺序节点，保障施工流水合理，按进度计划完成各项工程目标。 （4）专业分包单位职责 ①配置 BIM 团队，并根据项目 BIM 应用方案和项目施工 BIM 实施方案的要求，提供 BIM 成果，并保证其正确性和完整性。 ②接收施工总承包的施工 BIM 模型，并基于该模型，完善分包施工 BIM 模型，且在施工过程中及时更新，保持适用性。 ③根据项目 BIM 应用方案和项目施工 BIM 实施方案编写分包项目施工 BIM 实施方案，并完成分包项目施工 BIM 实施方案制定的各应用点。

续表

序号	项目	内容
		④分包单位项目 BIM 负责人负责内外部的总体沟通与协调，组织分包施工 BIM 的实施工作。 ⑤接受 BIM 总协调方和施工总承包方的监督，并对其提出的审查意见及时整改落实。 ⑥利用 BIM 技术辅助现场管理施工，安排施工顺序节点，保障施工流水合理，按进度计划完成各项工程目标

BIM 技术在工程项目管理中的应用

序号	项目	内容
1	在工程项目进度管理中的应用	（1）施工进度模拟。 （2）资金和资源动态分析。 （3）实施进度跟踪监控。 （4）进度分析和优化
2	在工程项目成本管理中的应用	（1）通过 BIM 技术将项目成本管理与 3D 和 4D 模型集成，形成 5D 模型。 （2）成本维度将建筑元素和工程活动与成本数据进行关联，实现对项目成本的估算、控制和优化。 （3）BIM 技术在工程项目成本管理中的应用主要体现在工程算量、成本控制等方面
3	在工程项目质量管理中的应用	（1）碰撞检测。 （2）质量问题管理
4	在工程施工安全管理中的应用	（1）施工安全教育。 （2）施工现场的安全措施布置。 （3）施工安全模拟
5	在工程合同管理中的应用	（1）依据合同中的 BIM 要求进行 BIM 管理。 （2）合同执行和界面管理
6	在工程项目信息管理中的应用	（1）BIM 内置信息分类编码、工程量清单或定额。 （2）工程项目信息集成管理

10.2 智能建造与智慧工地

考点1 智能建造

智能建造的基本特征

（1）智能建造应以新一代信息技术融合应用为基础。

（2）智能建造应以实现数字化集成设计、精益化生产施工、工业化组织管理为核心。

（3）智能建造应以数智化管控平台和建筑机器人开发应用为着力点。

（4）智能建造应以减少对人的依赖，实现安全建造，提高品质、效率和效益，助力数字交付为目标。这是发展智能建造的最终目标。

考点2 智慧工地

智慧工地基本特点和总体架构

序号	项目	内容
1	智慧工地基本特点	（1）技术驱动：智慧工地依赖于物联网、云计算、人工智能、大数据、移动互联网等先进的信息技术。 （2）全面感知与数据收集：智慧工地对工地上的人、机、料、法、环等生产要素进行全面的感知和数据收集，这些数据是智慧工地运行和决策的基础。 （3）信息的共享和协作：智慧工地通过系统间的信息共享和协作，实现更高效的资源利用和更科学的决策制定
2	智慧工地的意义	在于通过全面感知和数据收集工地要素，加强安全管理、改善施工环境、优化资源配置并提升施工效率，推动工程管理方式向着数字化、网络化和智能化转型与升级
3	智慧工地总体架构	智慧工地总体架构主要可分为三个层次，每一层都有其特定的功能和责任，共同构成了一个高效、智能的工地管理系统。 （1）感知层：这一层是智慧工地的基础，主要包括各种传感器、监控设备、无人机等终端设备。这些设备负责实时感知和收集工地上的各种数据，包括人员、机械设备、物资、环境等各个方面的信息。这些数据是智慧工地运行和决策的基础。 （2）网络层：这一层是智慧工地的数据通道和处理中枢，它起到桥梁和枢纽的作用，连接感知层和应用层，保证数据的高效流动和准确处理。包括4G网络、5G网络、光纤通信、卫星通信和物联网管理中心等网络设备和技术，它们保证了数据的高速、稳定的传输，使得数据能够实时、准确地传送到需要的地方。此外，这一层还包括云计算、大数据等技术，它们负责对收集到的大量数据进行存储、处理和分析，为上层应用提供支持。

续表

序号	项目	内容
		（3）应用层：这一层是智慧工地的核心，主要包括各种基于数据的智能应用。这些应用利用网络层处理和分析的数据，提供各种智能化的管理和服务，包括人员管理、机械设备管理、物资管理、环境与能耗管理、视频监控管理、施工过程检测与监测管理等。这些应用不仅提高了工地的效率和安全性，也为管理者提供了全面、准确的工地状态信息，帮助他们做出科学的决策

智慧工地建设

序号	项目	内容
1	智慧工地建设目标	（1）增强安全。 （2）提升效率。 （3）降低成本。 （4）保护环境。 （5）提升质量。 （6）协同工作和信息共享。 （7）满足施工单位管理诉求。 （8）实现全方位监测
2	智慧工地建设原则	（1）满足社会监管需求。 （2）优化管理效率。 （3）资源整合与节约。 （4）实现全方位覆盖。 （5）全过程覆盖。 （6）人文关怀
3	智慧工地基础设施	智慧工地基础设施作为智慧工地管理系统的核心组成部分，主要包括硬件设施和软件技术平台两大部分。 （1）硬件设施。硬件设施是智慧工地的物理基础，包括但不限于传感器、自动识别装置、网关、路由器、服务器和显示屏等设备。这些设备负责收集、传输和处理工地的各类信息，为智慧工地的决策提供数据支持。 （2）软件设施。软件设施是智慧工地的技术支撑，主要有数据处理软件、数据分析软件和数据显示软件，包括但不限于工程管理、设计协作、任务分配、安全检查、资源优化等方面的应用程序和系统。这些软件负责处理、分析和显示收集到的数据，为智慧工地的管理提供技术支持

智慧工地运行

序号	项目	内容
1	一般规定	智慧工地运行应以施工场景为核心，充分利用从现场实时获取到的“人、机、料、法、环”等数据，主要包含人员管理、机械设备管理、物资管理、环境与能耗管理、视频监控管理、施工过程检测与监测管理等模块的运行
2	人员管理模块的运行	人员管理模块应包含以下的功能：实名制管理、考勤管理、薪资管理、诚信或不良行为记录等评价管理、教育培训管理、人员定位管理等
3	机械设备管理模块的运行	机械设备管理模块应包含以下功能： （1）对塔式起重机的智能监控应包括：小车幅度超限报警、吊钩高度超限报警、回转角度超限报警、超载超力矩报警、风速超限报警、群塔碰撞报警、塔式起重机吊臂或吊物进入禁行区域报警、制动控制、作业数据分析、报警数据分析、非法人员操作报警等。 （2）对施工升降机的智能监控应包括：超载报警、高度超限报警、运行速度超限报警、吊笼内人数超限报警、前后门开启报警、非法人员操作报警等
4	物资管理模块的运行	物资管理模块应包含以下功能：供应商信息录入和变更管理、物资采购计划管理、进场验收管理、物资称重和点数计量管理、票据信息管理、物资库存管理及库存量不足报警等
5	环境与能耗管理模块的运行	环境与能耗管理模块应包含以下功能：扬尘监测数据超标报警及喷淋设备自动和远程开关、噪声值超标报警，温度湿度风速超过规定值报警，固体废弃物排放量超标报警，根据环境监测数据自动推送科学施工类施工提醒，水电超用滥用自动控制，有毒有害气体超标报警、火灾的自动识别、预警和联动处置等
6	视频监控管理模块的运行	视频监控管理模块应包含以下功能：施工区、办公区、生活区实时监控，人员未佩戴安全帽或未穿防护服报警、人员进入危险区域报警、人员抽烟报警、车辆清洗情况监控、吊钩可视化、现场明火报警等
7	施工过程检测与监测管理模块的运行	施工过程检测与监测管理模块应包含以下功能：构件/结构质量检测和验收，标养室恒温恒湿自动报警和控制，混凝土温度超标报警，基坑锚索应力监测和预警，基坑基础墙结构倾斜变形预警，基坑周边沉降和水平位移预警，基坑周边建筑物变形预警，基坑周边水位自动监测和预警，模板沉降、立杆轴力、杆件倾角、支架整体水平位移监测和预警，脚手架水平位移和倾斜监测和预警等